卓越工程师教育培养计划配套教材

航空机载电子设备

马银才 张兴媛 编著

清华大学出版社
北京

内容简介

本书系统介绍了民航当前采用的通信、导航、仪表及自动控制系统的种类、功能和工作原理。共分为4章，第1章飞机通信系统，主要介绍了高频通信、甚高频通信等常见机载通信设备原理、结构、使用方法等内容；第2章导航系统，主要介绍了四大导航设备(VOR、DME、ILS和ADF)、雷达系统及机载监视设备(TCAS、GPWS和风切变探测系统)等；第3章仪表系统，介绍了航空仪表的基础知识和飞机的基本仪表设备；第4章自动飞行控制系统，介绍了飞行控制系统的作用、组成、控制规律等。每章后均附有复习与思考栏目，便于学习使用。

本书适合作为航空机务维修专业的本科教材，也可供民用航空管理、航空技术实施部门的工程技术人员和航空爱好者参考。

版权所有，侵权必究。举报：010-62782989，beiqinquan@tup.tsinghua.edu.cn。

图书在版编目(CIP)数据

航空机载电子设备/马银才，张兴媛编著. —北京：清华大学出版社，2012.7(2024.7重印)
(卓越工程师教育培养计划配套教材·飞行技术系列)
ISBN 978-7-302-29087-2

Ⅰ. ①航… Ⅱ. ①马… ②张… Ⅲ. ①民用航空—机载电子设备—教材 Ⅳ. ①V243

中国版本图书馆CIP数据核字(2012)第130481号

责任编辑：庄红权　赵从棉
封面设计：常雪影
责任校对：王淑云
责任印制：刘海龙

出版发行：清华大学出版社
网　　址：https://www.tup.com.cn, https://www.wqxuetang.com
地　　址：北京清华大学学研大厦A座　　邮　编：100084
社 总 机：010-83470000　　邮　购：010-62786544
投稿与读者服务：010-62776969, c-service@tup.tsinghua.edu.cn
质量反馈：010-62772015, zhiliang@tup.tsinghua.edu.cn

印 装 者：三河市龙大印装有限公司
经　　销：全国新华书店
开　　本：185mm×260mm　　印　张：14.5　　字　数：341千字
版　　次：2012年7月第1版　　印　次：2024年7月第17次印刷
定　　价：42.00元

产品编号：046424-03

卓越工程师教育培养计划配套教材总编委会名单

主　任：丁晓东　汪　泓

副主任：陈力华　鲁嘉华

委　员：（按姓氏笔画为序）

丁兴国　王岩松　王裕明　叶永青　刘晓民

匡江红　余　粟　吴训成　张子厚　张莉萍

李　毅　陆肖元　陈因达　徐宝纲　徐新成

徐滕岗　程武山　谢东来　魏　建

卓越工程师教育培养计划配套教材
——飞行技术系列编委会名单

主　任：汪　泓　丁兴国　郝建平
副主任：谢东来　陈力华　魏　建
委　员：（按姓氏笔画为序）
　　　　　卫国林　马银才　王秉良　王惠民　史健勇
　　　　　石丽娜　匡江红　吴　忠　陆惠忠　范海翔
　　　　　郝　勇　徐宝纲　贾慈力　隋成城　鲁嘉华

序言

我国"十二五"发展规划的重点建设目标之一,是根据国民经济发展对民航业的要求,不断扩充与优化配置航线和飞机等资源。在民航业持续快速发展的同时,必然会使飞行专业技术人才高度匮乏。在《中国民用航空发展第十一个五年规划》中,中国民用航空局对未来20年全行业人才需求进行了预计分析,其中,"十二五"期间需增加飞行员16 500人。因此,飞行技术人才的培养是推动或阻碍民航发展的关键。

与其他本科专业相比,飞行技术专业的学生除了学习掌握飞行原理、飞机系统、航空动力装置、航空气象、空中领航、机载设备、仪表飞行程序设计、空中交通管制等飞行技术的专业知识外,还需具备一定的管理能力和较高的英语水平。并且,飞行技术专业人才的培养多采用学历教育与职业教育同步实施的模式,要求同时取得学历、学位证书和职业技能证书(飞行驾驶执照)后,才有资格担任民航运输机副驾驶员。

飞行技术人才培养具有专业性强、培养难度大和成本高的特点。伴随着大型民用运输机的生产与发展,必然要求提高飞行员的学历层次。国内设置飞行技术本科专业的高等院校仅有中国民航飞行学院、中国民航大学、北京航空航天大学、南京航空航天大学、上海工程技术大学等几所。而且,培养学士学位飞行技术人才的历史仅二十多年,尽管积累了一定的培养经验,但适用的专业教材相对较少。

在飞行技术专业的学科建设中,上海工程技术大学飞行学院和航空运输学院秉承服务国家和地区经济建设的宗旨,坚持教学和科研相结合、理论和实践相结合。2010年,上海工程技术大学飞行技术专业被列为教育部卓越工程师教育培养计划的试点专业,上海工程技术大学被列为教育部卓越工程师教育培养计划的示范单位。为满足飞行技术专业卓越工程师教育培养的需要,上海工程技术大学从事飞行技术专业教学和研究的骨干教师以及航空公司的业务骨干合作编写了"卓越计划"飞行技术系列教材。

"卓越计划"飞行技术系列教材共20本,分别为《运输机飞行仿真技术及应用》《飞行人因工程》《机组资源管理》《飞行运营管理》《民用航空法概论》《空中交通管理基础》《飞机系统》《航空动力装置》《飞机空气动力学》《飞机飞行力学》《飞行性能与计划》《仪表飞行程序设计原理》《航空机载电子设备》《航空气象》《空中领航》《陆空通话》《飞行专业英语(阅读)》《飞行专业英语(听力)》《飞行基础英语(一)》《飞行基础英语(二)》等。

系列教材以理论和实践相结合作为编写的理念和原则,具有基础性、系统性、应用性等特点。在借鉴国内外相关文献资料的基础上，坚持加强基础理论，对基本概念、基础知识和基本技能进行详细阐述，能满足飞行技术专业卓越工程师教育培养的教学目标和要求。同时，强调理论联系实际，体现"面向工业界、面向世界、面向未来"的工程教育理念，实践上海工程技术大学建设现代化特色大学的办学思想，凸显飞行技术的专业特色。

  系列教材在编写过程中，参阅了大量的中外文参考书籍和文献资料，吸收和借鉴了现有部分教材的优势，参考了航空运输企业的相关材料，在此，对国内外有关作者和企业一并表示衷心的感谢。

  受编者水平和时间所限，书中难免有错误和遗漏之处，敬请读者提出宝贵意见，不足之处还请同行不吝赐教。

上海工程技术大学 汪泓

2012 年 1 月

前言

民航机载电子设备已成为保障民航飞机安全飞行和完成各种飞行任务必需的设备,成为提高飞机技术性能的重要因素,其性能和配置是衡量一个国家民用航空技术水平的重要标志之一。

民航机载电子设备门类繁多,涉及较广的专门技术领域。新技术的迅速发展使机载设备产品更新换代频繁。数字化、集成化、智能化已成为机载电子设备与系统发展的方向。

本书的编写源于我们对新时代综合航空维修人才培养的反思以及"民航电子设备"精品课程的建设,是完善学科体系的重要成果形式。本书在编写过程中,汲取各任课教师多年的教学经验,紧密联系民用飞机通信系统、导航系统、航空仪表等部分的实际应用经验和发展趋势,注意吸收和借鉴国内外最新的研究资料和成果,以重点阐明民航电子设备与系统的整体特征为主线构建一个内容脉络清晰、结构体系严密、符合认知规律的内容体系,对当今民航常见电子设备和系统的主要类型、原理、功能理论,各种主要电子设备系统的组成、性质和发展规律,以及航空电子系统的整体性特征、发展历程和变化规律等内容都进行了较为全面的阐述。同时在结构安排上,强调各电子设备和系统之间的相互联系及综合研究。

全书分为4章,第1章飞机通信系统,主要介绍了高频通信、甚高频通信等常见机载通信设备原理、结构、使用方法等内容;第2章导航系统,主要介绍了四大导航设备(VOR、DME、ILS和ADF)、雷达系统及机载监视设备(TCAS、GPWS和风切变探测系统)等;第3章仪表系统,介绍了航空仪表的基础知识和飞机的基本仪表设备;第4章自动飞行控制系统,介绍了飞行控制系统的作用、组成及控制规律等。

本书由马银才等四位老师编写,其中第1、2章由张兴媛编写,第3章由徐海荣编写,第4章由党淑雯编写。全书由马银才统稿,并配备阅读材料和练习题。东方航空有限公司、上海航空有限公司的有关专家对全书内容进行了初审,并提出了中肯的建议。同时,在编写过程中,参阅了大量的有关文献,在此向有关人士一并致谢。

由于编者水平有限,加之时间仓促,书中错误和不妥之处在所难免,还望各位读者批评指正,更望各位同行不吝赐教。

编著者

2012.2 于上海

目录

第 1 章 飞机通信系统 1

1.1 高频通信系统 2
1.1.1 概述 2
1.1.2 高频通信系统的组成 3
1.1.3 高频通信系统的基本工作原理 5

1.2 甚高频通信系统 7
1.2.1 概述 7
1.2.2 甚高频通信系统的组成 7
1.2.3 工作原理 9

1.3 选择呼叫系统 11
1.3.1 概述 11
1.3.2 系统组成 11
1.3.3 工作原理 12

1.4 应急电台 13

1.5 音频选择与内话系统 13
1.5.1 音频选择系统 13
1.5.2 服务内话系统 15
1.5.3 机组呼叫系统 16

1.6 旅客广播系统 17

1.7 话音记录系统 20
1.7.1 功能与组成 20
1.7.2 话音记录器的基本工作原理 22

1.8 卫星通信系统 23
1.8.1 卫星通信的特点 23
1.8.2 静止卫星通信系统 23

1.9　飞机通信寻址报告系统 26
　　本章小结 28
　　复习与思考 28
　　阅读材料 28
　　练习题 29

第 2 章　导航系统 30

　　2.1　导航系统概述 30
　　　　2.1.1　导航系统分类 30
　　　　2.1.2　位置线与无线电导航定位 32
　　2.2　自动定向机 34
　　　　2.2.1　自动定向机概述 34
　　　　2.2.2　自动定向的基本原理 38
　　2.3　甚高频全向信标系统 40
　　　　2.3.1　概述 40
　　　　2.3.2　全向信标测定方位的基本原理 42
　　　　2.3.3　机载 VOR 接收系统 47
　　　　2.3.4　航道偏离与向/背台指示 49
　　2.4　仪表着陆系统 50
　　　　2.4.1　概述 50
　　　　2.4.2　航向偏离指示原理 54
　　　　2.4.3　下滑指示的基本原理 55
　　　　2.4.4　指点信标系统 56
　　2.5　低高度无线电高度表 58
　　　　2.5.1　功用与组成 58
　　　　2.5.2　三种无线电高度表 59
　　　　2.5.3　飞机安装延时校正和多设备安装干扰 60
　　　　2.5.4　高度表指示 61
　　2.6　测距系统 63
　　　　2.6.1　功能及原理 63
　　　　2.6.2　机载测距机 65
　　2.7　气象雷达系统 67
　　　　2.7.1　概述 67
　　　　2.7.2　气象雷达对目标的探测 69
　　　　2.7.3　观察地形 71
　　　　2.7.4　气象雷达系统的工作 71

  2.7.5 雷达维护中的一些注意事项 ······ 75
 2.8 空中交通管制雷达信标系统应答机 ······ 76
  2.8.1 航管雷达信标系统 ······ 76
  2.8.2 离散选址信标系统 ······ 80
  2.8.3 机载应答机系统 ······ 83
 2.9 交通咨询与避撞系统 ······ 84
  2.9.1 TCAS Ⅱ 的工作 ······ 85
  2.9.2 TCAS 系统的组成与部件功用 ······ 87
  2.9.3 TCAS 咨询信息的显示和控制 ······ 90
 2.10 近地警告系统 ······ 93
  2.10.1 GPWS 的组成 ······ 94
  2.10.2 GPWS 的工作方式 ······ 96
  2.10.3 EGPWS ······ 104
 2.11 全球定位系统 ······ 105
  2.11.1 GPS 的系统组成 ······ 105
  2.11.2 机载 GPS ······ 108
  2.11.3 机载 GPS 系统工作方式 ······ 109
本章小结 ······ 112
复习与思考 ······ 112
阅读材料 ······ 114
练习题 ······ 116

第 3 章 仪表系统 ······ 117

 3.1 航空仪表概述 ······ 117
  3.1.1 航空仪表的分类 ······ 117
  3.1.2 航空仪表的发展 ······ 119
 3.2 大气数据系统仪表 ······ 120
  3.2.1 高度测量与气压高度表 ······ 121
  3.2.2 升降速度表 ······ 125
  3.2.3 马赫-空速表 ······ 127
 3.3 全/静压系统 ······ 130
  3.3.1 组成和功能 ······ 130
  3.3.2 静压系统 ······ 131
  3.3.3 全压系统 ······ 132
  3.3.4 系统结构 ······ 133
  3.3.5 使用注意事项 ······ 134

3.4 大气数据计算机系统 ………………………………………………………… 134
　　3.4.1 模拟式大气数据计算机系统 ……………………………………… 135
　　3.4.2 数字式大气数据计算机系统 ……………………………………… 137
3.5 飞行数据记录系统 …………………………………………………………… 139
3.6 陀螺及陀螺原理 ……………………………………………………………… 142
　　3.6.1 陀螺 …………………………………………………………………… 142
　　3.6.2 陀螺仪的应用 ………………………………………………………… 147
3.7 陀螺仪表 ……………………………………………………………………… 147
　　3.7.1 姿态仪表 ……………………………………………………………… 147
　　3.7.2 航向仪表 ……………………………………………………………… 152
3.8 电子飞行仪表系统 …………………………………………………………… 157
　　3.8.1 概述 …………………………………………………………………… 157
　　3.8.2 EFIS 的基本组成 …………………………………………………… 158
3.9 发动机指示和机组警告系统与电子中央飞机监控系统 …………………… 162
　　3.9.1 EICAS ………………………………………………………………… 162
　　3.9.2 电子中央飞机监控系统 ……………………………………………… 176
3.10 惯性基准系统 ………………………………………………………………… 179
本章小结 ……………………………………………………………………………… 181
复习与思考 …………………………………………………………………………… 181
阅读材料 ……………………………………………………………………………… 182
练习题 ………………………………………………………………………………… 183

第 4 章　自动飞行控制系统 …………………………………………………… 184

4.1 飞行控制系统及飞行控制计算机 …………………………………………… 185
　　4.1.1 飞行控制系统的基本组成 …………………………………………… 185
　　4.1.2 飞行控制系统的基本工作原理 ……………………………………… 186
　　4.1.3 FCC 的功用及基本组成 …………………………………………… 186
　　4.1.4 FCC 的软、硬件组成及功能 ……………………………………… 187
4.2 自动飞行控制系统的组成 …………………………………………………… 189
4.3 自动驾驶仪 …………………………………………………………………… 191
　　4.3.1 自动驾驶仪的功用及其基本组成 …………………………………… 191
　　4.3.2 自动驾驶仪的基本原理 ……………………………………………… 191
　　4.3.3 自动驾驶仪的常见工作方式 ………………………………………… 193
4.4 飞行指引 ……………………………………………………………………… 194
4.5 偏航阻尼系统 ………………………………………………………………… 195
　　4.5.1 偏航阻尼系统的功用 ………………………………………………… 195

		4.5.2 荷兰滚原理 ……………………………………………………… 195
		4.5.3 偏航阻尼系统组成 …………………………………………… 196
	4.6	俯仰配平系统 ……………………………………………………………… 198
		4.6.1 安定面配平的功用 …………………………………………… 198
		4.6.2 俯仰配平系统的组成和工作原理 …………………………… 199
	4.7	自动油门系统 ……………………………………………………………… 201
		4.7.1 自动油门系统的功用 ………………………………………… 201
		4.7.2 自动油门系统在整个飞行过程中的工作情况 ……………… 203
	4.8	飞行管理系统 ……………………………………………………………… 203
		4.8.1 飞行管理系统的功能与组成 ………………………………… 204
		4.8.2 飞行管理系统的子系统组成 ………………………………… 206
		4.8.3 FMS 控制与显示单元 ………………………………………… 209
本章小结 …………………………………………………………………………… 210
复习与思考 ………………………………………………………………………… 211
阅读材料 …………………………………………………………………………… 211
练习题 ……………………………………………………………………………… 212

参考文献 ………………………………………………………………………… 213

第1章

飞机通信系统

本章关键词

甚高频(very high frequency,VHF)
选择呼叫(select call,SELCAL)
旅客广播(passenger address,PA)
飞机通信寻址报告系统(aircraft communication addressing and reporting system,ACARS)
高频(high frequency,HF)
音频选择系统(audio select system,ASS)

> 民航客机的机载通信设备大体分为两类：一类负责机外通信联络，如飞机与地面之间、飞机与飞机之间的相互通信，主要包括高频通信系统(HF COMM)、甚高频通信系统(VHF COMM)、选择呼叫系统(SELCAL)、应急电台等；另一类用于机内通信，如进行机内通话、旅客广播、记录话音信号以及向旅客提供视听娱乐信号等，包括音频选择系统(ASS)、座舱话音记录系统(CVR)、内话系统(INT)、旅客广播系统(PA)和呼叫系统(CALL)等。这些通信系统的安装和使用可实现机组人员与机内人员及地面人员的通信联络，保证了飞行安全，同时也满足了旅客娱乐和服务的需求。现在的大型飞机还包括有卫星通信系统(SATCOM)和飞机通信寻址与报告系统(ACARS)等。

飞机通信系统主要用于飞机与地面之间、飞机与飞机之间的相互通信；也用于进行机内通话、旅客广播、记录话音信号以及向旅客提供视听娱乐信号。

高频通信系统(HF COMM)是一种机载远程通信系统，通信距离可达数千千米，用于在远程飞行时保持与基地间的通信联络。系统占用2～30MHz的高频频段，波道间隔为1kHz。高频通信信号利用天波传播，因此信号可以传播很远的距离。大型飞机上通常装备1套或2套高频通信系统。现代机载高频通信系统都是单边带通信系统，并通常能够和普遍调幅通信相兼容。应用单边带通信可以大大压缩所占用的频带，节省发射功率。

典型的高频通信系统由收发组、天线调谐组件、天线和控制盒组成。收发组由于功率较大，需要采取特殊的通风散热措施。天线调谐组件用于实现天线和发射机输出级之间的阻抗匹配。在某些系统中使用分离的天线耦合器和天线耦合控制组件。

甚高频通信系统(VHF COMM)是最重要也是应用最广泛的飞机无线电通信系统。大型飞机通常装备2套或3套相同的甚高频通信系统，以保证甚高频通信的高度可靠。甚高频通信系统主要用于飞机在起飞、着陆期间以及飞机通过管制空域时与地面交通管制人员之间的双向语音通信。甚高频通信系统的工作频段通常为118.00～135.975MHz，波道间隔为25kHz,可提供720个通信波道。由于甚高频信号只能以直达波的形式在视距内传播,所以甚高频通信的距离较近,并受飞行高度的影响。当飞行高度为6000m时,通信距离为350km。机载甚高频通信系统由收发组、控制盒和天线三个基本组件组成。

选择呼叫系统(SELCAL)的功用是当地面呼叫指定飞机时,以灯光和谐音的形式通知机组进行联络,从而免除机组对地面呼叫的长期守候。它不是一种独立的通信系统,是配合高频通信系统和甚高频通信系统工作的。为了实现选择呼叫,机上高频和甚高频通信系统必须调谐在指定的频率上,并且把机上选择呼叫系统的代码调定为指定的飞机(或航班)代码。

音频综合系统(AIS)泛指机内的所有通话、广播、录音等音频系统,这些系统的主要作用是实现机内各类人员(包括机组、乘务员、旅客以及飞机停场时的地面维修人员等)之间的语音信息交换以及驾驶舱内话音的记录。客舱广播系统供驾驶员或机上乘务员通过客舱喇叭向旅客进行广播和播放音乐。旅客娱乐系统用于向旅客放映录像、电视以及传送伴音信号。服务内话供机组成员和勤务人员进行联络以及飞机各维护点之间的联络。话音记录器用于记录机组人员与地面的通信和驾驶舱内的谈话情况。

1.1 高频通信系统

1.1.1 概述

高频通信系统提供远距离的声音通信,通信距离可达数千千米,它为飞机与飞机之间或地面站与飞机之间提供通信。HF系统占用2~30MHz的高频频段,波道间隔为1kHz。这个系统利用地球表面和电离层使通信信号来回反射而传播,因此信号可以传播很远的距离,并且反射的距离随时间、射频和飞机的高度的不同而有所改变。如图1.1.1所示为高频通信系统示意图。

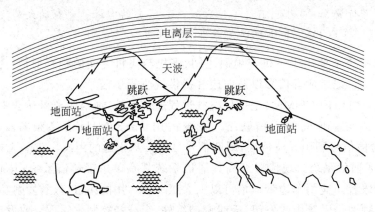

图1.1.1 高频通信系统

大型飞机上通常装备1套或2套高频通信系统。现代机载高频通信系统都是单边带通信系统,并通常能够和普通调幅通信相兼容。应用单边带通信可以大大压缩所占用的频带,节省发射功率。

使用高频通信时应注意以下问题:高频通信由于传播距离远,易受到电离层扰动、雷电(静电)、电气设备和其他的辐射引起的各种电气干扰,这样就会产生无线电背景噪声。而在普遍使用的 VHF 频带中则没有这种噪声背景。高频通信的另一种特性是衰落,即接收信号时强时弱,这是多路径信号接收的超程效应,信号强度变化是由电离层的长期和瞬时变化造成的。高频通信还存在一个电离层反射垂直入射波的临界频率,高于该临界频率的电波则穿过电离层,不会反射回地面。在给定距离、入射角的情况下,最高的可用频率(MUF)是由临界频率乘该入射角的正割得出的。同样还有个最低的可用频率(LUF),低于 LUF 的频率会由噪声电平和电离层吸收。以上两个限制条件在一天 24h 内连续变化,因此需要在两个可用频率之间选择一个尽可能长时间持续工作的工作频率。

高频通信系统以 AM 或 SSB 方式工作。发射机和接收机二者共用一个频率合成系统,音频输入/输出通过遥控电子组件(或音频管理组件)与飞行内话系统相连接。天线调谐耦合器用于在所选择的频率上使天线与发射机阻抗相匹配。

1.1.2 高频通信系统的组成

飞机上一般装有 1 套或 2 套高频通信系统。两套系统由两部收发机、两个控制板、两个天线调谐耦合器和一部天线组成。天线调谐耦合器安装在垂直安定面的前下部两侧,每侧各一个。高频天线、馈线和射频屏蔽罩位于垂直安定面内部,其中天线在垂直安定面的前缘。系统使用的电源为三相 115V、400Hz 交流电。

1. 高频收发机

收发机用于发射和接收载有音频的射频信号。发射机和接收机共用一个可选择工作频率的频率合成系统。音频输入和输出通过遥控电子组件(或音频附件盒)与飞行内话系统相连接。天线调谐耦合器用于在所选择的频率上使天线与发射机阻抗相匹配,见图 1.1.2。

收发组的功率较大,需要采取特殊的通风散热措施。发射期间,机内风扇工作用来冷却发射机功效。

收发机使用 115V、400Hz 三相交流电源。在单边带方式,输出峰值功率为 400W;在调幅方式,平均功率为 125W。频率范围为 2.000~29.999MHz,波道间隔 1kHz。

图 1.1.2 高频通信收发机

收发机前面板上有三个故障灯、一个测试开关、一个话筒插孔和一个耳机插孔。当来自控制板的输入信号失效时,"CONTROL INPUT FAIL"灯亮。在收发机内,当出现+5V DC 或+10V DC 电源电压消失、发射输出功率低、频率控制板故障或频率合成器失锁和机内微处理器故障时,"LRU FAIL"灯亮。当收发机已被键控,而天线调谐耦合器中存在故障,则"KEY INTERLOCK"灯亮,此时发射被抑制。

当按下静噪/灯试验电门(SQL/LAMP TEST)时,静噪抑制失效,此时耳机内可听到噪声,同时三盏故障灯亮,可检查故障灯的好坏。

2. 高频天线

现代飞机应用与机身蒙皮齐平安装的天线,这类天线多安装在飞机尾部或垂直安定面的前缘。

高频天线是一个"凹"槽天线,它由一段 U 形玻璃钢材料构成,绝缘密封在垂直安定面的前缘,来自天线调谐耦合器的馈线连到天线金属部分的一个端头上。天线呈现为低阻抗。高频天线通过天线调谐耦合器与发射机的高频电缆相匹配,见图 1.1.3。

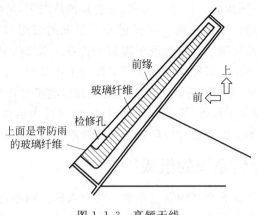

图 1.1.3 高频天线

3. 高频天线调谐耦合器

天线调谐耦合器安装在垂直安定面的前下部两侧,每侧各一个。高频天线、馈线和射频屏蔽罩位于垂直安定面内部,其中天线在垂直安定面的前缘。

天线调谐耦合器用来在 2~30MHz 频率范围内调谐并实现阻抗匹配。通常能在 2~15s 内,自动地使天线阻抗与 50Ω 的高频馈线相匹配,使电压驻波比(VSWR)不超过 1.3∶1。天线调谐耦合器在其带密封垫圈的可卸外壳内增压,外壳上有三个与外部相连的接头。压力气嘴(pressure nozzle)用于向天线调谐耦合器充压。通常应充干燥的氮气,压力约为 22PSI,比外界气压高半个大气压左右,以防止外面潮湿空气进入。当压力低于 15.5PSI 时就必须充压,否则会降低耦合器内部的抗电强度。耦合器使用 115V 交流电,没有外部冷却。天线调谐耦合器安装在垂直尾翼根部。

4. 高频控制板

高频系统控制板用于控制系统"通/断"、选择工作方式和工作频率,以及调节接收机灵敏度,如图 1.1.4 所示。

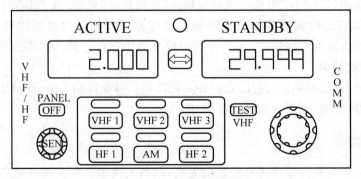

图 1.1.4 高频通信系统控制板

1.1.3 高频通信系统的基本工作原理

1. 接收机的组成及基本工作原理

接收机为二次变频的超外差接收机,具有两种工作方式:一种是兼容调幅工作方式,接收机接收普通调幅信号;另一种是 SSB 工作方式,可以接收 LSB 信号或 USB 信号。这两种工作方式的区别仅在于解调电路和 AGC 电路。其简单原理如图 1.1.5 所示。

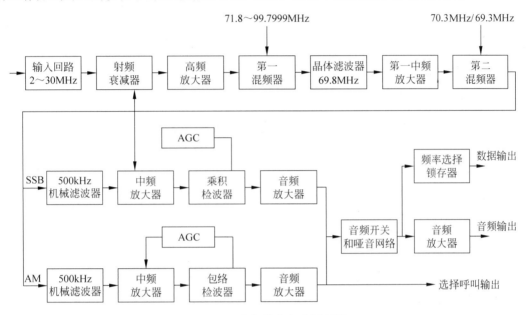

图 1.1.5 高频接收电路原理图

1) 高频电路部分

高频电路部分由输入回路、射频衰减器、高频放大器和混频器等组成。通常要求它的电路线性好,动态范围宽,选择性好,传输系数大,以提高接收机的灵敏度和抗干扰能力。

输入回路用于选择系统所需要频率的有用信号,尽可能滤除其他频率信号和噪声干扰。

射频衰减器由 AGC 电压放大器、差分放大器和恒流源等组成。其作用是使接收机输入电路有一个较宽的动态范围,衰减的大小可由控制板上的射频灵敏度控制旋钮来控制,衰减量为 20dB。

高频放大器的主要作用是提高接收机的信噪比。此外,还有隔离变频级和天线,以避免本地振荡器的能量从天线辐射出去,干扰其他电台。

混频器用来降低(或提高)接收信号的载频,实现频率搬移。混频器输出中频的选择应有利于对镜像干扰和邻道干扰的抑制,为此,在短波和超短波接收机中,通常采用二次变频,选择较高的第一中频可保证对镜像干扰的抑制,第二次变频的中频选得较低,可以保证对邻道干扰的抑制,并使中放具有较高的增益。但随着变频次数的增加,接收机的噪声也会相应地增大。

2) 中放和检波器

中频放大器由一个 500kHz 机械滤波器和放大器组成,带通滤波器保证接收机的选择性,放大器提供 100dB 的增益。

3)自动增益控制

在短波通信中,由于发射功率的强弱、通信距离的远近、电波传播的衰落等不同,使得到达接收机输入端的信号电平变化很大,所以采用自动增益控制使接收机输出端的信号电平变化应小于 4~6dB。

4)音频电路

音频输出电路由静噪电路、音频压缩放大器、有源滤波器和低频功率放大器组成。

音频压缩放大器的主要作用是保证音频信号输出幅度的变化不超过 3dB。静噪电路的主要作用是当没有外来射频信号输入或输入射频信号的信噪比很小时,抑制噪声音频输出,从而减轻驾驶员的听觉疲劳。

2. 发射机的工作原理

高频发射机在单边带方式产生 400W 峰值射频功率,在调幅方式产生 125W 平均射频输出。

1)音频输入电路

音频输入电路主要由音频选择器、低通滤波器、音频放大器和音频压缩放大器组成。

音频选择器用来从数据音频、话音音频和等幅报 3 个输入的音频信号中选择其中一个经过低通滤波器加到音频放大器。

2)调制电路

平衡调制器的主要作用是抑制调幅信号的载波,输出上、下边带信号。

在平衡调制器内,音频信号对 500kHz 低载波信号进行调制,产生一个抑制载波的 500kHz 双边带信号。工作在 AM 调幅方式时,输出的 500kHz 双边带信号经 AM 衰减器适当衰减后加至 500kHz 下边带机械滤波器。

工作在单边带调幅方式时,AM 衰减器不工作,输出的 500kHz 双边带信号直接加至 500kHz 下边带机械滤波器。

3)变频电路

以工作在下边带方式为例,500kHz 下边带信号在第一混频器中与来自频率合成器的 70.3MHz 本振信号混频后输出 69.8MHz 的下边带信号,经 69.8MHz 晶体滤波器加至第二混频器,在第二混频器中,69.8MHz 下边带信号与来自频率合成器的 71.8~99.7999MHz 本振信号进行混频,得到 2~29.999MHz 的下边带信号,如图 1.1.6 所示。

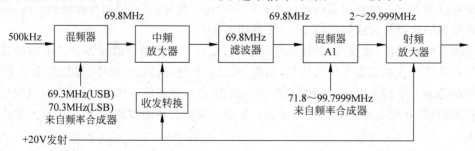

图 1.1.6 变频电路

4）射频功率放大电路

功率放大器对 100mW 的射频信号进行放大，SSB 方式时输出 400W 峰值包络功率，AM 方式时输出 125W 平均功率，该输出加至低通滤波器。功率放大器中设有保护电路，当功率放大器内部功耗过大时，该电路可瞬时关断功率放大器。

5）天线调谐耦合器

功率放大器输出的射频信号经定向功率耦合器和发/收继电器加至外部天线调谐耦合器。天线调谐耦合器的主要目的是使天线与高频电缆匹配，即天线与末级功放匹配。

1.2 甚高频通信系统

1.2.1 概述

甚高频通信系统（VHF COMM）是最重要也是应用最广泛的飞机无线电通信系统。大型飞机通常装备 2 套或 3 套相同的甚高频通信系统，以保证甚高频通信的高度可靠。甚高频通信系统主要用于飞机在起飞、着陆期间以及飞机通过管制空域时与地面交通管制人员之间的双向语音通信。甚高频通信系统的工作频段通常为 118.00～135.975MHz，波道间隔为 25kHz，可提供 720 个通信波道。由于甚高频信号只能以直达波的形式在视距内传播，所以甚高频通信的距离较近，并受飞行高度的影响。当飞行高度为 10 000ft(3000m)时，通信距离约为 123n mile(228km)；若飞行高度为 1000ft(300m)，则通信距离约为 40n mile(74km)。机载甚高频通信系统由收发机组、控制盒和天线三个基本组件组成。

VHF 通信与 HF 通信相比较，反射少（指电离层对信号的反射），传播距离近，抗干扰性能好；天电干扰、宇宙干扰、工业干扰等对 VHF 波段的通信干扰较小。

甚高频通信系统由机上 28V 直流(DC)汇电条供电，该系统由无线电控制板、收发机、天线和遥控电子组件等组成，如图 1.2.1 所示。

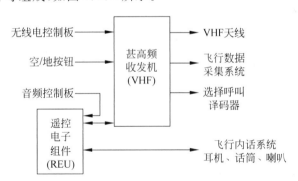

图 1.2.1　甚高频通信系统框图

1.2.2 甚高频通信系统的组成

每套机载甚高频通信系统由收发机组、控制盒和天线三个基本组件组成。

1. 控制盒

控制盒用于频率选择和转换，启动收发机的测试等。两个频率选择钮选择的频率分别显示在各自的显示窗(LCD)中,频率选择电门(TFR)用于选择一个作为当前的工作频率。显示窗正上方的频率指示灯亮表明该频率有效。按下"COMM"测试电门可使静噪电路失效,从而对接收机进行测试。此时,耳机中应能听到接收机输出的噪声。

如图1.2.2所示为甚高频通信控制盒示意图。

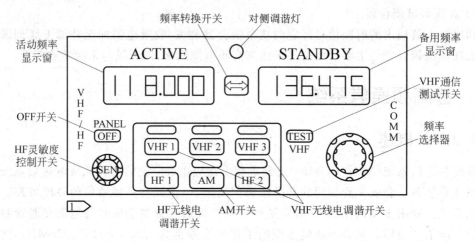

图 1.2.2 甚高频通信控制盒

2. 收发机

VHF收发机由发射电路和接收电路组成。发射电路用于产生音频调制的VHF发射信号,输送给天线发射。接收机是一个二次变频的超外差接收机,用于接收VHF调幅信号,解调出音频信号,输送给音频集总系统。收发机由电源电路、频率合成器、接收机、调制器、发射机等部分组成。电源电压为27.5V DC,最小功率为25W。如图1.2.3所示为VHF通信收发机示意图。

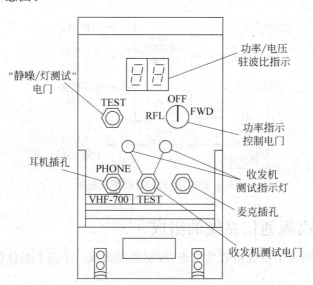

图 1.2.3 甚高频通信收发机

在收发机前面板上装有两个测试电门。按压"静噪/灯测试"电门可测试面板上的两个指示灯。按压此电门时,静噪电路失效,因此可在耳机内听到接收机输出的噪声。按压"收发机测试"电门可对收发机进行自测试,测试内容包括串行控制数据输入和天线电压驻波比。如绿色的"LRU 通过"灯亮,表明收发机自测试正常;如红色的"控制输入失效"灯亮,则表明来自控制板的输入无效。上部的显示窗用于显示电压驻波比/功率。当功率指示控制电门置于"FWD"位时,显示发射功率;置于"RFL"位时,显示反射功率。面板上还有耳机和话筒插孔。

3. VHF 天线

VHF 天线为刀形天线,1 号天线装于机背,2 号和 3 号天线分别在机腹前部和后部,如图 1.2.4 所示。

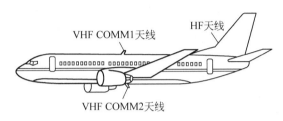

图 1.2.4　机载通信系统天线

1.2.3　工作原理

1. 接收机

接收机是一个二次变频的超外差接收机,工作方式是标准调幅方式,只能接收调幅信号,其结构功能如图 1.2.5 所示。

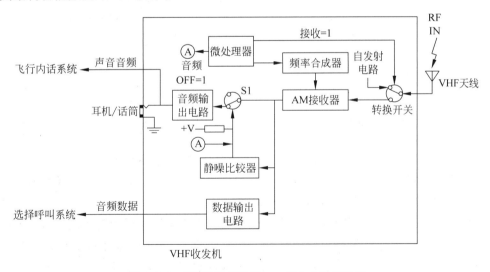

图 1.2.5　VHF 通信系统——接收功能描述图

VHF 天线接收 RF 信号并经同轴电缆把它们传给 VHF 通信收发机。收发机经接收电路发送 RF 信号并把音频送给飞行内话系统。同时,收发机还向选择呼叫译码器发送数据。

微处理器向频率合成器传送接收频率。频率合成器设置 AM 接收机的频率。

当收发机处于接收方式时,微处理器也向转换开关发送一个逻辑 1 并合上转换开关,把从天线来的 RF 信号发送给 AM 接收机。AM 接收机解调 RF 输入并检出音频信号。从 AM 接收机来的音频输出进入数据输出电路、开关 S1 和静噪比较器电路。

音频输出电路向飞行内话系统和耳机插孔发送音频信号。

静噪比较器电路把检出的音频与门限值进行比较。如果检出的音频电平高于门限值,静噪电路向开关 S1 发-地信号。开关 S1 闭合并把音频发给音频输出电路。

有源低通滤波器为三级有源低通谐振滤波器(又称电子滤波器),其作用是在 300～2500Hz 频率范围内保持理想的平坦响应(±1dB)。

音频功率放大器由两级放大器和一个输出阻抗匹配变压器组成。放大器提供 100mW 的输出电平。

2. 发射机

发射机结构功能如图 1.2.6 所示。

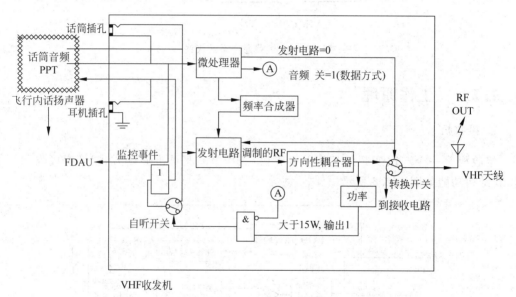

图 1.2.6　VHF 通信系统——发射功能描述图

VHF 收发机从遥控电子组件接收音频。收发机经发射电路发送信号并发给天线发射。

发射期间,微处理器从 REU 接收 PTT 信号。这使微处理器向转换开关发送一个逻辑,转换开关把发送电路的输出连到 VHF 天线。

来自 REU 的话筒音频进入收发机的发射电路。发射电路用话筒音频调制 RF 载波,产生一调幅 RF 信号,这个信号进入方向性耦合器转换开关。RF 信号经转换开关送入天线。天线发射 RF 信号。来自方向性耦合器的 RF 输出也送入功率监控器,当输出功率大于 15W 时,功率监控器发射一个逻辑 1。

当输出功率大于 15W 时,且收发机在话音方式时,自听开关闭合。话筒音频经 REU 送给飞行内话扬声器。

1.3 选择呼叫系统

1.3.1 概述

选择呼叫(SELCAL)系统用于供地面塔台通过高频或甚高频通信系统对指定飞机或一组飞机进行呼叫联系。当地面呼叫指定飞机时,以灯光和谐音的形式通知机组进行联络,从而免除机组对地面呼叫的长期守候。它不是一种独立的通信系统,是配合高频通信系统和甚高频通信系统工作的。为了实现选择呼叫,机上高频和甚高频通信系统必须调谐在指定的频率上,并且把机上选择呼叫系统的代码调定为指定的飞机(或航班)代码。

1.3.2 系统组成

选择呼叫系统由选择呼叫译码器和选择呼叫控制板组成。

1. 选择呼叫控制板

选择呼叫控制面板(见图1.3.1)提供选择呼叫系统的目视指示和复位操作。当译码器收到正确编码的音频呼叫时,控制板上这一有效的收发机所对应的提醒灯点亮。按压控制板上的灯/开关则对译码器通道进行复位。

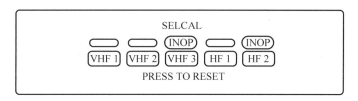

图1.3.1 选择呼叫控制板

2. 选择呼叫译码器

选择呼叫译码器用于确定接收的编码是否为本机代码,并产生提醒信号。译码器内部装有2个或5个单独译码通道。每个译码通道由一个音频压缩放大器、16个有源滤波器、译码阵列、逻辑电路和一个输出开关组成。每架飞机的四位编码由译码器前面板上的4根拇指轮开关设定(有的译码器四位编码由译码器的短接插头实现)。这4个开关用来将飞机的4个字母码输入1号编码器和2号编码器,每个开关都可以从A到S(I、N和O除外)的任何一个字母,两个字母为一组,把两组字母分别输入两个编码组件。

3. 声响警告组件

声响警告组件可产生多种谐音,提醒机组注意飞机相应状况。内部装有谐音发生器、喇叭、火警警告铃和超速抖杆声。谐音发生器产生的提醒音调送到喇叭,驾驶员就可听到选择呼叫提醒声音。

1.3.3 工作原理

每架飞机都有一个固定的四位字母代码。当地面台发射的选择呼叫代码与飞机代码相同时,选择呼叫译码器就发出呼叫接通信号。当选择呼叫译码器上选定飞机呼叫代码后,选择呼叫系统就处于待用工作方式。地面塔台通过 HF 或 VHF 发射机呼叫该飞机时,飞机上的 HF 或 VHF 接收机将收到的信号经处理后加到译码器。如地面台发射的选择呼叫代码与飞机代码相同时,选择呼叫译码器就给出警告。

图 1.3.2 所示为选择呼叫译码器某一通道的原理图。下面以该通道为例简单说明其译码过程。

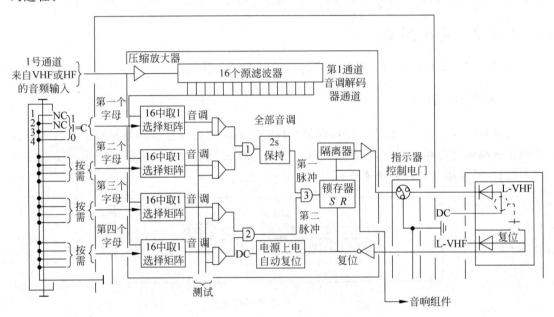

图 1.3.2　选择呼叫原理图

当机载 HF 或 VHF 接收机输出的编码音频信号(通常是来自收发机静噪电路之前的检波器)加到译码器后,首先经音频压缩放大器输出等幅音频信号,然后加到四组有源滤波器(每组有 16 个滤波器),每个滤波器只能通过一个相应的选呼音频频率。

因为选择呼叫编码信号是由两个 1s 的音频脉冲组成,每个脉冲由两个不同的频率所组成,当收到选呼信号的第一个脉冲时,经滤波器和矩阵进行识别,以确定是否为本飞机所指定的音调,若相符则将两个音调信号送至积分器,积分器把音调转换为逻辑高电平(逻辑 1)到与门 1,与门 1 输出的高电平加到与门 3 并保持 2s,在 2s 内脉冲一直使与门 3 的一个输入端为"1";接收到的第二个脉冲经识别若相符,则加至积分器,使与门 3 的另一输入端也为高电平,这样与门 3 输出为高电平,使锁存器置位。锁存器输出逻辑 1,使指示灯开关接通,控制板指示灯亮,且控制音响组件发出谐音。

可见,当地面呼叫某飞机,通过 HF 或 VHF 电台发射的两对音调编码经飞机选择呼叫译码器译码,若与本飞机的编码相符,则灯亮,并发出谐音,完成呼叫该飞机的任务。

当按下"复位"(RESET)键时,接地信号加到锁存器,使其复位,输出逻辑低电平,则灯灭,无谐音。

1.4 应急电台

应急电台的作用是在飞机发生事故时,生还人员使用它发出呼救信号,以便得到救援。

应急电台的电源是一个自备的干电池,能供电 48h。应急电台电池的更换日期必须标在发射机外部。

应急电台在飞机上的位置尽可能地靠后,但要在垂直尾翼之前,通常放在客舱后部。

应急电台的工作频率为 121.5MHz 和 243MHz(民用警告频率)。检查应急电台的方法是,将一台通信接收机调到应急电台频率上,然后使应急电台短时间工作,就可检查应急电台的工作情况。根据 1975 年 12 月 30 日发布的指令 FAR121.339 及 FAR121.309,要求对新电池在初次安装 5 年后做试验台/电池检查,以后每隔 2 年进行一次。

1.5 音频选择与内话系统

1.5.1 音频选择系统

1. 系统功用

音频选择系统(ASS)在机载设备中主要起通信交换机的作用,它允许机组成员处理他们个人的通信需要。飞机上的 ASS 系统独立地工作并允许机组使用甚高频通信系统、HF 通信系统、旅客广播系统、飞行内话和服务内话系统等。同时它还可以对机载导航设备的语音/识别码进行监控。图 1.5.1 为音频选择系统示意图。

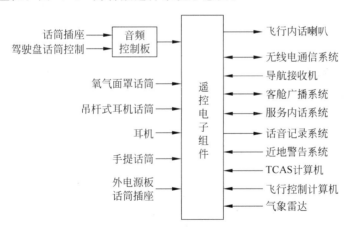

图 1.5.1 音频选择系统

2. 音频控制板

音频控制板(ACP)如图 1.5.2 所示,它主要用来对通信、导航等音频系统进行功能选译。选择开关信号被多路调制后获得一数据字传送到遥控电子组件(REU)。REU 利用这些选择信息把驾驶舱来的音频信号及按压"发话"(PT)按钮信号连接到所选择的系统,所有音频也被送入话音记录器。

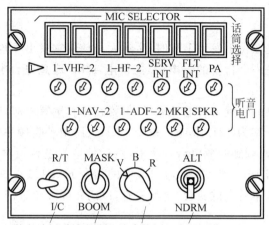

图 1.5.2 音频控制板

1) 话筒选择按钮(MIC SELECTOR)

这些按钮用于选择甚高频(VHF)、高频(HF)、飞行内话(FLT)、服务内话(SVC)以及旅客广播(PA)等系统发话时的话筒输入。这些按钮每次只能按下一个,允许一个系统工作。

2) 听音选择开关

两排听音电门,上面一排收听通信系统,是对应于 MIC SELECTOR 的音量开关;下面一排是导航系统(包括 VOR/ILS、ADF、MKR 等)的音频和莫尔斯电码听音开关,这些开关按下时接通,并可调整音量,可以多个系统同时按下,相互间是独立的。

3) R/T 和(或)I/C 开关

R/T 和(或)I/C 开关是个三位开关,由弹簧保持在中间位。置于 R/T 位时,由所选的系统(HF 或 VHF)发话;置于 I/C 位时,使用飞行内话系统,而不管 MIC 原先处于何位,此开关的作用与驾驶盘上的 MIC/INT 开关相同(两者并联)。

4) MASK/BOOM 开关

该开关用于选择氧气面罩话筒或吊杆话筒。

5) 音频滤波器选择开关

置于"V"位(voice)时只能听到话音信号;置于"R"位(range)时只能听到莫尔斯识别信号。将该开关置于"B"位时既能听到莫尔斯识别信号,也能听到话音信号。

6) NORM/ALT 开关

此开关平时置于"NORM"位。置于"ALT"位时,机长与观察员的 ACP 上的 MIC 开关和副驾驶 ACP 上的 MIC 开关分别自动接到 VHF1 和 VHF2(不管它原先在何处)。

ACP 上的上述开关位置信号经多路调制后以数据字的形式送到遥控电子组件(REU)。

3. 遥控电子组件(REU)

REU 用于管理三个驾驶舱位置(机长、副驾驶、观察员)之间的服务/飞行内话和所有相关联的通信、导航信息。REU 利用 ACP 选择信息,混合从话筒来的音频,并可控制其音量。它还可以向手提话筒听筒、头戴耳机和扬声器发送音频。REU 是一个机匣,其后部只有一个信号接头,内部有 5 块印刷电路板,机长、副驾驶、观察员各有 1 块控制板;有 1 块音频附件控制板,用于内话系统及高度警戒谐音发生器;第 5 块用于它们之间的接口。来自通信系统、无线电导航系统、数字式飞行控制系统(DFCS)和话筒的信号,以及 ACP 上的多路调制数据字都输入 REU。REU 对这些数字进行解码,即可获知 ACP 上的选择状态,确定信号输送路径。

1.5.2 服务内话系统

1. 功能及组成

服务内话系统是提供乘务员、驾驶舱和飞机各服务内话点之间内部通信的系统(见图 1.5.3)。机组人员只要拿起手提话筒,并在音频控制面板上选择"服务内话"(SERVICE INTER),话筒信号就直接输入该系统。如要使信号从飞机上各服务内话站点进入服务内话系统必须接通 P5 板上的服务内话开关(SERVICE INTER PHONE SW)。

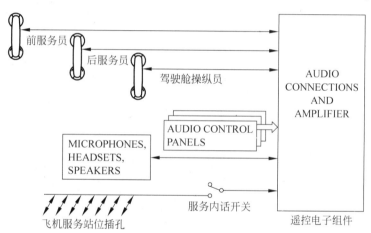

图 1.5.3 服务内话系统框图

服务内话系统内有三个手提话筒:一个装在驾驶舱前操作台下,另外两个装在前、后乘务员控制台上。飞机上有 7 个或 8 个服务内话插孔,服务内话开关置于"OFF"位时,机上各服务内话插孔只可收听到服务内话系统音频。当开关置于"ON"位时,各服务内话插孔的话筒信号才可输入内话系统。此开关的使用:在空中置于"断开(OFF)"位,以免飞机外部天线干扰信号输入内话系统;在地面置于"接通(ON)"位,可保证在地面维护工作中与各维修点的联络。

遥控电子组件(REU)内包含许多内话系统的放大器。其面板上有内话系统的增益音量调整点,其中 AAU(audio accessor unit)电路板上"SVR INT EXT"调整的是各个服务站位插孔内话的增益,而"SVR INT ATT"调整的是乘务员和驾驶舱操纵台后部手提电话组件的音量。"FLT INT"调整飞行内话增益。这些调整在 REU 出厂时已调好,一般不得再调(应在内场调整)。

2. 服务内话系统的工作原理

遥控电子组件处理服务内话音频信号。REU 内的音频附件板包含服务内话电路。

服务内话电路有一音频混合器。音频混合器把从飞行机组站位板、乘务员位和服务内话插孔来的话筒音频混合起来。服务内话电路增加音频信号的电平。这个音频信号到达飞行机组站位板、乘务员位和服务内话插孔。见图1.5.4。

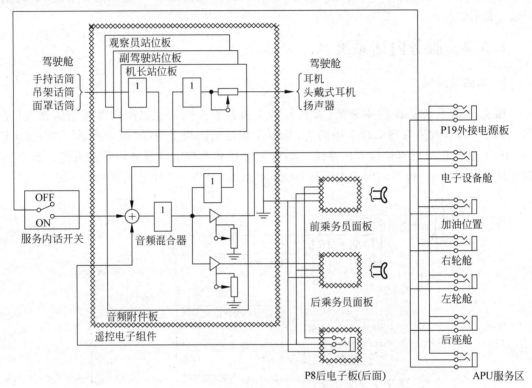

图1.5.4 服务内话系统的原理图

1.5.3 机组呼叫系统

1. 功用

机组呼叫系统用于机组、乘务员和地勤人员之间的通话呼叫提醒。乘务员或地勤人员呼叫机长"CAPTAIN CALL"时,在驾驶舱可听到高谐音,且机长呼叫灯亮,直至呼叫人释放他的"CAPTAIN CALL"开关为止;机长呼叫乘务员,或乘务员呼叫乘务员时,在服务站位处可听到高/低谐音,且客舱天花板上粉红色呼叫灯亮,按压乘务员板(ATT PAL)上的"复位(RESET)"按钮可熄灭呼叫灯;在驾驶舱内按下呼叫地勤人员按钮时,前轮舱的高分贝提醒(地勤呼叫)喇叭响。当飞机在地面时,如果电子设备冷却系统探测到风冷低流量(不管是进气还是排气)或 IRS 使用电瓶电源时,该喇叭也响。

2. 呼叫系统的工作原理

28V DC 电压加到所有的呼叫开关,按下呼叫开关时接通28V DC 电源。不管是地勤呼叫喇叭或音响警告组件(AWU),只要接通28V DC电源就会产生音响,指示灯只要加上28V DC电压就会亮(见图1.5.5)。

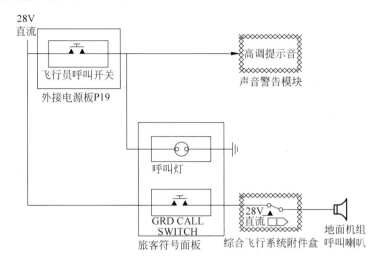

图1.5.5 勤务呼叫系统原理图

1) 呼叫机长

在外电源板或前、后乘务员板上按下"CAPTAIN CALL"按钮开关,28V DC加至音响警告装置(AWU),产生高谐音提醒信号,同时,28V DC使机长呼叫板上的呼叫灯亮。

2) 呼叫乘务员

无论在驾驶舱或前、后乘务员板上按下"ATT CALL"按钮,都有28V DC加到PA放大器的谐音电路(TWO TONE CNINE)产生高/低谐音提醒信号(587Hz/494Hz),经PA放大器放大后送至喇叭,同时28V DC经隔离二极管使前、后服务台的呼叫灯亮,此时在前乘务员板内的呼叫继电器通电而吸合,使呼叫灯持续发亮(粉红色),直至按下前/后乘务员板上的任一"RESET"开关时,呼叫继电器即刻断开,呼叫灯灭。

3) 呼叫地勤人员

在驾驶舱内按下"地勤呼叫"开关时,28V DC经飞行仪表附件盒内的IRS警告继电器加至前轮舱内的地面呼叫喇叭,产生100dB的音调提醒地勤人员。另外,当惯性基准系统使用电瓶电源工作时,或电子设备舱的冷却空调系统有故障时,惯导系统警告继电器(IRS WARNING)动作,也使地勤呼叫喇叭直接加上28V DC电压,在这两种情况下,喇叭都响。

1.6 旅客广播系统

1. 系统功用与组成

旅客广播系统(PA)用于供机组、乘务员向乘客广播、播放预录通知或登机音乐,还用于产生高/低谐音。来自机组、乘务员及磁带放音机来的音频信号,经优先权选择后由广播放大器放大,再送到客舱及服务站位处的喇叭。钟声信号是叠加在其他的旅客广播信号中传送的。当乘客呼叫乘务员时,钟声电路产生高谐声;机组呼叫乘务员时,钟声电路产生高/

低谐音；出现系好安全带或禁止吸烟告示时,钟声电路产生低谐音。旅客广播系统如图 1.6.1 所示。

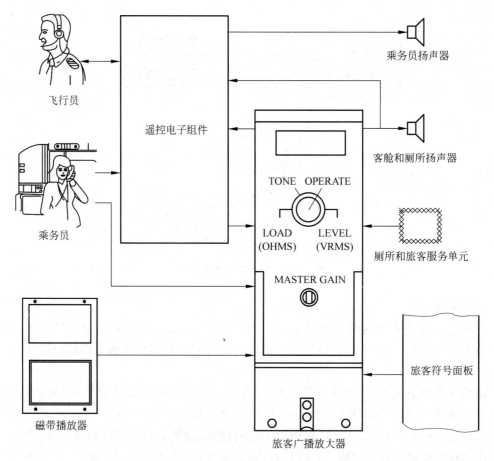

图 1.6.1　旅客广播系统示意图

1）旅客广播放大器

旅客广播放大器主要用于放大音频信号、预录通知和登机音乐,放大器输出的平均功率为 30W,峰值功率 120W,在放大器前面板上有红色指示灯（发光二极管 LED）和一个 3 位旋转测试开关。红灯用来指示相对于满功率时的输出电平（-1、0、+1dB）。当测试开关处在"TEST"位置时,旅客广播放大器产生一个高谐音信号加到喇叭网络,用于检查喇叭的工作情况；当测试开关处在"CAL"位置时,通过其前面板上的指示灯,检查旅客广播放大器的输出功率。可通过旅客广播放大器前面板上的调节电位器来调节主放大器的增益（见图 1.6.2）。

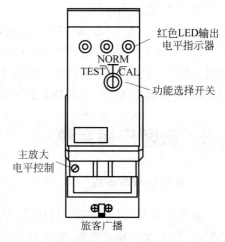

图 1.6.2　PA 放大器

2）旅客乘务员面板

旅客乘务员面板用于乘务员向旅客进行广播，前、后客舱乘务板上都装有对旅客广播使用的手提话筒。

3）遥控电子组件（REU）

在 REU 面板有三个 PA 系统的调整点。"PA SENS"调整话筒的灵敏度，即 MIC 输入信号预放增益调整。"PA GAIN"是 PA 功率放大器（MAIN POWER AMP）增益调整。"PAST"调整驾驶舱"自听"音量。以上调整在 REU 出厂前已调好，一般不需用户调整。必要时可在内场调节。

4）机上音乐/通告放音控制组件

放音控制组件是用来播放登机音乐和预录信息的，同时具有紧急情况自动播放的控制功能。它使用 115V，400Hz 电源，所有操作都通过数码键盘进行，其功能都由内部的微处理器控制。

这种放音机磁带是以松下公司的"MAS"格式录制的，即磁带上有四道并行磁迹：第 1、2 道磁迹用于播信息；第 3、4 道磁迹用于录制登机音乐。磁带无 A、B 面，只单面使用，所使用的磁头也是四迹的。磁迹间的间隙与普通家用磁带也略有差别，因此从原则上讲，家用磁带是不能在此机上播放的，它须用特殊设备录制磁带。

（1）预录信息的播放

可录制 32 条信息，取决于信息的长短，从磁迹 1 开始，然后磁迹 2 连续排列录制，每段信息开头都有自己的地址编码。然后空白一小段后开始录制信息。最后信息结束后有 8s 的间隙，以区分下一条信息。

在数码键盘上选择数码后，在显示窗会显示所选码号，磁带放音机进入搜索状态，当找到所选信息时，"READY"灯亮。此时按下"START"键即可播放所选信息。如所选码太大，磁带无此条信息，则显示窗显示"E"。此时按下"STOP"键可予以清除。

（2）登机音乐的播放

机上音乐录制在第 3、4 磁道上。节目播完后留有 20s 的空白。播放音乐时，选择音乐磁道 1 或 2，按下"START"键即开始播放登机音乐。

由于信息播放具有优先权，所以播放信息时，暂停音乐播放，待信息播放完毕后从暂停处重新开始播放音乐。

当磁带放完后，探测到 20s 的空白信号，磁带放音机即自动倒带，从头开始重复播放。

（3）紧急信息的自动播放

当客舱泄压时，压力传感器开关为磁带放音机提供紧急信息播放请求，此时存储在内部存储器（EPROM）中的紧急信息就会自动播放，并具有最高优先权。

使用此功能须预先做好如下工作：

① 泄压传感器开关须接入磁带放音机的输入线；

② 紧急信息语言须存储在 EPROM 存储器中；

③ 内部 DIP 开关 SW1 必须设定好紧急信息的数量和长度；

④ 内部 DIP 开关 SW2 必须设定好播放重复次数。

2．系统基本工作原理

1）优先权电路

PA 要处理的输入信号有话音广播、预录信息、登机音乐以及"钟声"信号，这些信号的处理优先权是由 PA 放大器内部的优先权逻辑电路来进行控制的。第一优先权为驾驶舱广播；第二优先权为乘务员广播；第三优先权为自动信息广播；第四优先权为登机音乐。

2)"谐音"发生器电路

谐音是为提醒乘务员或旅客注意。

飞机在起飞或着陆过程中(襟翼、起落架未收上时)，配合"FASTEN SEAT BELT"(系好安全带)开关和"NO SMOKING"(请勿吸烟)开关，继电器产生低谐音"咚"。当"NO SMOKING"开关在"ON"位时，28V DC 加到"钟声"发生器，产生低谐音。当"NO SMOKING"开关在"AUTO"位时，在起落架未收上时，起落架放下开关接通，28V DC 加到"钟声"发生器，产生低谐音；当"FASTEN SEAT BELT"开关在"ON"位时，28V DC 加到"钟声"发生器，产生低谐音；当"FASTEN SEAT BELT"开关在"AUTO"位时，在襟翼未收上时，也产生低谐音。

机组或乘务员呼叫乘务员时，通过呼叫开关提供 28V DC 加到"谐音"发生器，发生"叮，咚"(HI/LOW)谐音。

旅客在旅客服务板或厕所处按呼叫按钮时，产生"叮"高谐音(HI)。

3)PA 放大器三位测试(TEST/NORM/CAL)开关

当开关放在"NORM"位时，功率放大器开始正常工作，面板上的 LED 指示随输出电平大小变化。

当开关放在"TEST"位时，"地信号"加到"谐音"发生器，产生一个高谐音信号，此高谐音信号加到主放大器放大后送到扬声器网络，此时，所有的扬声器中都应听到这个高谐音信号。

当开关放在"CAL"位时，只有高谐音信号加入放大电路，主放大器输出与扬声器网络断开，而与内部固定假负载相连。此位用来调整放大器输出以获得最大不失真功率输出。LED 是否亮，取决于发光二极管(LED)放大器输入信号的幅度。如 $-1dB$ 和 $0dB$ 灯亮，表明旅客广播放大器的放大量正常。如指示灯均亮，表明旅客广播放大器的放大量太大。如只有 $-1dB$ 灯亮，则表明旅客广播放大器的放大量太小。为了获得一个最大不失真功率输出，调整主放大器增益，直到 $-1dB$ 和 $0dB$ 两个发光二极管都亮。

4)PA 放大器增益控制电路

音频压缩放大器的主要作用是使加到放大器的信号在较宽的范围内变化时保持放大器的输出稳定。音频压缩放大器的灵敏度由遥控电子组件(REU)中的灵敏度控制电位器控制，在内场通过调整灵敏度控制电位器来控制音频压缩放大器的门限，以适应各种类型话筒的需要。当发动机工作时，低滑油压力开关断开，使放大器增益增加 6dB，以抵消此时增大的背景噪声。

1.7 话音记录系统

1.7.1 功能与组成

驾驶舱话音记录器用于自动记录驾驶舱内的话音，包括机组人员通过无线电系统与地面的通信话音、机内通话和驾驶舱内的谈话，以备发生事故后或需要时调用参考。因此，驾驶舱话音记录器与飞行数据记录器均称为"黑匣子",安装在飞机后部不易损毁的位置。话音记录器可记录飞机驾驶舱内最后 2h 之内的驾驶舱话音。

记录器共有 4 个录音通道,分别记录正、副驾驶,随机工程师通过音频选择板的通信和内话的音频以及话音记录器控制盒上话筒输入的驾驶舱内的声音。

话音记录系统主要由话音记录器和控制盒等组成,如图 1.7.1 所示。

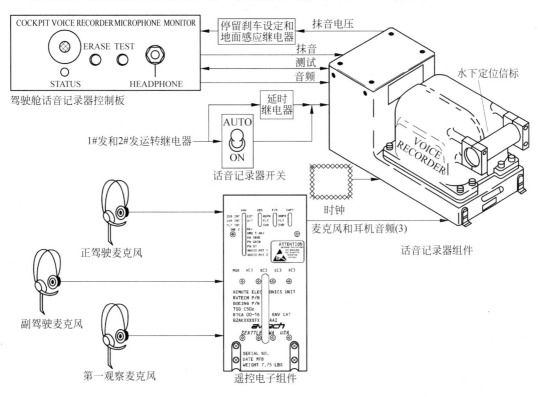

图 1.7.1 话音记录系统示意图

话音记录器控制板用于监测和遥控话音记录器系统组件(见图 1.7.2)。控制板位于驾驶舱头顶板,区域话筒用于拾取驾驶舱内的声音和话音。抹音按钮可对录音带进行总抹音。当飞机在地面,并设置好停留刹车,按压"抹音(ERASE)"按钮 2s 然后释放,这时可将磁带上的信息全部抹除。按压"测试(TEST)"按钮,则以 600Hz 测试音频依次对 4 个记录器声道进行测试。如果 600Hz 测试音频能够有效地被记录,监视仪表指针指示则在绿区摆动。耳机插孔用于监听 4 个记录声道。

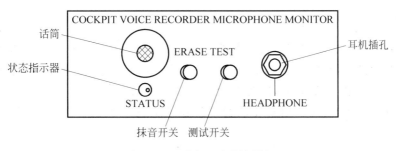

图 1.7.2 话音记录器控制板

录音机内的磁带及其传动机构密闭在一防震、隔热的密封壳里,另外还有测试控制和监测电路。

录音机前面板有一个水下定位信标。当组件浸在水中,水下定位信标就开始工作,发射37.5kHz的超声波脉冲信号。其电池可持续工作30天,电池有效期标注在其表面。

1.7.2 话音记录器的基本工作原理

话音记录器是利用电磁原理把声音录在磁带上面。

话音记录器使用1号电子汇流条115V交流电源。录音时,三个输入声道来自音频控制系统,另一声道来自驾驶舱控制板上的区域话筒。

当飞机在地面且停留刹车设置时,按下抹音键才可进行抹音。

1. 电源

话音记录器由1号电子汇流条供电,115V、400Hz AC电源经录音机内的电源电路产生30V、18V直流电压。30V DC分别加至磁偏振荡器偏压发生器、录音放大器、抹音控制电路、监听放大器和试验指示表。18V DC送到控制板内话筒的前置放大器。115V电源还直接供给磁带传动电机和抹音继电器。

2. 录音

只要115V交流电加到主电汇流条上,记录器系统即可自动记录驾驶舱中的话音。

输入的音频信号经输入变压器分别加到各自的录音磁头驱动放大器。磁偏振荡信号也加至抹音磁头以抹除半小时前所记录的信号,在录音之前,所有声道首先经自动抹音磁头抹音。

3. 监听

所有记录的信号经放音磁头输出(经过大约0.5s磁带传送时间),经放音放大器放大,分别送到600Hz滤波器(用于测试)、前面板耳机插孔和控制板耳机插孔。

4. 抹音

当飞机在地面且停留刹车设置,空地电门继电器和停留刹车继电器闭合,30V直流抹音控制电压加到抹音按钮。将抹音按钮按下并保持至少2s,即可抹音。

5. 测试

按下控制盒上的试验按钮后可对每个录音通道测试1s。正常时,指针偏转到绿色区域0.8s后,然后指针回到零位0.2s。然后测试下一个录音通道。每次测试时,按下试验按钮并保持至少需要4s的时间,除控制盒上的试验指示表摆动外,同时,放音磁头输出断续的600Hz测试音频送到控制盒和话音录音器上的耳机插孔,可听到断续的600Hz的音频。

1.8 卫星通信系统

所谓"卫星通信",是指利用空间的人造地球卫星作为中继站转发无线电信号,以实现两个或多个地球站之间的通信,如图1.8.1所示。地球站是指设在地球表面(包括地面、海洋和大气中)上的无线电(收/发)通信站,包括地面地球站(CES)和飞机上机载地球站(AES)。而用于转发无线电信号来实现通信目的的这种人造卫星称为通信卫星。卫星通信实际上就是利用通信卫星作为中继站的一种特殊的微波中继通信方式。

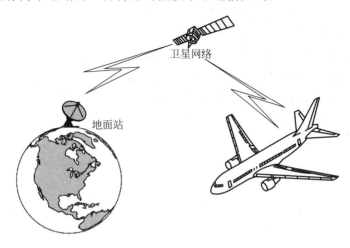

图1.8.1 卫星通信系统示意图

1.8.1 卫星通信的特点

与其他通信手段相比,卫星通信的主要优点为:
(1) 通信距离远,最大通信距离达18 000km;
(2) 覆盖面积大,可进行多址通信;
(3) 通信频带宽、传输容量大,适合多种业务传输;
(4) 通信线路稳定可靠,通信质量高;
(5) 通信电路灵活;
(6) 机动性好;
(7) 可以自发自收进行监测。

由于卫星通信具有上述突出优点,从而获得了迅速的发展,成为强有力的现代化通信手段之一。

1.8.2 静止卫星通信系统

卫星通信系统由空间分系统、通信地球站、跟踪遥测及指令分系统和监控管理分系统等四大功能部分组成。

其中跟踪遥测及指令分系统对卫星进行跟踪测量,控制其准确进入静止轨道上的指定位置,并对在轨卫星的轨道、位置及姿态进行监视和校正。监控管理分系统对在轨卫星的通信性能及参数进行业务开通前的监测和业务开通后的例行监测、控制,以便保证通信卫星的正常运行和工作。空间分系统是指通信卫星,主要由天线分系统、通信分系统(转发器)、遥测与指令分系统、控制分系统和电源分系统等组成。地面跟踪遥测及指令分系统、监控管理分系统与空间相应的遥测与指令分系统、控制分系统并不直接用于通信,而是用来保障通信的正常进行。

1. 通信卫星

1) 卫星的位置

目前,绝大多数通信卫星是地球同步卫星(静止卫星)。这种卫星的运行轨道是赤道平面内的圆形轨道,距地球约 36 000km。它运行的方向与地球自转的方向相同,绕地球旋转一周的时间,即公转周期恰好是 24h,和地球的自转周期相等,从地球上看去,如同静止一般,故称为静止卫星。静止卫星是与地球同步运行的,故又称同步卫星。由静止卫星作中继站组成的通信系统称为静止卫星通信系统或称同步卫星通信系统。

只要用三颗等间隔配置的静止卫星就可以实现全球通信(见图 1.8.2),这一特点是任何其他通信方式所不具备的。

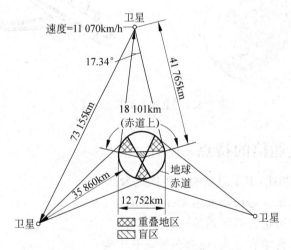

图 1.8.2 静止卫星配置的几何关系

2) 静止卫星通信存在的某些不足

(1) 两极地区为通信盲区,高纬度地区通信效果不好;

(2) 卫星发射和控制技术比较复杂;

(3) 存在星蚀和日凌中断现象;

(4) 有较大的信号传播延迟和回波干扰。

3) 通信卫星的组成

一个卫星通信系统包括许多通信地球站,由发端地球站、上行线传播路径、卫星转发器、下行线传播路径和收端地球站组成卫星通信线路,直接进行通信。其构成框图如图 1.8.3 所示。

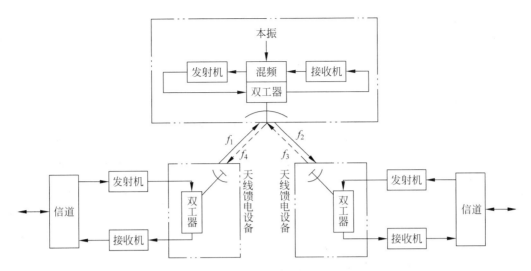

图 1.8.3 卫星通信线路的基本组成

卫星上的通信系统称为转发器或中继器,它实际上是一部宽频带的收、发信机。其主要功能是收到地球站发来的信号后(称为上行信号),进行低噪声放大,然后混频,混频后的信号再进行功率放大,然后发射回地面(称为下行信号)。卫星通信中,为了避免在卫星通信天线中产生同频率信号干扰,上行信号和下行信号频率是不同的。一个通信卫星往往有多个转发器,每个转发器覆盖一段频段。对转发器的基本要求是工作可靠,附加噪声和失真要小。

转发器是通信卫星的核心,通常分为透明转发器和处理转发器两种基本类型。

透明转发器是指它接收地面发来的信号后,只进行放大、变频、再放大后发回地面,对信号不进行任何加工和处理,只是单纯地完成转发任务。按其变频次数区分,有一次变频和二次变频两种方案。

处理转发器用于数字卫星系统中,它将接收到的信号经微波放大和下变频,变成中频信号再进行解调和数据处理,从而得到基带数字信号,然后再经调制、上变频、放大后发回地面。

2. 通信地球站

通信地球站由天线馈线设备、发射设备、接收设备、信道终端设备等组成。

1) 天线馈线设备

地球站天线是一种定向辐射和接收电磁波的装置。它把发射机输出的信号辐射给卫星,同时接收卫星发来的电磁波并送至接收设备。收发支路主要是靠馈源设备中的双工器来分离的。

2) 发射设备

发射设备的作用是将信道终端设备输出的中频信号(一般的中频频率是 $70\text{MHz} \pm 18\text{MHz}$)变换成射频信号(C 频段中是 6GHz 左右),并把这一信号的功率放大到一定值。功率放大器可以是单载波工作,也可以多载波工作,输出功率可以从数瓦到数千瓦。

3) 接收设备

接收设备的任务是把接收到的极其微弱的卫星转发信导首先进行低噪声放大,然后变频到中频信号(一般的中频频率为 $70\mathrm{MHz}\pm18\mathrm{MHz}$),供信道终端设备进行解调及其他处理。

4) 信道终端设备

对发送支路来讲,信道终端的基本任务是将用户设备(电话、电话交换机、计算机、传真机等)通过传输线接回输入的信号加以处理,使之变成适合卫星信道传输的信号形式。对接收支路来讲,则进行与发送支路相反的处理,将接收设备送来的信号恢复成用户的信号。对用户信号的处理,可包括模拟信号数字化、信源编码/解码、信道编码、中频信号的调制/解调等。目前有各种卫星通信系统,各种通信系统的特点主要集中在信道终端设备所采用的技术上。

1.9 飞机通信寻址报告系统

飞机通信寻址报告系统(ACARS)是一个可寻址的空/地数字式数据通信网络,它通过机上第三套甚高频通信系统(VHF)实现空地之间的数据和信息的自动传输交换,使飞机作为移动终端与航空公司的指挥系统、控制系统和管理系统相连接,如图 1.9.1 所示。

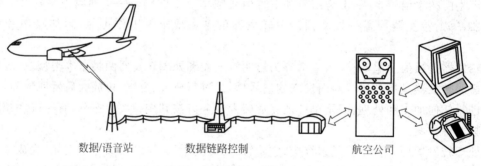

图 1.9.1 ACARS 介绍

ACARS 用于自动或人工向地面发射或从地面接收所产生的报告或信息。它专用于维护、运行和商业等。

1. ACARS 通信系统组成

1) 机载 ACARS 设备

它由对话式显示组件(IDU)、管理组件(MU)、第 3 套 VHF 的收发机和打印机组成,能够收发各类数据,并通过 IDU 显示阅读或由打印机打印出来。

2) ACARS VHF 无线电网络

它由遍布世界各地的 ACARS VHF 无线电地面台组成。每个地面台可和周围一定空域范围内的飞机进行 ACARS 数据交换,并通过地面通信网络与 ACARS 控制中心进行数据传输交换,这样,通过 ACARS 地面台网络,ACARS 控制中心就可以和任何位于 ACARS VHF 无线电网络覆盖区内的飞机进行数据交换。

ACARS 地面台在欧洲、北美地区较多,几乎全部覆盖;中国目前只有北京、上海、台北、香港四个地面台。

3) ACARS 控制中心

ACARS 控制中心通过地面通信网络与各 ACARS 地面台、各航空公司信息中心相联系,它通过代码寻址,把航空公司和它相应的飞机联系起来,进行数据和信息双向交换。

4) 各航空公司信息中心

各航空公司信息中心由公司内的计算机网络组成。它通过地面通信网络接收来自 ACARS 控制中心的飞机数据和信息,并送到公司相应部门;同时,也收集各部门的询问信息传送到 ACARS 控制中心,转达给相应飞机。

2. ACARS 系统的应用

ACARS 可以应用在以下各方面:

报告 OOOI 时间{O—OUT OF THE GATE(离开门位):客舱门关上,刹车松开;O—OFF THE GROUND(起飞):空地电门处于"空中"状态;O—ON THE GROUND(落地):空地电门处于"地面"状态;I—IN THE GATE(进入门位):刹车刹住、客舱门打开状态};进出港、返航、延误等信息报告;气象报告;发动机性能监视与燃油状态报告;故障报告和维修事项报告;燃油状态报告;载重与平衡;选择呼叫;乘客服务(预订票、旅馆等)等。

3. ACARS 通信系统的优点

(1) 快速、实时

ACARS 能立即自动向地面报告 OOOI 时间、发动机参数、飞机故障等,使地面随时了解飞机状态,便于进行生产调度和维修安排。

(2) 减轻机组负担

每次飞行通过 ACARS 系统与地面平均交换信息 20~25 次(很难做到人工报告),而且地面的空中交通管制台也无法接收并转发如此庞大的信息量。

(3) 通信量大

由于 ACARS 快速、自动,它传输的信息量增加了很多倍,不仅包括飞机性能数据,而且还包括商用数据,如食品及饮料供应、乘客订票、订旅馆等,可扩大航空公司的服务项目。

但由于 ACARS 是面向字符工作的,它和未来的国际航空电信网(ATN)不兼容。它作为一个过渡系统,将在 ATN 建成后进行升级,以适应未来的体制。

4. ACARS 的工作方式

ACARS 主要包括 DEMAND(请求)方式和 POLLED(等待)方式。

1) DEMAND(请求)方式

这是基本工作方式,当电源接通或 ACARS 的 RF 通道无人使用时,系统就处于本方式。其信息包括:飞行员的输入(如延误信息、数据链测试等),地面信息响应(如 GMT 时钟更新),自动报告事件(如 DFDAU 报告)。

2) POLLED(等待)方式

这是受地面台指令时进入的被动报告方式。

当地面台同时收到很多报告请求时,就命令这些飞机处于等待方式,然后周期性(约 2s)询问每一架飞机,如果飞机有信息,就自动回答;如无信息,就给一个简单的响应信号。询问完毕后,地面台可再发一个指令使之回到 DEMAND 方式或者 1.5min 后系统自动回到请求方式。

本 章 小 结

通信系统(communication systems)用于实现飞机与地面(air to ground)、飞机之间(air to air)以及飞机内部的通信(intercommunication)联络。目前,飞机装备的通信系统主要有甚高频通信、高频通信、选择呼叫系统、旅客广播、飞行内话、服务内话、旅客内话、旅客娱乐和话音记录系统等。甚高频通信系统(VHF)与高频通信系统(HF)分别用于实现空地之间的近距离与远程通信。此外,现在的大型飞机还包括有卫星通信系统(SAT COM)和飞机通信寻址报告系统(ACARS)等。

复习与思考

1. 简述甚高频通信系统的用途、特点和工作频率范围。
2. 说明按压甚高频收发机前面板上"静噪/灯测试"电门时应有的正常现象。
3. 说明高频通信系统的功用、特点和工作频率范围。
4. 说明高频通信系统的天线调谐耦合器的位置和功用。
5. 说明选择呼叫控制板上呼叫指示灯的功用。
6. 说明音频控制板上的话筒选择按钮(MIC SELECTOR)的功用。
7. 说明音频控制板上的 R/T-I/C 开关的功用。
8. 说明音频控制板上的音频滤波器选择开关的功用。
9. 在地面应如何正确使用服务内话系统?
10. 什么情况下前轮舱壁上的电喇叭响?
11. 如何判断旅客广播放大器的放大量是否正常?
12. 说明 PA 放大器的优先权逻辑顺序。
13. 驾驶舱话音记录器有何功用?
14. 说明应急电台的工作频率和电池维护要求。
15. 说明 ACARS 系统的功用、组成和工作方式。
16. 说明选择呼叫系统的功用和基本工作原理。
17. 什么是通信卫星?有何特点?

阅读材料

飞机通信寻址和报告系统(ACARS)——一种新的空地数字通信系统

机载 ACARS 是通过第三部 VHF 通信系统执行的。ACARS 既可由飞机发送信息到地面台,也可由地面台发送数字信息到飞机。重要的是,当地面台把信息传送到信息中心后，信息中心便可以把信息传送到航空公司的维护部门、飞行管理部门、旅客服务部门等与航班相关的各个环节。如果飞机安装了高频（HF）通信系统和卫星通信系统，ACARS 信息也可以通过这两套系统进行空地间的信息数据传输。ACARS 具有以下特点。

（1）提高了地空通信的准确性

很明显，频繁使用话音通信容易使人产生误解和错误，特别是在飞行计划、登机门的分配、机场跑道信息、气象信息等有变化时更容易发生错误，这将使航空公司的安全和经济效益受到影响。而数据链通信能够减少这方面的错误。另外，话音通信还存在 VHF 频道的拥挤和阻塞以及高频系统通信质量不高的问题，且长时间话音通信还能够引起机组人员心烦意乱。而 ACARS 的数据链通信是静默的，不会出现这些问题。

（2）资料和数据易于共享

话音通信信息很难分配到航空公司各部门，特别是当数据要求进行分析、记录和保存时。而当它需要转换成电子格式记录下来时，还将耗费大量的人力、物力、时间，且容易产生错误。而 ACARS 提供的信息是数字的，易于分析和分配到各部门。

（3）增加信息，减少成本

数据链能够提供实时的确认问题的能力，还能够为飞行管理和维护部门提供附加的资料信息，甚至可以传送一些飞行员尚未察觉而系统自动探测出来的故障。这为航空公司减少成本、提高经济效益提供了决策依据。数据链提供的是实时信息，它为维护工作提供了最充分的时间。将来，数据链通信还要扩展到空中交通管制系统。

（4）ACARS 的局限性

当 ACARS 与地面进行信息传输时，VHF 通信收发机频率是由 CMU 自动控制的。目前，ACARS 使用的 VHF 通信初始频率是 131.55MHz。另外，ACARS 的使用受地面 VHF 通信台站覆盖程度的影响很大，VHF 通信是视距传播，所以 ACARS 信息传输距离与飞行高度有关，飞行高度越低传输距离越近。在 VHF 通信地面台站不能覆盖的地区，ACARS 需要把信息暂时存储在内存中，直到飞行到 VHF 通信地面台站可以覆盖的地区后再进行数据传输。对于选装有 HF 或者卫星通信链的飞机，可以使用 HF 或者卫星通信链进行 ACARS 信息传输，它们避免了 VHF 通信传输信息距离近的不足。

资料来源：武建勇.飞机通信寻址和报告系统（ACARS）一种新的空地数字通信系统［J］.国际航空，2004（12）：59-60.

思考题

1. ACARS 有何优势和局限性？
2. ACARS 对于民航通信系统发展的意义是什么？

练 习 题

HF 收发机有自测试功能。开始测试时，按其前面板上的测试开关。LRU STATUS、KEY INTERLOCK 和 CONTROL FAIL 红灯亮____s，接着 LRU STATUS 绿灯亮____s，另外两盏灯红灯亮____s，在最后____s 所有的灯都灭掉，直到测试完成，然后收发机显示测试结果____s。

如果 HF 收发机内有故障，_____红灯亮。如果 HF 耦合器有故障，_____红灯亮。如果来自控制面板的控制输入有故障，_____红灯亮。

参考答案：2，2，2，30，2；LRU STATUS，KEY INTERLOCK，CONTROL FAIL

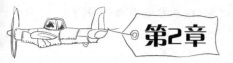

第2章

导航系统

本章关键词

自动定向机(automatic directions finding, ADF)
仪表着陆系统(instrument landing system, ILS)
甚高全向信标系统(VHF omnidirectional range, VOR)
无线电高度表(LRRA)
测距机(DME)
机载应答机系统(ATCRBS)
避撞系统(TCAS)
气象雷达系统(WXR)
近地警告系统(GPS)

> 现代航空机载导航系统的用途是安全、精确地引导飞机到达预定飞行目的地。
> 导航系统测量飞机的位置、速度、航迹、姿态等参数，供驾驶员或自动飞行控制系统引导飞行器按预定航线航行。
> 目前广泛应用的民用机载无线电导航系统有自动定向机、甚高频全向信标系统、仪表着陆系统、气象雷达、应答机、测距机、低高度无线电高度表、避撞系统和近地警告系统等。

2.1 导航系统概述

导航是引导飞行器到达预定目的地的过程。导航系统测量飞机的位置、速度、航迹、姿态等导航参数，供驾驶员或自动飞行控制系统引导飞行器按预定航线航行。

2.1.1 导航系统分类

在飞机导航实践中应用着各种不同的导航装置，但按实现导航的方法及原理的不同，导航技术一般可分为目视(观测)导航、仪表(推算法)导航、天文导航和无线电导航等几大类。

(1) 目视(观测)导航：早期的飞机利用观测地标，目前飞机上采用气象雷达(也属于无线电导航)等实现的导航。

(2) 仪表(推算法)导航：它是借助飞机上的各种仪表(如磁罗盘、空速表、气压高度表、时钟等)引导飞机航行；在现代飞机上使用的惯性导航系统，是根据对飞机的运动方向和航行的距离(或速度、时间)的测量，从过去已知的位置来推算当前的位置，或预期将来的位置，从而可以得到一条运动轨迹，以此来引导航行。推算法导航不受天气、地理条件的限制，保密性强，是一种自备式导航。但随着航行时间和航行距离的增长，位置累积误差越来越大。

因此,航行一定时间后,需要进行位置校准。

(3) 天文导航:以天空中具有一定运动规律的星体为依据,利用机载六分仪等设备观测水平线和星体连线间的夹角(即为星体的高度),作等高线,再求另一星体的等高线,取其交点来确定飞机的位置。但天文导航易受气象条件、地磁干扰和计算复杂性等限制,目前在飞机上很少使用。

(4) 无线电导航:利用无线电的方法即通过对无线电信号某一电参量(如振幅、频率、相位或时间等)的测量来测定飞机的距离、距离差、方向和位置等导航几何参量,并引导飞机正确安全地航行。它主要是利用了无线电波传播的一些基本特性,即无线电波在传播路径中遇到媒质不连续边界面上必然反射,在理想均匀媒质中必然是直线和等速传播等特性:利用反射的性质可以发现目标,如利用电波直线传播特性可以测定辐射或散射无线电波目标的方向;利用无线电波等速性可以确定到目标的距离,因此,目标的位置即可测定。

现在飞机上安装和使用了多种的无线电导航设备,如无线电自动定向机、无线电高度表、全向信标、测距机和气象雷达等。卫星导航系统也属于无线电导航范畴,它是利用人造地球卫星、机载设备和地面设备相配合,采用无线电方法的一种新型导航系统,如 GPS 系统。

无线电导航的特殊优点是:不受时间、气候的限制,精度高,定位时间短,可连续、适时地定位,设备简单、可靠。在复杂气象条件下或夜间飞机着陆中,无线电导航则是唯一的导航手段。

无线电导航的缺点是:它必须辐射和接收无线电波,因而易被发现、易受自然和人为因素的干扰,有些导航系统还需要配备必要的地面设备。

(5) 卫星导航系统

卫星导航系统是利用导航卫星来实现导航的。导航卫星严格地控制在预定的轨道上运行,利用装在航行体上的无线电装置测出航行体与卫星之间的相对速度或位置,从而确定航行体在地球上的位置等导航参数。

卫星导航系统有其精度极高的突出优点,但它仍属于被动式导航,易受外界因素影响,在少数地区无法覆盖。

(6) 惯性导航系统

惯性导航利用惯性敏感元件测量航行体相对于惯性空间的线运动和角运动参数,在给定的运动初始条件下,由计算机推算出航行体的姿态、方位、速度和位置等参数,从而引导航行体完成预定的航行任务。

惯性导航系统的突出优点是:

① 自主性比较强,它可以不依赖任何外界系统的支援而单独进行导航;

② 对准后的短时定位精度较高。

此外,它的输出参数多,尤其是它还可输出载体的姿态参数,这是其他导航系统所没有的。

惯性导航系统的缺点是定位精度随时间的增加而降低,或定位误差随时间的增加而积累。这对飞机和舰船,尤其是远程飞行的飞机,是应当考虑的。

上述几种类型的导航系统各有优缺点。为了提高导航系统的定位精度和性能,往往将上述两种以上的导航系统组合成为组合式导航系统。目前通常应用的是由惯性导航系统与无线电导航系统组成的组合方式,或由惯性导航系统与卫星导航系统组成的组合方式。

2.1.2 位置线与无线电导航定位

1. 位置线

在无线电导航中,通过无线电导航系统测得的电信号中的某一电参量,如幅度、频率、相位及时间延迟等,可获得相应的导航参量(如方向、高度、距离、距离差等),对接收点而言,某导航参量为定值的点的轨迹称为位置线。

导航系统可实现的位置线有直线、圆、双曲线等。相应地,可以把导航系统划分为测向系统、测距系统、测高系统及测距差系统。

测向系统(如 VOR、ADF)的位置线是直线(见图 2.1.1(a))。

测距系统(如 DME)的位置线是平面上的圆(见图 2.1.1(b))。

测高系统(如 LRRA)的位置线也是一个圆,不过这个圆是以地心为圆心、以地球半径与飞机离地高度之和为半径的(见图 2.1.1(c))。在可以把地球表面看成是平面的范围内,才可以把等高线看成是与地平面平行的直线。

测距差系统,如利用测距差原理工作的奥米伽导航系统、罗兰系统等,其位置线为双曲线(见图 2.1.1(d))。这类系统又可以称为双曲导航系统。

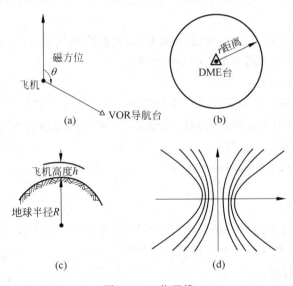

图 2.1.1 位置线
(a) 直线位置线;(b) 圆位置线;(c) 等高线;(d) 双曲线

2. 无线电导航定位

目前,飞机导航定位可采用不同的设备和方法,如惯导定位,它根据飞机的初始起飞位置,利用飞机的飞行速度和惯性加速度来计算出飞机位置。新型导航定位采用全球卫星导航定位系统(CPS),它实际是无源测距系统,用户(飞机)接收其视界内一组卫星发射的信号,从中获取卫星的星历、飞机与卫星间的距离、时钟及大气校正参数等数据,通过定位计算来确定飞机的位置。

利用无线电测向、测距等系统测得导航参量的位置线实现对飞机定位可按位置线的形状分为 $\rho\text{-}\theta$ 定位系统、$\theta\text{-}\theta$ 定位系统、$\rho\text{-}\rho$ 定位系统和双曲线定位系统（见图 2.1.2）。

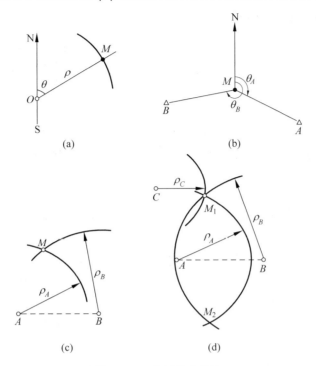

图 2.1.2　位置线定位法

(a) $\rho\text{-}\theta$ 定位；(b) $\theta\text{-}\theta$ 定位；(c) $\rho\text{-}\rho$ 定位；(d) $\rho\text{-}\rho\text{-}\rho$ 定位

1) $\rho\text{-}\theta$ 定位系统

用测距系统（如 DME）的圆位置线与测向系统（如 VOR）的直线位置线相交的方法，可确定飞机的位置 M，该定位法称为 $\rho\text{-}\theta$ 定位（ρ 表示距离，θ 表示角度或方位），也称为极坐标定位。

2) $\theta\text{-}\theta$ 定位系统

由飞机测定对两个地面导航台（如两个 VOR 台）的方位，可获得两条直线位置线，其交点 M 即为飞机的位置。

3) $\rho\text{-}\rho$ 定位系统

由飞机测定对两个地面导航台（如两个 DME 台）的距离，可获得两个圆位置线，其交点 M 为飞机位置。但两个圆位置线有两个交点，出现定位双值，为此，采用 $\rho\text{-}\rho\text{-}\rho$ 系统，用三个地面台，确定三个圆位置线可确定飞机的唯一位置 M_1（见图 2.1.2(d)）。

4) 双曲线定位系统

利用奥米伽导航系统（或罗兰系统等）测得一组两个导航台的距离差，得到一组双曲线位置线，同时再测出另一组导航台的距离差，得到另一组双曲线位置线，用其交点确定飞机的位置。

2.2 自动定向机

2.2.1 自动定向机概述

自动定向机(automatic directions finding,ADF)也称为无线电罗盘。它可通过接收地面各地的民用中波无线电广播电台或专用的地面导航台NDB(无方向信标)的信号来实现对飞机的导航,且具有结构简单、可靠、使用方便等特点,所以,至今仍为各种飞机必备的一种无线电导航设备。

现代民用飞机通常装有两部定向系统,它们在使用中分别调在两个不同方位的导航台上,两个定向机的指针则装在同一个仪表内。自动定向系统的工作频率范围为190~1750kHz。

1. 主要功能

机载ADF系统通过接收地面台信号,可以用来实现以下功能。

（1）测量飞机纵轴方向（航向）到地面导航台（或中波电台）的相对方位角。

（2）利用ADF测出的相对方位角的变化判断飞机飞越导航台的时间。

（3）当飞机飞越导航台后,可利用ADF的方位指示保持飞机沿预定航线背台飞行。在向台或背台飞行时,还可以求出偏流修正航迹。

（4）驾驶员利用"向/背"台飞行,还可操作飞机切入预定航线。同时,可进行穿云着陆和在机场上空作等待飞行。

（5）可对飞机进行空中定位测量。因为现在飞机上一般都装有两套ADF机载系统,将它们分别调在两个不同方位的地面导航台或广播电台的频率上,既可分别测出两个台的相对方位角,又可得到两条直线位置线,其交点便是飞机的位置（可看做 θ-θ 定位）。

（6）可接收中波民用广播电台的信号,用于定向或收听广播使用。还可收听500kHz的遇险信号（ADF-700自动定向机可收听2182kHz的另一海岸遇险信号）,以确定遇险方位。

2. 自动定向系统的组成

自动定向系统由机载自动定向机（ADF）系统和地面设备所组成,如图2.2.1所示。

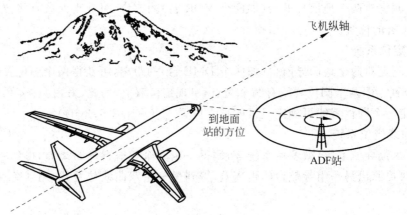

图2.2.1 自动定向机系统

1) 地面设备

地面设备是由中波导航发射机、天线和一些辅助设备组成,它向空中全方位地发射无线电信号,故称为无方向信标(NDB)。

根据地面设备安装位置和用途的不同,可分为航线导航台和双归航台两大类。

(1) 航线导航台

航线导航台安装在航站和航线的某些检查点上,工作在 190～550kHz 频率范围内,有效作用距离不小于 150km。航线导航台主要用于对飞机的航线引导,还可用两个导航台为飞机定位。

(2) 双归航台

双归航台安装在飞机着陆方向的跑道延长线上,近台离跑道头 1000m,远台离跑道头 4000m,因此,称为双归航台。

双归航台是用于飞机着陆的导航台,它可引导飞机进场,完成机动飞行和保持着陆航向,同时,还可在夜间或气候条件很差的白天,通过机载 ADF 引导飞机对准跑道,安全地下降到一定高度(如 50m)穿出云层,再目视着陆。远台还兼做航线导航台。

2) 机载自动定向机(ADF)系统

机载自动定向机(ADF)系统一般包括有:自动定向接收机、控制盒、方位指示器、环形天线和垂直天线或组合型环形/垂直天线等,如图 2.2.2 所示。

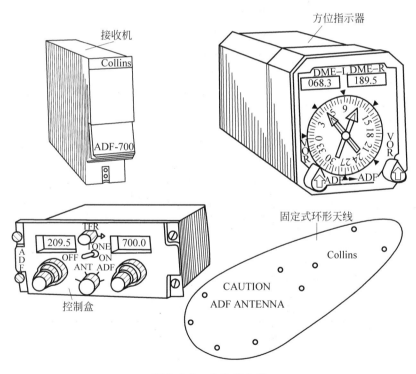

图 2.2.2 自动定向机

(1) 自动定向接收机

自动定向接收机主要用来接收和处理环形天线与垂直天线收到的地面导航台的信号,将处理后的方位信息送至无线电磁指示器(RMI)或 EHSI 等指示器,显示出飞机与地面台的相对方位角,并分离出地面台的识别信号,送至飞机的音频系统。自动定向接收机不仅可接收地面 NDB 台的信号,也可接收中波民用广播电台和商用电台的信号做普通收音机使用,也可利用这些电台为飞机定向。

现代自动定向接收机是一个普通二次变频的超外差接收机,采用频率合成等技术,直接以二十进制(BCD)编码和 ARINC-429 数据总线的调谐方式,采用组合式(环形/垂直)天线或固定环形天线测角器电路,采用正余弦调制的方位信息处理电路和监控电路等新型的自动定向接收机,如图 2.2.3 所示。

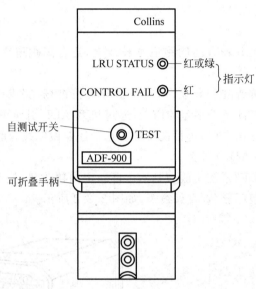

图 2.2.3 ADF 接收机

(2) 控制盒

控制盒可用来选择接收机的工作频率和工作方式,如图 2.2.4 所示。

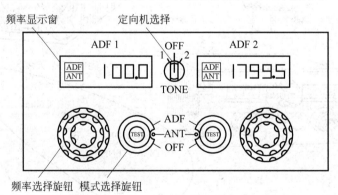

图 2.2.4 ADF 接收机控制盒

由控制盒选择 190~1750kHz 的工作频率,接收机的调谐可以采用五中取二法或采用编码和数据总线选频调谐法。新型自动定向接收机采用数字式调谐,可预调飞行中所需的各导航台频率,输入飞行管理计算机(FMC)中,飞行中由 FMC 控制可自动转换到所需的频率上。

工作方式的选择一般有断开(OFF)方式、天线(ANT)方式、自动定向(ADF)方式和测试(TEST)方式等。

① 自动定向(ADF)方式。此时定向机可利用方向性天线和垂直天线的信号实现自动定向。

② 天线(ANT)方式。当方式开关置于天线方式时,只有垂直天线所接收的信号可以输入接收机。因此,定向机只能用于接收所选择电台的信号,相当于一台收音机,不能定向。

③ 测试(TEST)方式。测试(TEST)方式用于测试定向机系统。此时定向指针在一些飞机上应指于135°,在另一些飞机上则指于315°。

（3）方位指示器

方位指示器有几种不同的类型,如 RMI、RDMI、EHSI 等,如图 2.2.5 和图 2.2.6 所示。指示器顶端固定标记(航向标记)可指罗牌(可转动的刻度盘)的刻度为飞机的磁航向,指示器指针指示罗牌上的刻度数为地面导航台(电台)的磁方位角,机载自动定向机(ADF)所测的方位角就是指示器的航向标记与指针方向的夹角,为飞机与地面台的相对方位角。它们之间的关系为

$$电台的相对方位 = 电台磁方位 - 飞机磁航向$$

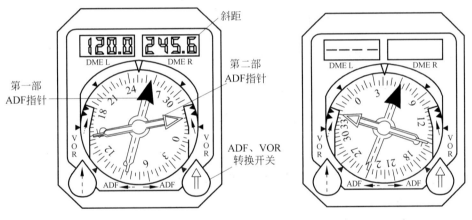

图 2.2.5　无线电磁指示器

（4）天线

自动定向接收机工作时需要两种天线。一种是无方向性的,称为垂直天线或辨向天线,其接收信号用来调谐接收机,并与环形天线接收的信号叠加,为定向机提供单值定向;另一种是有方向性的,称为环形天线,用来提供方位信息。这两种天线都工作在 190～1750kHz 频率范围内。

环形天线的结构从早期的人工旋转或电动机带动旋转的较大的线环,发展到今天的环形,它是一种将多匝线环绕在高导磁率的铁氧体上所构成的两个正交的环形天线,与飞机机身平齐安装,且固定在飞机上。其方向性图为以环形天线为中心的"8"字图形。

垂直天线是一根单独安装在机身外部的鞭状天线,现代飞机采用飞机翼根处整流罩上的金属涂层作为垂直天线,新型自动定向机系统如 ADF-70e 系列将垂直天线与环形天线组合在一起构成组合型天线。

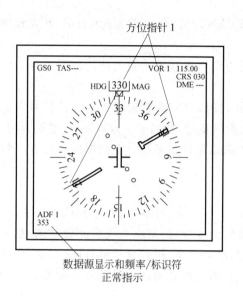
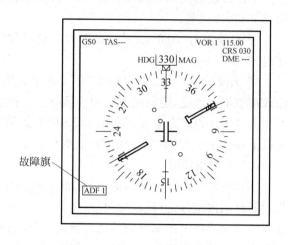

图 2.2.6　EHSI 的 ADF 指示器

2.2.2　自动定向的基本原理

自动定向接收机利用环形天线方向性特性测定地面电台的相对方位。

1. 环形天线的方向特性

环形天线的外形可以是各种形状,一般机载是一个用导线制成的矩形或圆形的线环,如图 2.2.7 所示。

图中假设环形天线平面垂直于地平面,并假定接收的无线电波为垂直极化波(电场强度矢量垂直于地面),则只有图中与电场矢量平行的导体 1 和 2 才能产生感应电动势 e_1 和 e_2,而与电场矢量垂直的水平边不能感应出电动势。每匝天线的合成电动势为

$$e_合 = e_1 - e_2$$

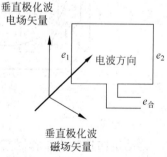

图 2.2.7　环形天线示意图

从图 2.2.8 可以看出,当天线平面垂直于电波来向的时候(图(a)),e_1 和 e_2 的相位和振幅都相同,因此合成电动势等于零,信号幅度达到最小值。在其他几种情况中,电波到达导体 1 和 2 的时间不同,感生电动势 e_1 和 e_2 的相位不同,显然相位差越大,合成电动势 $e_合$ 的振幅也越大。当天线平面与电波来向平行时(图(c)),$e_合$ 的振幅达到最大值。比较图(b)和图(d)可以看出,由于导体 1 和 2 相对于电波的位置互换,合成电动势 $e_合$ 的相对方位也改变了 180°。

根据上述分析,可以画出环形天线的水平方向性图,如图 2.2.9 所示。

在 $\theta = 0°$ 或 180°方向上,感应电动势最大;在 $\theta = 90°$ 或 270°方向上,感应电动势为零。因此,电波来波方向和环形天线感应电动势的关系在极坐标上表现为"8"字形,称为"8"字形

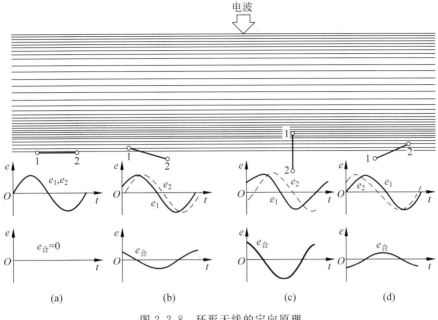

图 2.2.8 环形天线的定向原理

方向性图。

利用环形天线的"8"字形方向性图,可以根据环形天线接收信号振幅的变化确定电波的来向,从而确定 NDB 导航台的相对方位。

"8"字形方向性图中,最小值方向(即 $\theta=90°$ 或 $270°$)比最大值方向(即 $\theta=0°$ 或 $180°$)灵敏,因此,在 ADF 中,常用最小值方向对准电波来确定导航台的相对方位。但环形天线有两个最小接收方向,即用最小值测向时具有"双值性",还必须加以判别。

由图 2.2.9 可以看出,当 $90°<\theta<270°$ 时,导体 2 上的感应电动势 e_2 将超前于导体 1 上的感应电动势 e_1。此时,若通过随动装置使环形天线顺时针旋转,θ 将逐渐减小,当 θ 减小到 $90°$ 时,环形天线感应的合成电动势为 $e_合$,天线停止转动,$\theta=90°$ 的方向即为导航台方向。反之,若 $-90°<\theta<90°$,则 e_1 超前于 e_2,通过随动装置使环形天线逆时针旋转,θ 将逐渐增大,直至 $\theta=90°$ 为止。采用这种办法后,环形天线将只有一个稳定的最小值方向(对应于上述情况为 $\theta=90°$),而另一个最小值方向(对应于上述情况为 $\theta=270°$)将是不稳定的,即只要电波的来向稍有变化,环形天线将自动转向,以稳定的最小值方向对准电波的来向。

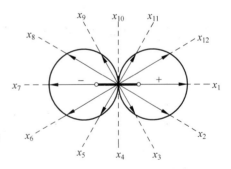

图 2.2.9 环形天线方向性图形

2.自动定向接收机的单值定向

要确定 e_1 是超前还是滞后于 e_2,需要另加一根天线,该天线为无方向的垂直天线,亦称判读天线。该天线接收同一电波所产生的感应电动势,其相位与 e_1 或 e_2 基本同相。通过比较该电动势与环形天线合成电动势 $e_合$ 的相位差,即可确定 e_1 是超前还是滞后于 e_2,从而确定环形天线应该向哪个方向旋转。

图 2.2.10 表示出了环形天线接收信号同垂直天线接收信号结合后的方向性情况。

当环形天线接收信号的最大感应电动势(e_l)的振幅和垂直天线接收信号的感应电动势(e_v)的振幅相位相同时,则叠加后的情况如图 2.2.10 所示。

设电波从 x_1 方向传来时,两个天线的感应电动势相位相同,其总感应电动势(e_t)为

$$e_t = e_l + e_v = 2e_l = 2e_v$$

当电波从 x_7 方向传来时,由于环形天线感应电动势的相位与电波从 x_1 方向传来时相差 180°,而垂直天线感应电动势的相位不变,所以

$$e_t = e_l - e_v = 0$$

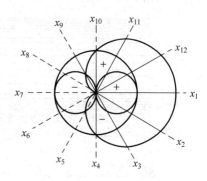

图 2.2.10 叠加后的心形方向图

电波从 x_4、x_{10} 方向传来时,环形天线的感应电动势等于零,所以

$$e_t = e_v$$

用同样方法,可以得到电波从其他方向传来时的总感应电动势,按画方向图的方法,把这些总感应电动势的向量连起来,将得到一个心形方向图曲线。这就是环形天线和垂直天线结合后的方向图。

为了确定最小值方向,并不一定要转动环形天线,也可以在一架飞机上安装两个固定的环形天线,分别与飞机的纵轴平行和垂直放置,两个无线感应电动势的振幅将分别与 $\cos\theta$ 和 $\sin\theta$ 成正比。将这两个感应电动势分别加在测角器的固定绕组上,测角器的转子将在合成磁场的作用下转动,类似于可转动的环形天线指示出导航台的相对方位。

2.3 甚高频全向信标系统

2.3.1 概述

甚高频全向信标系统(VHF omnidirectional range,VOR)是一种近程测角导航系统,位置线为直线,如图 2.3.1 所示。它的机上设备通过接收地面 VOR 导航台发射的电波,可以直接确定以导航台所在位置的北向为基准的飞机方位。

与同样是测角导航设备的 ADF 相比较,VOR 具有下列特点。

(1) ADF 采用地面无方向发射,机上用方向性天线接收的方法测角;VOR 则采用地面用方向性天线发射,机上用无方向天线接收的方法测角。

(2) VOR 可直接提供飞机的方位角(相对于地面导航台)而无须航向基准,其精度高于 ADF。

(3) 工作频率高(在超短波波段),因此受静电干扰小,指示较稳定。但作用距离受视线距离限制,与飞行高度有关。

(4) 常规 VOR(CVOR)信标台对周围场地的要求相当严格,因为地形起伏较大或有大型建筑物位于天线附近,则由于反射波的干涉,会引起较大的方位误差。目前使用的多普勒

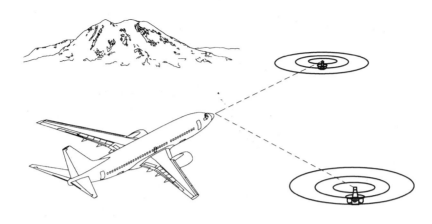

图 2.3.1　VOR 系统示意

VOR(DVOR)地面信标克服了 CVOR 对场地要求严格的缺点,只是产生辐射信号的方法不同,而机载 VOR 接收机对两者均可兼容。

1．相关的角度

1）VOR 方位角

VOR 方位角是指从飞机所在位置的磁北方向顺时针测量到飞机与 VOR 台连线之间的夹角。VOR 方位也称电台磁方位,它是以飞机为基准来观察 VOR 台在地理上的方位,如图 2.3.2 所示。

2）飞机磁方位

从 VOR 台的磁北方向顺时针测量到 VOR 台与飞机连线之间的夹角,称为飞机磁方位。它是以 VOR 台为基准来观察飞机相对 VOR 台的磁方位。

3）磁航向

磁航向指飞机所在位置的磁北方向和飞机纵轴方向(机头方向)之间顺时针方向测量的夹角。

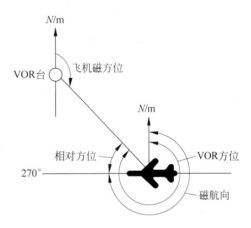

图 2.3.2　VOR 方位、飞机磁方位

4）相对方位角

飞机纵轴方向和飞机到 VOR 台连线之间顺时针方向测量的夹角,称为相对方位角或称电台航向。

2．功用

1）引导飞机沿选定的航路飞行

终端 VOR 信标设在机场(通常位于跑道一侧),也称为"本场 VOR",它主要用于引导飞机的进出港,辅助仪表着陆系统(ILS)来引导飞机着陆;航路 VOR 信标安装在航路的各相应的航路点上可引导飞机沿航路飞行。机载 VOR 接收机输出的信息可以显示沿预选航道的飞行情况以及是飞向或飞离 VOR 信标台、飞机偏离预选航道的方向和角度等情况。

机载 VOR 接收机接收 VOR 台所发射的信号,经处理后可指示出 VOR 台的磁方位角,并进而计算飞机相对于预选航道的偏差。飞行员根据 EHSI 等仪表上的航道偏离杆的指示,即可驾驶飞机沿预选航道飞行。

2）定位

利用 VOR 接收机所测出的 VOR 方位角,加上由测距机所提供的飞机到 VOR/DME 台的距离,便可进行 $\rho\text{-}\theta$ 定位计算,确定飞机的地理位置。也可以利用所测得的两个 VOR 方位角,通过 $\theta\text{-}\theta$ 定位计算来确定飞机的地理位置。定位计算是由飞行管理计算机自动进行的。

3．工作频率

在现代飞机上,VOR 导航系统的机载设备与 ILS 的航向信标(LOC)的机载设备的有些部分是公用的,所以,VOR/LOC 的工作频率也在同一甚高频频段的不同频率上。频率范围在 108～117.95MHz 内,频率间隔为 50kHz,共有 200 个波道。其中,在 108～111.95MHz 内共有 80 个波道,为 VOR/LOC 共用,其中十分位为偶数的频率有 40 个波道,为 VOR 工作频率(十分位为奇数的频率有 40 个波道,为 LOC 的工作频率),该频段多用于终端 VOR 系统。

此外,112.00～117.95MHz,频率间隔 50kHz,共有 120 个波道,均为 VOR 的工作频率,该频段多用于航路 VOR 使用。

2.3.2 全向信标测定方位的基本原理

1．VOR 地面台发射信号

全向信标是利用两个 30Hz 的低频信号进行比相来测定飞机方位的。这两个信号分别称为基准相位信号(见图 2.3.3)和可变相位信号。

1）基准相位信号

基准相位信号是用 30Hz 低频信号先调频到 9960Hz 的副载频上,然后调幅到载频(108～118MHz)上,用无方向性天线发射,如图 2.3.4 所示。天线的描射场在水平面上为一圆形,其最大值在任何方位上都是同时出现的。

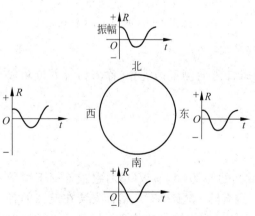

图 2.3.3　基准相位信号

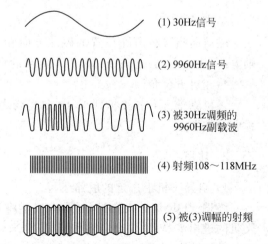

图 2.3.4　基准相位信号的形成波形图

首先由 30Hz 产生器产生的 30Hz(F)低频信号对副载波产生器的 9960Hz(f_s)调频,其频偏为 $\pm 480\text{Hz}(\pm \Delta f_s)$,得到 9960Hz 的调频副载波为

$$U(t) = U_m \cos\left(\Omega_s t + \frac{\Delta \Omega_s}{\Omega} \cos\Omega t\right)$$
$$= U_m \cos(\Omega_s t + m_f \cos\Omega t)$$

其中,$\Omega_s = 2\pi f_s$,$\Omega = 2\pi F$,$\Delta \Omega_s = 2\pi \Delta f_s$,$U_m$ 为调频副载波的幅度。

再用 9960Hz 的调频副载波信号(u_s)对辐射载波(ω_0)进行调幅,则发射机全向天线向空间辐射的信号,即基准相位信号 $U_R(t)$ 为

$$U_R(t) = (U_{Rm} + U(t))\cos\omega_0 t$$
$$= [U_{Rm} + U_m \cos(\Omega_s t + m_f \cos\Omega t)]\cos\omega_0 t$$
$$= U_{Rm}[1 + m\cos(\Omega_s t + m_f \cos\Omega t)]\cos\omega_0 t$$

其中,$\omega_0 = 2\pi f_0$,U_{Rm} 为基准相位载波信号的幅度,$m = U_m/U_{Rm}$ 为调幅系数。

$U_R(t)$ 作为基准相位信号,其中包含有 30Hz 调频信号成分,其信号波形如图 2.3.4 所示。

$U_R(t)$ 经 VOR 信标全向天线向空间 0°～360°水平方位辐射的水平极化波信号,辐射信号的方向性图为一个圆。机载接收机接收并检测出的该 30Hz 信号称为基准相位 30Hz 信号。

2) 可变相位信号

可变相位信号是用 30Hz 低频信号直接对载频调幅,然后由方向性天线发射,如图 2.3.5 所示。天线辐射场在各个方位上的正向最大值出现的时刻不同,随方位角的变化而变化。在正北方向,可变相位信号的正向最大值与基准信号的正向最大值同时出现;在正东方向,可变相位信号的正向最大值出现时刻比基准信号的正向最大值出现时刻延迟 1/4 周期;其他方位以此类推。

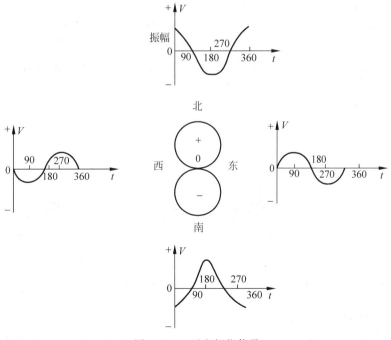

图 2.3.5 可变相位信号

由此可见,在相对于电台的任何方位上,通过测量基准相位信号和可变相位信号之间的相位差,即可确定飞机所在方位。

可变相位信号在空间形成"8"字旋转辐射场,下面说明其产生原理。

载波产生器的另一路输出信号经调制抑制电路得到等幅的且与基准相位信号的载波(f_0)同频同相的纯载波,再经边带产生器(测角器)产生 30Hz 正弦和余弦调制的调幅边带波信号,分别由两对正交的裂缝天线(可变相位天线)向空间辐射。

正弦调制的边带信号为

$$U_{\sin}(t) = U_{Vm}\sin\theta\sin\Omega t\cos\omega t$$

余弦调制的边带信号为

$$U_{\cos}(t) = U_{Vm}\cos\theta\cos\Omega t\cos\omega t$$

其中,U_{Vm}为边带信号幅度;θ为 VOR 信标的径向方位角;$\Omega = 2\pi F, F = 30\text{Hz}$。

正、余弦调制的边带信号在空间的合成即形成可变相位信号:

$$U_V(t) = U_{Vm}(\sin\theta\sin\Omega t + \cos\theta\cos\Omega t)\cos\omega t$$
$$= U_{Vm}\cos(\Omega t - \theta)\cos\omega t$$

两个边带信号在空间水平面上形成两个正交的"8"字形辐射场,且分别以 30Hz 正弦和 30Hz 余弦规律变化,所以,两者在空间合成为一个旋转的"8"字形辐射场,如图 2.3.6 所示,可见,在空间任一点所接收到的可变相位信号均为 30Hz 的调幅信号,经接收机检测出的该 30Hz 信号称为可变相位 30Hz 信号。

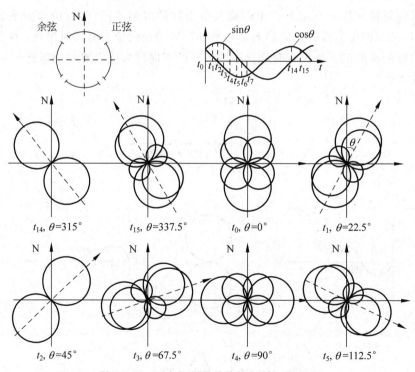

图 2.3.6 可变相位信号旋转辐射场的形成

3) 全 VOR 信号

基准相位信号与可变相位信号是通过不同天线(全向天线和边带天线)以水平极化方式

向空间辐射的。飞机在空间某一点接收到的信号实际上是两者在空间的合成信号 $U_{\Sigma}(t)$，表示为

$$\begin{aligned}U_{\Sigma}(t) &= U_{\mathrm{R}}(t) + U_{\mathrm{V}}(t) \\ &= U_{\mathrm{Vm}}\cos(\Omega t - \theta)\cos\omega t + U_{\mathrm{Rm}}[1 + m\cos(\Omega_{\mathrm{s}}t + m_{\mathrm{f}}\cos\Omega t)]\cos\omega t \\ &= U_{\mathrm{Rm}}[1 + m_{\mathrm{A}}\cos(\Omega t - \theta) + m\cos(\Omega_{\mathrm{s}}t + m_{\mathrm{f}}\cos\Omega t)]\cos\omega t\end{aligned}$$

其中，$m_{\mathrm{A}} = U_{\mathrm{Vm}}/U_{\mathrm{Rm}}$，为变相位信号的调幅系数。

"全 VOR 信号"的波形及辐射场形如图 2.3.7 所示。

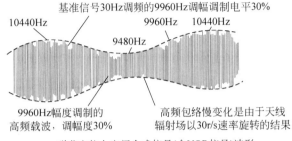

磁北方位上空间合成信号(全VOR信号)波形

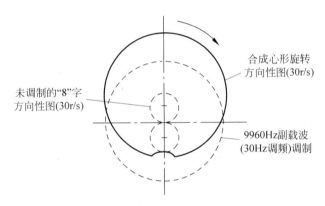

图 2.3.7 "全 VOR 信号"波形及空间合成辐射场

通过以上分析可以看出：

(1) 空间合成信号 $U_{\Sigma}(t)$ 即为"全 VOR 信号"，它是一个复杂的调频调幅波，其空间合成辐射场为基准相位信号辐射场形(圆)与可变相位信号辐射场形("8"字形)的线性合成，即为以 30r/s 速率旋转的心脏形。

(2) 空间合成辐射场包含两种成分的信号，一种是 $[1 + m_{\mathrm{A}}\cos(\Omega t - \theta)]$，其相位随方位角 θ 而改变。机载接收机检测出的该 30Hz 信号即为可变相位 30Hz 信号。另一种是 $m\cos(\Omega_{\mathrm{s}}t + m_{\mathrm{f}}\cos\Omega t)$，它是 9960Hz 调频副载波产生的调幅部分，与 θ 无关。机载接收机从调频副载波(9960±480)Hz 中检测出调频 30Hz 为基准相位 30Hz 信号。

2. VOR 方位测量的基本原理

(1) 基准相位 30Hz 信号与可变相位 30Hz 信号的相位关系见图 2.3.8。

在心形方向图最大值对准磁北时，使调频副载波的频率为最大值 10 440Hz。以磁北方向作为相位测量的起始方位，若有四架飞机分别位于 VOR 台的北(磁北)、东、南、西四个方

位上,同时接收 VOR 台发射信号,四架飞机接收的基准相位 30Hz 和可变相位 30Hz 的相位关系如图 2.3.8(a)所示。

在磁北方位上,两个 30Hz 信号幅度最大值同时出现(同相),如图 2.3.8(b)所示。在正东方位上的飞机,当心形方向图最大值旋转 90°指向正东时,30Hz 调幅信号的峰值最大,而调频副载波的频率变成 9960Hz,30Hz 调频信号的幅度变到"零点",因此,在 VOR 台的 90°方位线上:接收的调幅 30Hz 落后于调频 30Hz 的相角为 90°,如图 2.3.8(c)所示。在正南方位上的飞机,当调幅 30Hz 为最大值时,副载波频率变成 9480Hz 而基准相位 30Hz 变成负最大值,这时调幅 30Hz 落后于调频 30Hz 180°,如图 2.3.8(e)所示;同样,在正西方位上的飞机接收的调幅 30Hz 落后于调频 30Hz 信号的相角为 270°,如图 2.3.8(d)所示。

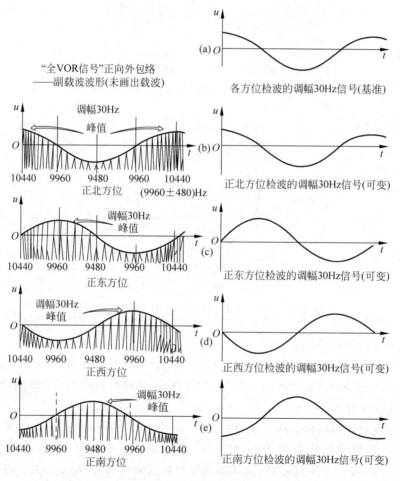

图 2.3.8 "全 VOR 信号"外包络波形及检波波形

由于调频 30Hz 和调幅 30Hz 是同步变化的,也就是说,当心形方向图旋转一周时,9960Hz 副载波的频率变化一个周期,因此,在磁北方位上,调频 30Hz 和调幅 30Hz 总是同相的。在其他方位上,调幅 30Hz 落后于调频 30Hz 的相角也总是等于飞机磁方位角(VOR 台径向方位)。

（2）当机载 VOR 接收机接收到"全 VOR 信号",经处理检测出基准相位信号和可变相位 30Hz 信号后,比较其相位,并取其差角 θ 再加上 $180°$,即可求得飞机所在位置的 VOR 方位角。即 VOR 方位角＝可变相位 30Hz 信号落后基准相位 30Hz 信号之差角 $\theta+180°＝$ 飞机磁方位 $+180°$。

2.3.3 机载 VOR 接收系统

机载 VOR 接收系统由接收天线、控制盒、甚高频接收机和指示器所组成,如图 2.3.9 所示。

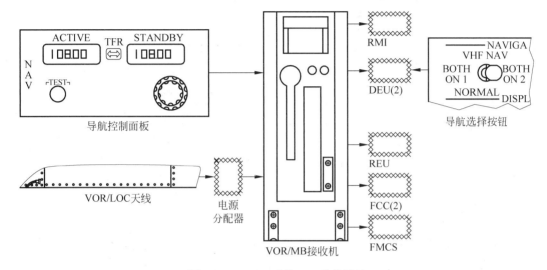

图 2.3.9　VOR 系统——总体描述

1. 接收天线

VOR/LOC 接收天线是一种具有 50Ω 特性阻抗的全向水平极化天线(见图 2.3.10),通常安装在飞机垂直安定面的顶部,可接收 VOR 信标和航向 LOC 信标的 $108\sim117.95\text{MHz}$ 的甚高频信号,经过 ILS 继电器把甚高频信号送至导航接收机组件。

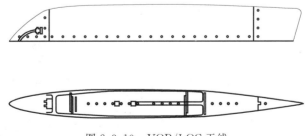

图 2.3.10　VOR/LOC 天线

2. 控制盒

目前飞机上 VOR 控制盒是与 ILS、DME 共用的。它的主要功能如下：

(1) 频率选择和显示。人工选择并显示 108～117.95MHz 之间间隔 50kHz 的任一频率，其中包括 VOR 接收信号频率和航向 LOC 接收频率。当选定 LOC 频率时，与之配对的下滑 GS 接收频率即被选定；当选定 VOR 和 LOC 频率时，与之配对的测距机 DME 的接收频率也被选定。

(2) 试验按钮，可分别对 VOR、ILS 和 DME 的设备进行测试检查。

(3) 可对识别信号和话音信号音量进行控制。

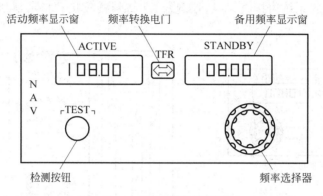

图 2.3.11　VOR 导航控制面板

3．甚高频导航接收机

VOR 甚高频导航接收机是由一个二次变频的超外差接收机和一些相关的电路所组成（见图 2.3.12）。VOR 甚高频导航接收机可以单独设置，也可与 ILS，或与信标（MAK，LOC，GS）等构成组合型接收机。

4．指示器

机载 VOR 系统通常使用的指示器有：无线电磁指示器（RMI）或无线电方位、距离磁指示器（RDDMI）和水平状态指示器（HSI）或电子水平状态指示器（EHSI），它们均为综合指示器。

(1) RMI 可指示磁航向、VOR 方位或 ADF 方位、相对方位角。

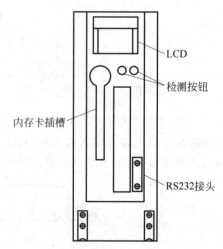

图 2.3.12　VOR/MB 接收机

罗盘由磁航向信号驱动，固定标线（相当于机头方向）对应的罗盘刻度指示飞机的磁航向；指针由 VOR 方位和磁航向的差角信号驱动，固定标线和指针之间的顺时针夹角为相对方位角；指针对应罗盘上的刻度指示为 VOR 方位，它等于磁航向加相对方位；而指针的尾部对应的罗盘刻度为飞机磁方位，它与 VOR 方位相差 180°。

(2) 电子水平状态指示器（EHSI）或水平状态指示器（HSI）如图 2.3.13 所示。

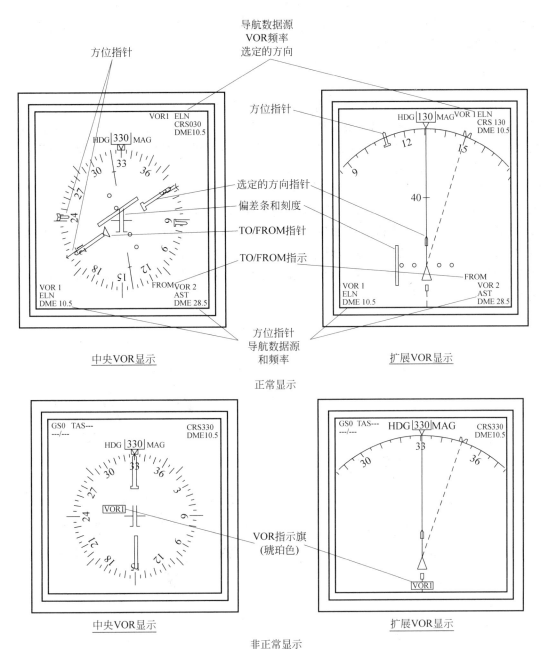

图 2.3.13 VOR 系统——EFIS 正常显示和非正常显示

2.3.4 航道偏离与向/背台指示

1. 航道偏离指示

航道偏离是指飞机的实际飞行航道与驾驶员通过全方位选择器(OBS)选择的航道即预选航道之间的偏离情况,预选航道是以磁北为基准 0°,包括两条方向相反的方位线。当实际飞行航道与预选航道不一致时,则在指示器上通过航道偏离杆指出当前飞机是在预选航道的左边或右边,即飞机应向右飞或向左飞(见图2.3.14)。VOR航道偏离杆偏右1点表示飞机偏离在预先航道左侧5°。

2. 向/背台指示

当预选航道选定后,飞机可以沿着选定航道飞离(FROM)或飞向(TO)VOR台。在这两种情况下,偏离指示器经驾驶员提供的飞左或飞右指示是相同的,这就产生双值性。向/背台(TO/FROM)指示器的功能就是用来消除这种"模糊性",指出此飞机在预选航道的一边飞行或者在预选航道相反的一边飞行。

图2.3.15给出了一个向/背台指示的例子,通过VOR台作一条与预选航道(30°~210°)正交线$A—B$,$A—B$线为向/背台指示的分界线。如果预选航道方位是30°,则飞机在$A—B$线的右上方,无论飞机航向如何,均指背台(FROM);相反,飞机在$A—B$线的左下方,指向台(TO)。若预选航道方位是210°,则在$A—B$线的右上方,指向台;而在$A—B$线的左下方,指背台。由此可见,向/背台指示与飞机的航向无关,只决定于预选航道方位和飞机所在径向方位的差角。

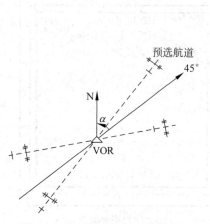

图2.3.14 预选航道与航道偏离

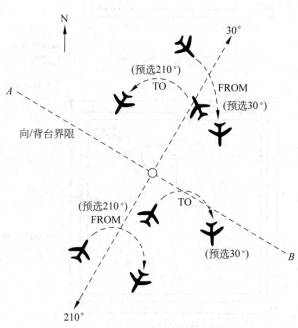

图2.3.15 向/背台指示

2.4 仪表着陆系统

2.4.1 概述

1. 功用

飞机在着陆时,驾驶员可以目视外界地标操纵飞机着陆,但为保证着陆安全,在"目视着陆飞行条例"(VFR)中规定,目视着陆的水平能见度必须大于4.8km,云底高不小于300m。

当着陆机场气象条件不能满足该条件时,着陆飞机只能依靠飞行仪表系统的引导进行着陆,该系统称为"仪表着陆系统"(instrument landing system,ILS)。

ILS用于在恶劣气象条件和能见度不良条件下给驾驶员提供引导信息,保证飞机安全进近和着陆。

ILS提供的引导信号在驾驶舱仪表上显示。驾驶员可根据仪表指示(或使用自动驾驶仪"跟踪"仪表指示),操纵飞机沿跑道中心线的垂面和规定的下滑角下降到跑道入口水平面以上的一定高度上,再由驾驶员看着跑道操纵飞机目视着陆。ILS系统只能引导飞机下降到最低允许的高度(决断高度)上。

2. 着陆标准等级

仪表着陆系统是由地面设备和机载设备所组成的。根据地面设备的精度和机载接收设备的分辨能力以及机场的净空条件、跑道视距和决断高度等因素,国际民航组织(ICAO)为使用仪表着陆系统(ILS)的飞机制定了三类着陆标准,以跑道视距(RVR)和决断高度(DH)来划分,如表2.4.1所示。

表 2.4.1 三类着陆标准

类别	跑道视距 RVR/m	决断高度 DH/m
Ⅰ	≥800	60
Ⅱ	400≤RVR<800	30
ⅢA	200≤RVR<400	
ⅢB	50	
ⅢC	<50	

(1)决断高度:是指驾驶员对飞机着陆或复飞做出决断的最低高度。决断高度在中指点信标(Ⅰ类着陆)和内指点信标(Ⅱ类着陆)上空,用无线电高度表测量。

(2)跑道视距:是指跑道能见度,即在跑道表面的水平方向上能在天空背景上看见物体的最大距离(白天),可用仪器测量。

各类设施的运用性能如下。

Ⅰ类:RVR≥800m,以高的进近成功概率,引导飞机至DH=60m。

Ⅱ类:400≤RVR<800,以高的进近成功概率,引导飞机至DH=30m。

ⅢA类:200≤RVR<400,无DH限制,着陆最后阶段凭外界目标参考,引导飞机至跑道表面,称为"看着着陆"。

ⅢB类:无DH限制,不依赖外界目标参考,一直引导飞机到跑道表面,接着在RVR=50m条件下,凭外界目标参考滑行——看着滑行。

ⅢC类:RVR<50m,无DH限制,不依赖外界目标,能沿着跑道表面着陆和滑行。

目前ILS系统只能满足Ⅰ、Ⅱ类着陆标准。

3. 仪表着陆系统的机载设备

ILS的系统组成包括航向道(LOC)天线、下滑道(G/S)天线、ILS接收机和ILS控制盒,如图2.4.1所示。

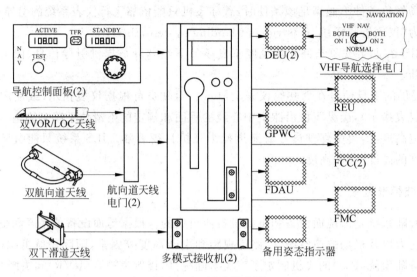

图 2.4.1　ILS 组成图

1）接收机

仪表着陆系统的机载接收机（见图2.4.2）包括 VOR/LOC 接收机（108.00～118.00MHz），G/S 接收机（329.15～335.00MHz）和 MB 接收机（75.00MHz）。前两者常装在一个机盒内。

2）控制盒

仪表着陆系统机载设备的控制一般是通过甚高频导航（VHF NAV）控制盒（见图2.4.3）实现的，在控制盒上可以选择航向接收机的频率（也相应选择了下滑接收机的频率）。

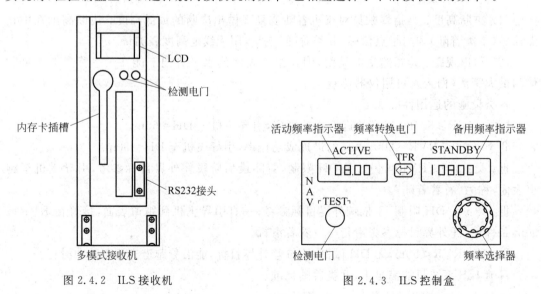

图 2.4.2　ILS 接收机　　　　　　　图 2.4.3　ILS 控制盒

3）指示器

仪表着陆系统的指示可在几种不同类型的仪表上显示。VOR/LOC 信息可以在 RMI 和航道指示器上显示，下滑道可以在 HSI 指示器上显示，G/S 和 LOC 可以在姿态指引仪和飞行指引仪上显示。

4）天线

仪表着陆系统需要三种机上天线（见图2.4.4）：第一种是水平极化的VOR/LOC共用天线；第二种是用于下滑接收机的折叠式偶极天线；第三种是用于指点信标接收机的环形天线。

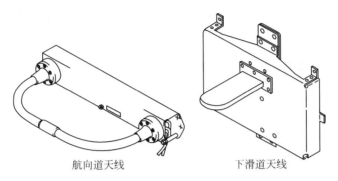

图 2.4.4 ILS天线

4. ILS的系统组成及地面设备配置

ILS系统包括三个分系统：提供横向引导的航向信标（localizer）系统、提供垂直引导的下滑信标（glidealope）系统和提供距离的指点信标（marker beacon）系统。每一个分系统均由地面发射设备和机载接收设备组成。

航向信标天线产生的辐射场，在通过跑道中心延长线的垂直平面内，形成航向面和航向道，如图2.4.5所示，用来提供飞机偏离航向道的横向指引信号。

机载接收机收到航向信标发射的信号后，经处理，输出飞机相对于航向道的偏离信号，经电子飞行仪表系统（EFIS）符号发生器加到驾驶舱仪表板上的电子水平姿态指示器（EHSI）的航向指针。若飞机在航向道上（飞机A），即正对准跑道中心线，偏离指示为零；如果飞机在航向道的

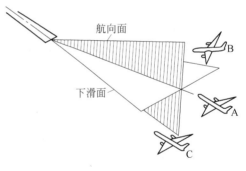

图 2.4.5 航向和下滑信标产生的指引信号

左边（飞机C）或右边（飞机B），航向指针就向右或向左指，给驾驶员提供"飞右"或"飞左"的指令。

下滑信标台天线产生的辐射场形成下滑面（见图2.4.5），下滑面和跑道水平面的夹角，根据机场的净空条件，可在2°～40°之间选择。下滑信标用来产生飞机偏离下滑面的垂直引导信号，机载下滑接收机收到下滑信标台的发射信号，经处理后，输出相对于下滑面的偏离信号，加到EHSI上的下滑指示器。若飞机在下滑面上（飞机A），下滑指针在中心零位；若飞机在下滑面的上面（飞机B）或下面（飞机C），指针向下或向上指，给驾驶员提供"飞下"或"飞上"的指令。

航向面和下滑面的交线定义为下滑道，飞机沿这条交线着陆，就对准了跑道中心线和规

定的下滑角,在离跑道入口约300m处着地。

指点信标台为2个或3个,装在顺着着陆方向的跑道中心延长线的规定距离上,分别称为内、中、外指点信标。每个指点信标台发射垂直向上的扇形波束,只有在飞机飞越指点信标台上空的有效范围时,机载接收机才能收到发射信号。由于各指点信标台发射信号的调制频率和识别码不同,机载接收机就分别使驾驶舱仪表板上不同颜色的识别灯亮,同时驾驶员耳机中也可以听到不同音调的频率和识别码,驾驶员由此就可以判断飞机在哪个信标台的上空,即知道飞机离跑道入口的距离。

5. 仪表着陆系统技术参数

航向信标工作频率为108.10～111.95MHz范围中1/10MHz为奇数的频率,共有40个波道。下滑信标工作频率为329.15～335MHz的UHF波段,频率间隔150kHz,共有40个波道。指点信标工作频率为固定的75MHz。

航向信标和下滑信标工作频率是配对工作的。机上的航向接收机和下滑接收机是统调的,控制盒上只选择和显示航向频率,下滑频率自动配对调谐,如表2.4.2所示。

表 2.4.2　航向信标与下滑信标频率的配对关系　　　　　　　　单位:MHz

航向信标	下滑信标	航向信标	下滑信标
108.10	334.70	110.10	334.40
108.15	334.55	110.15	334.25
108.30	334.10	110.30	335.00
108.35	333.95	110.35	334.85
108.50	329.90	110.50	329.60
108.55	329.75	110.55	329.45
108.70	330.50	110.70	330.20
108.75	330.75	110.75	330.05
108.90	329.30	110.90	330.80
108.95	329.15	110.95	330.65
109.10	331.40	111.10	331.70
109.15	331.25	111.15	331.55
109.30	332.00	111.30	332.30
109.35	331.85	111.35	332.15
109.50	332.60	111.50	332.90
109.55	332.45	111.55	332.75
109.70	333.20	111.70	333.50
109.75	333.05	111.75	333.35
109.90	333.80	111.90	331.10
109.95	333.65	111.95	330.95

2.4.2　航向偏离指示原理

航向信标的机载设备包括天线、控制盒、接收机和航道偏离指示器,在大多数飞机上,航向信标接收机及航道偏离指示器是与全向信标合用的。

机上天线接收的地面台发射信号,送到常规的单变频或双变频外差式接收机。由于 LOC 和 VOR 接收机部分是共用的,接收机接收和处理哪种信号,决定于控制盒选择的频率是 LOC 频率还是 VOR 频率,当选择 LOC 频率时,接收机接收 LOC 台的发射信号。通过高频、中频和检波电路,输出信号包括 90Hz 和 150Hz 导航音频,1020Hz 的台识别码以及地-空通信话音信号(300~3000Hz),这些信号的分离是由滤波器来完成的。

地面航向台沿跑道中心线两侧发射两束水平交叉的辐射波瓣,跑道左边的甚高频载波辐射波瓣被 90Hz 低频信号调幅,跑道右边的甚高频载波辐射波瓣被 150Hz 低频信号调幅。当飞机在航向道上时,90Hz 调制信号等于 150Hz 调制信号。若飞机偏离到航向道的左边,90Hz 调制信号大于 150Hz 调制信号;反之,150Hz 调制信号大于 90Hz 调制信号。

机载设备的功能就是接收和处理航向信标台的发射信号,即放大、检波和比较两个调制信号的幅度,由"中心零位指示器"显示飞机偏离航向道的方向(左边或右边)和大小(度)。如飞机在航向道上(图 2.4.6 中的飞机 C),90Hz 信号等于 150Hz 信号,指示器指零;飞机偏离航向道的左边(图 2.4.6 中的飞机 B),90Hz 信号大于 150Hz 信号,指示器向右指;反之,(图 2.4.6 中的飞机 A)向左指。

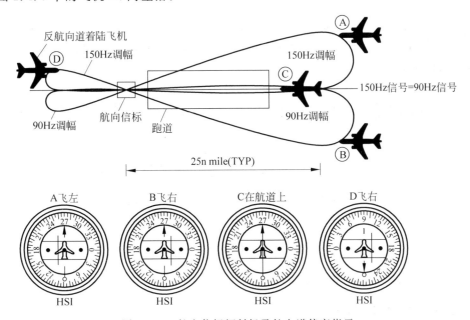

图 2.4.6　航向信标辐射场及航向道偏离指示

2.4.3　下滑指示的基本原理

下滑信标和航向信标工作原理基本类似,特别是机载设备。两者间的主要不同之处是下滑信标工作频率定在 UHF 波段(329.15~335.00MHz),对飞机提供垂直引导(上/下引导)。下滑信标发射功率小,因为它的引导距离仅 10n mile。此外,下滑信标不发射自识别码和地-空话音通信信号,因为它是和航向信标配对工作的。下面对下滑信标和航向信标的不同点作简要的说明。

下滑信标天线安装在跑道入口处的一侧。天线通常安装在一个垂直杆上。下滑信标天线的等效辐射场如图 2.4.7 所示。在顺着着陆方向上发射两个与跑道平面成一定仰角并有一边相重叠的相同形状的波束。两个波束信号以相同的频率发射。但上波束用 90Hz 调幅，下波束用 150Hz 调幅，调幅度均为 40%。

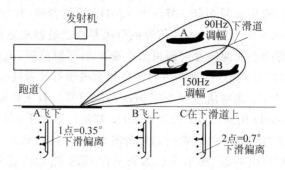

图 2.4.7　下滑信标天线辐射场和偏离指示

下滑接收机通过对 90Hz 和 150Hz 调制音频下滑的比较，引导飞机对准下滑道。如所接收的 90Hz 信号等于 150Hz 信号，下滑偏离指针指在中心零位（C 飞机）。若飞机在下滑道的上面，90Hz 音频大于 150Hz 音频，偏离指针向下指（A 飞机），表示下滑道在飞机的下面；反之，飞机在下滑道下面时，150Hz 音频大于 90Hz 音频，指针向上指（B 飞机），表示下滑道在飞机的上面。

在跑道中心线两侧为 8°的扇形区内，当规定的下滑角为 θ 时，下滑台应在下限为 0.3θ、上限为 1.75θ 的范围内提供最小为 10n mile 的有效导航距离，如图 2.4.8 所示。

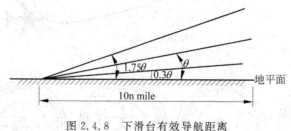

图 2.4.8　下滑台有效导航距离

下滑台的识别信号与航向台相同。

2.4.4　指点信标系统

1. 指点信标的功用

指点信标系统主要用于对飞机在航路上的位置告知和在进近着陆阶段的距离引导。当飞机飞越机场跑道指点信标发射机时，指点信标系统提供音频和视频指示。

指点信标系统可按其用途分为航路信标（runway marker）和航道信标（course marker）。航路信标安装在航路上，向驾驶员报告飞机正在通过航路上某些特定点的地理位置。航道信标用于飞机进场着陆，用来报告着陆飞机离跑道头预定点（远、中、近指点信标上空）的距离。两种信标地面台天线发射垂直向上的扇形波束或倒锥形波束，以便飞机飞越信标台上空时被机载接收机接收。

2. 指点信标的组成

指点信标包括一个 MB 天线和一个 VOR/MB 接收机。并且指点信标只在左 VOR/MB 接收机内工作。

3. 指点信标的工作原理

指点信标台发射频率均为 75MHz，而调制频率和台识别码各不相同，以便使飞行员识别飞机在哪个信标台上空。指点信标台的发射功率从几瓦到 100W 不等。远指点标台的音频调幅频率为 400Hz，识别电码为 2 划/s（蓝色灯）；中指点标台的音频调幅频率为 1300Hz，识别电码为 1 点 1 划/s（琥珀色灯）；近指点标台音按调制频率为 3000Hz，识别电码为 6 点/s（白色灯），如图 2.4.9 所示。

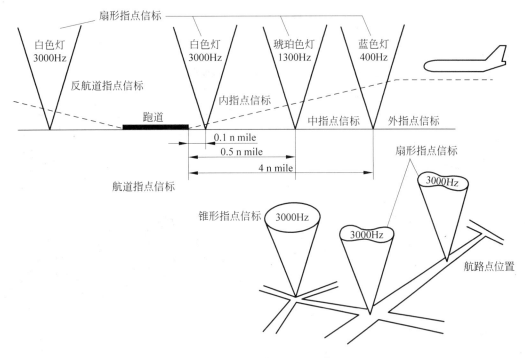

图 2.4.9　指点信标系统工作图

航道指点信标台配合仪表着陆系统使用的指点标架设在进近方向的跑道中心线的延长线上，它向上辐射一个锥形波束，发射功率为 12W。因此，只有当飞机飞越其上空时，机上信标接收机才能收到信号，并发出相应的音响和灯光信号，向飞机提供地标位置信息。

国际民航组织规定大、中型机场要设置三个指点标台：远指点标台（LOM）、中指点标台（MM）和近指点标台（INNERM）。远指点标台设置的距离距跑道入口端约 7200m，中指点标台距跑道入口端约 1050m，近指点标台的位置根据机场条件确定，一般离跑道入口约为 75m。

2.5 低高度无线电高度表

2.5.1 功用与组成

1. 功用

无线电高度表是利用无线电波测量飞机到地面的真实高度(垂直高度)的一种自主式无线电导航设备。其高度的测量范围为 0~2500ft。当飞机做低空飞行,尤其在进近着陆时,无线电高度表对保障飞行安全起着重要的作用。此外,它还可作为气压高度表的校准仪表。

2. 组成

飞机上通常装有两套(或三套)无线电高度表系统,每套系统均由收发组、接收天线和发射天线以及指示器所组成。收发组工作在 C 波段的同一频率上,产生发射信号和接收反射信号,并计算出无线电高度。接收和发射天线为喇叭口天线或 π 形天线,其电气性能和结构完全相同,安装在机身下部,具有很强的方向性。指示器有不同型号:有专用的无线电高度表和决断高度指示器;也可在 ADI 上由跑道符号指示 200ft 以下高度;在电子姿态指引仪(EADI)或主飞行显示器(PFD)上可显示数字无线电高度和决断高度(DH)。典型的无线电高度表的组成如图 2.5.1 所示。

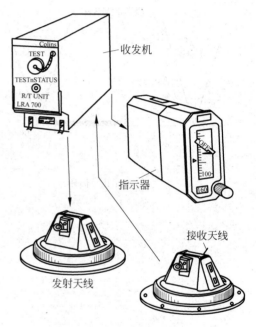

图 2.5.1 无线电高度表的组成

3. 无线电高度表测高的基本原理

无线电高度表属于无线电测距系统。这种系统是利用无线电信号的某一参量,如频率差、相位差或时间等,与导航坐标-距离构成一定关系的一种导航设备。

由于电波在空间传播的等速性,即速度或电波传播一定距离所需要的时间与电波频率无关,这样就可使传播的信号只在时间上滞后,但波形不失真。为此,可判断电波在空间传播的时间。已知电波传播的速度和时间,则可测出距离,公式为

$$H = \frac{1}{2}ct$$

其中,H 为距离或高度;c 为电波传播速度;t 为电波传播的时间。

对无线电高度表而言,其系统的基本原理框图如图 2.5.2 所示。

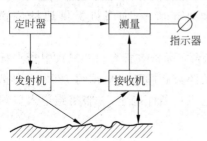

图 2.5.2 无线电高度表原理框图

无线电高度表的发射机向地面发射无线电信号,以大地为反射目标,大地反射回波由接收机接收,发射机在向地面发射信号的同时,也向接收机发射一个直达信号。反射回波信号与直达信号比较可测得电波往返于飞机和地面之间距离所用的时间 $\left(t=\dfrac{2H}{c}\right)$,故可由无线电高度表的测量电路计算出飞机的无线电高度 $\left(H=\dfrac{1}{2}ct\right)$。

4. 无线电高度表的分类

无线电测距系统按其测量参量可分为相位无线电测距、频率无线电测距和时间无线电测距。

目前,国际民航所使用的无线电高度表只有三种不同的类型,即属于频率无线电测距的"普通调频连续波无线电高度表"、"等差频调频连续波无线电高度表",属于时间无线电测距的"脉冲雷达高度表"。

2.5.2 三种无线电高度表

1. 调频连续波(FMCW)高度表

FMCW 高度表发射的信号是调频连续波,可以用正弦波调频或用三角形线性波调频。

调制器产生一个对称的三角波线性调制电压,对发射机进行调频,发射波是三角形线性调频的连续波。不同高度表其调制参数不同。以 860F-4 高度表为例,其发射信号中心频率为 4300MHz,调制频率为 100Hz,频移 ΔF 为 100MHz。

发射机发射信号一路经宽方向性天线发射到地面,取样部分发射信号直接加到接收机信号混频器(直达信号),与反射信号相混频,如图 2.5.3 所示。

在接收到反射波的 t_2 时刻的发射频率为 f_2,而所接收的信号频率为 f_1,即在 Δt 时间内,发射频率从 f_1 变化到 f_2,$\Delta f = f_2 - f_1$。所以可以用 Δf 来测量高度,因为它反映了时间差 Δt,即反映了飞机的高度。

2. 等差频调频连续波无线电高度表

等差频调频连续波无线电高度表发射机向地面辐射锯齿波调频信号的同时,也向接收机直接耦合该信号(即直达信号)。假设该信号的频率为 f_1,那么,经地面返回信号的频率为 f_2,图 2.5.4 所示为发射信号(或直达信号)和返回信号的调频特性。

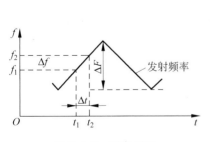

图 2.5.3 测高原理

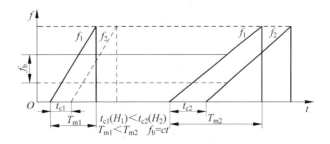

图 2.5.4 锯齿波调频特性曲线

当飞机高度 H 一定时,两信号在接收机中混频,取其差额 f_b 为

$$f_b = f_1 - f_2 = t_c \frac{\mathrm{d}f}{\mathrm{d}t}$$

如锯齿波为线性,则 $f_b = t_c \frac{\Delta f}{T_m}$,其中 Δf 为频偏;T_m 为调制周期;c 为电波传播速度。此时,$H = \frac{c f_b}{2\Delta f} T_m$,因为 c、Δf 均为常数,如设法使差频 f_b 保持恒定,那么,被测的飞机高度与锯齿波调制周期 T_m 成正比。这种通过测量调制信号周期而保持差频恒定来实现测高的高表,称作恒定(等)差频调频连续波无线电高度表。目前民航飞机上使用的 AHV 系列的高度表就为此种类型的高度表。

3. 脉冲雷达高度表

高度表发射机向地面发射高频定时脉冲,并以此作为时间基准产生 T_0 基准脉冲。当高频脉冲从地面返回到高度表接收机时,比较返回脉冲与 T_0 基准脉冲时间差,即测出高频脉冲在往返于飞机和地面之间的时间间隔就可以得到飞机高度。

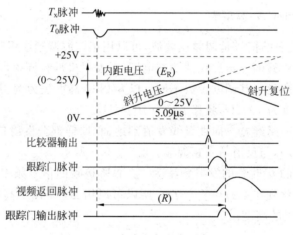

图 2.5.5 脉冲式高度表测高原理

从图 2.5.5 可以看出,发射机以 8kHz 的速率向地面发射高频脉冲(脉宽 60μs)的同时,向斜波发生器发出 T_0 脉冲(时间基准脉冲),并开始产生 0~25V 的线性斜升电压;内部距离产生器输出一个 0~25V 缓慢变化的斜升电压 E_R,如两者在比较器中一致相交,比较器即输出一个一致脉冲,即跟踪门脉冲。如地面返回脉冲经接收机输出视频返回脉冲且与跟踪门脉冲发生重叠,重叠量合适时,则跟踪门输出一个脉冲,该脉冲与 T_0 脉冲之间的间隔即反映了飞机高度。

如飞机高度不变,内部距离产生器输出的电压 E_R 不变,而高度变化时,E_R 也随之变化,所以,电压 E_R 即反映了飞机高度。

2.5.3 飞机安装延时校正和多设备安装干扰

1. 飞机安装延时(AID)

在进近着陆期间,当飞机轮着地时,高度指示器应指零高度,或者说,高度指示器指示的

高度是机轮的离地高度。但是由于发射组件到发射天线,接收天线到接收组件有一定的电缆长度。飞机停在地面上时,地面反射信号相对发射信号会产生传播延时,这个延时所产生的高度称为安装延时高度,它决定于收发电缆长度、收发天线之间的距离和飞机停在地面上时的天线离地高度。安装延时高度在高度表内的计算电路中减去,保证在着陆期间,当飞机机轮着地时,高度指示为零。维修时,必须严格保持原有的电缆长度和天线不变。

2. 减小多设备安装互相干扰的方法

飞机上通常安装 2 部或 3 部无线电高度表并同时工作。一部高度表可能会接收到另一部高度表的泄露信号,或接收到另一部高度表的地面反射信号,这就会造成干扰。

减少互相干扰的方法是:

(1) 保证天线间有足够的间隔;

(2) 在装 2 部高度表的飞机上,使 2 部高度表的频率调制信号相位相差 180°;

(3) 飞机上装 3 部无线电高度表时,使用不同的调制频率,来减小相互干扰。

3. 高度跳闸信号

无线电高度表的高度跳闸信号是在高度表/收发机内预先调定的不同高度点,通常可调 6 个,可根据需要调定在不同的高度上(如 1500ft、500ft、200ft、…)。当飞机降到某个高度点调定的高度上时,则该路输出一个接地信号,即可控制与该路连接的其他系统的工作,如 200ft 跳闸电路与姿态指引仪(ADI)的"跑道升起符号"控制电路相连,飞机高度降到 200ft 时,则 200ft 跳闸电路输出"地"信号,控制 ADI 上的"跑道升起符号"开始随飞机的下降而上升。

2.5.4 高度表指示

无线电高度表指示器有各种不同类型,如专用的机械模拟式高度表指示器,在姿态指引仪(ADI)、电子姿态指引仪(EADI)或主飞行显示器(PFD)上也可显示无线电高度和决断高度。

1. 高度表指示器

典型的高度表指示器如图 2.5.6 所示。

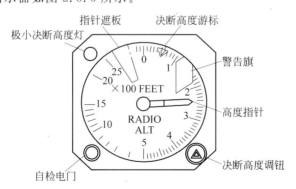

图 2.5.6 典型的高度表指示器

1) 高度指针

由高度表收发组件来模拟高度电压驱动,指示无线电高度,从-20~2500ft。指示器上的刻度在 0~500ft 是线性变化;500~2500ft 以内是对数变化;当高度大于 2500ft 时,高度指针由指针板盖住。

2) 决断高度(DH)旋钮

飞行员根据具体情况,用它来选择确定的决断高度。转动 DH 旋钮时,它带动决断高度指针沿刻度盘滑动,指示出选定的决断高度。当飞机高度低于决断高度时,决断高度灯亮。

3) 警告旗

它用来监视接收机、发射机和指示器的工作是否正常。如果系统工作正常,警告旗不出现。当系统有故障或接收信号太弱时,警告旗出现,这时高度指示无效,不能用于飞行。

2．测试

按下"人工自测试"按钮时,指示器指示或显示在规定的高度上(如 30ft),且同时出现警告(如规定高度低于 DH 调定高度,则 DH 灯也亮),说明系统工作正常。

在对高度表进行自测试时,当方式选择板选择进近方式(APP)或航向(LOC),下滑(G/S)截获时,切断自测试;而在进行自测试时,近地警告计算机(GPWC)被抑制。

3．ADI(EADI)的高度指示

EADI 上的上升跑道符号用于飞机在进近着陆阶段向飞行员提供高度指示和航向偏离指示。水平位移由仪表着陆系统的航向偏离信号驱动,指示航向偏离,垂直位置由无线电高度信号驱动指示无线电高度。

1) 无线电高度显示(RA>DH)

RA 显示从-20~2500ft,字是白色;大于 2500ft,显示空白,如图 2.5.7(a)所示。

2) 决断高度显示

DH 显示在 RA 的上面,字是绿色。DH 后面是选定的决断高度。EFIS 控制板上 DH 选择范围是-20~999ft。显示范围是 0~999ft。如果选择 DH 是负值,则显示空白,如图 2.5.7(a)所示。

3) 决断高度警戒

当飞机下降到 DH 高度以下时,RA 和 DH 显示从白色变成黄色,并在开始的 3s 期间,字母 DH 闪亮。有的飞机还出现音响信号,如图 2.5.7(b)所示。

4) 决断高度警戒结束

决断高度警戒可以自动结束或人工复位。自动结束出现在飞机着地或飞机爬升到比选定决断高度高 75ft 时。人工复位是通过按压 EFIS 控制板上的复位按钮实现的。复位后,RA 显示回到白色,DH 显示回到绿色。

5) 无计算数据(NCD)

无线电高度显示 RA 显示空白。当 RA>2500ft 时,也显示空白。决断高度显示"DH"字样和选定的决断高度值是绿色的。当 DH<0 时,显示空白,如图 2.5.7(c)所示。

6) 无效数据显示

当 RA 或 DH 数据无效时,分别出现黄色警告旗,如图 2.5.7(d)所示。

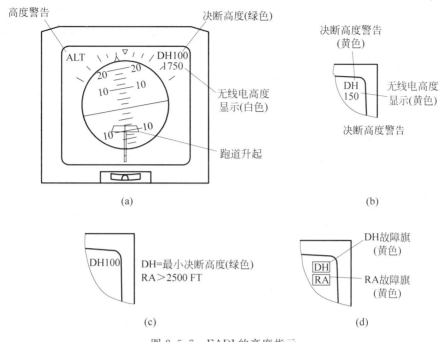

图 2.5.7　EADI 的高度指示
(a) RA＞DH；(b) RA＜DH；(c) 无计算数据；(d) 无效数据

2.6　测距系统

2.6.1　功能及原理

1. 测距机的功用

测距系统(DME)用于测量飞机与地面测距信标台之间的斜距。机载测距机和地面测距信标台配合工作,可连续地向飞行员和飞行管理计算机及其他机载电子系统提供飞机到测距台的实时距离信息。利用测距机所提供的距离信息,结合全向信标(VOR)系统所提供的方位信息,即可按 ρ-θ 定位法确定飞机的位置,并进而计算地速、预计到达时间和其他导航参数。在现代飞机上,这些计算是由飞行管理计算机完成的。因此,地面测距台通常是和 VOR 信标台同台安装的。同样,利用所测得的飞机到 2 个或 3 个测距台的距离,也可按 ρ-ρ 或 ρ-ρ-ρ 定位法确定飞机的位置,进行各种导航计算。利用机场测距台和机场 VOR 台,则可以实现对飞机的进近引导。

2. 系统工作的基本原理

DME 系统工作原理如图 2.6.1 所示,它是由机载测距机(询问器)与地面测距信标台所组成,如图 2.6.2 所示。

机载询问器通过无方向性天线向空间(实际朝向地

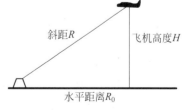

图 2.6.1　测距原理

面方向)发射射频脉冲对信号,即"询问"信号;地面测距信标台接收到这一"询问"信号后,经过 50μs 的延迟,触发发射机产生相应的"应答"射频脉冲对信号向空间辐射,机载询问器接收到这一应答脉冲对信号后,询问器的计算电路根据询问脉冲对信号与应答脉冲对信号之间的延迟时间 t,计算出飞机到地面测距信标台之间的视线距离(斜距)

$$R = \frac{t - 50\mu s}{2} c$$

式中,c 为电波传播速度。

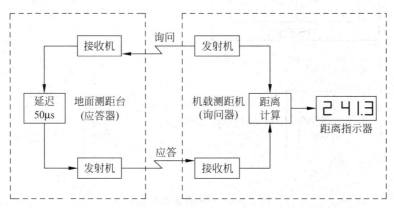

图 2.6.2　测距机系统的组成

机载询问器发射的询问脉冲对信号的重复频率不是固定的,而是围绕某一个平均值随机变化(抖动)的,且在询问器不同的工作状态时,平均值也不同。如在询问器处于"跟踪"状态时,询问脉冲对的平均重复频率较低(通常为 22.5 对/s 或 10 对/s),而在"搜索"状态时,其平均重复频率较高(通常为 90 对/s 或 40 对/s)。

地面测距信标台在其有效作用范围(0~200n mile,最大 390n mile)内,可为若干架(如 100 架)飞机提供询问的应答信号。但作用范围内,询问飞机的多少是变化的,有时很少或无飞机询问,则应答很少或不需应答;有时询问飞机很多,则信标台需产生很密集的应答脉冲对,致使地面信标发射机过载。为使其保持最佳工作状态,使地面信标发射机发射的应答重复频率基本保持不变,如以满负荷为标准,规定地面测距信标发射机的应答脉冲对重复频率为 1000~2700 对/s。

为此,在测距信标台中采取用接收机噪声来触发发射机产生附加的脉冲对信号,即为断续发射的脉冲对,也称"噪声填充脉冲"对,以保证在询问飞机数量不同的情况下,都能使信标发射机发射的脉冲对重复频率基本保持不变。

3. 使用频率及信号格式

机上询问器的频率为 1025~1150MHz,波道之间间隔为 1MHz,共有 126 个询问频率;地面应答器的频率为 962~1213MHz,波道之间间隔也为 1MHz,共有 252 个应答频率。

有两种波道划分方式,称为 X 波道和 Y 波道,共有 252 个波道。X 波道和 Y 波道的具体安排如图 2.6.3 所示。以 30X 波道为例,机上询问频率为 1054MHz,地面应答频率为 991MHz,而 30Y 波道的地面应答频率为 1117MHz。

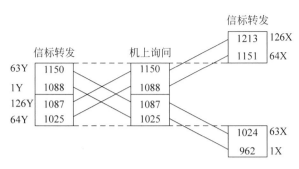

图 2.6.3 X/Y 波道安排

由于 1030MHz 和 1090MHz 是空中交通管制二次雷达的应用频率,为避免可能产生的干扰,DME 中 1X(Y)～16X(Y)及 60X(Y)～69X(Y)这 52 个波道尽量不使用,其余 200 个波道与 VOR 和 ILS 通常配对使用。

X 波道的询问与应答脉冲对的信号格式相同,脉冲对的脉冲间隔均为 12μs;Y 波道的询问脉冲对的脉冲间隔为 36μs,而应答脉冲对的脉冲间隔为 30μs。X 波道与 Y 波道的脉冲宽度均为 3.5μs,如图 2.6.4 所示。

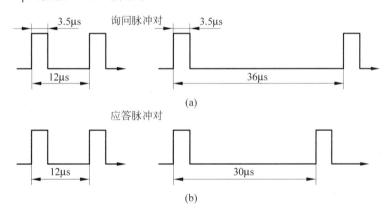

图 2.6.4　X、Y 波道脉冲对信号
(a) X 波道信号格式；(b) Y 波道信号格式

2.6.2　机载测距机

1. 机载测距机组成

机载测距系统是由询问器、天线、显示器和 VHF NAV 控制盒等组成,如图 2.6.5 所示。

DME 天线为(L 波段)刀形天线,用来发射询问信号和接收应答信号。该天线可与机载 ATC 天线完全相同,可以互换,如图 2.6.6 所示。

询问器实际是一个收发机和计数器。发射机产生 1025～1150MHz 的射频脉冲对询问信号,并由接收机接收地面 DME 信标的 962～1213MHz 的高频应答脉冲对等信号,计算出飞机到地面 DME 信标的距离,该距离信息可在显示器上显示,同时,送到飞机其他系统使用。接收信号中还包含有地面 DME 信标的 1350Hz 的音频识别信号,输出至飞机音频系统。此外,询问器还可以执行自测试并指示故障,如图 2.6.7 所示。

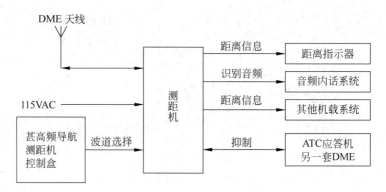

图 2.6.5 机载测距机系统

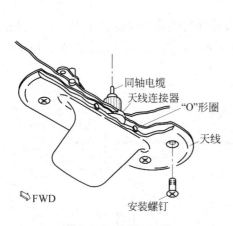

图 2.6.6 DME 天线

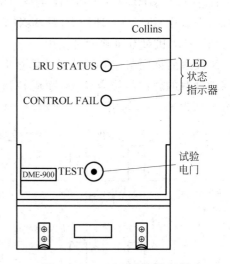

图 2.6.7 DME 系统-询问器

控制盒与 VOR/ILS 共用,当选定 VOR 或 LOC 频率后,机载 DME 的工作频率即同时被配对选择和调谐。

显示器通常使用 RDMI 或 EHSI,显示距离信息。如图 2.6.8 所示为 DME 的无线电距离磁指示器 RDMI 显示。正常显示 0~799.9n mile 的 DME 距离;对于 DME 无计算数据或 DME 距离超出范围,则显示为若干短划;对于 DME 故障,DME 显示为空白。

如果 EFIS 控制板方式为 ILS,则 DME 距离在最高有效数位位置内,包含一个"L",最大显示值为 99.9n mile,而不是 799.9n mile。

2. 询问器工作状态及转换

测距机在进入正常的距离测量状态,跟踪飞机距离的变化提供距离读数之前,需经历自动等待、搜索、预跟踪等进程。在距离测量过程中,同样也会因信号状态的

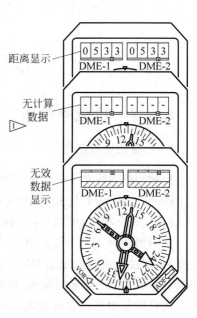

图 2.6.8 DME 和 RDMI 指示

变化进入记忆或者回到搜索状态。所以,测距机的实际工作状态可能是上述自动等待、搜索、预跟踪、跟踪或者记忆状态中的一种。

1) 自动等待

在空中接通测距机的电源、选定波道后,测距机即工作于自动等待状态。自动等待状态也可以称为信号控制搜索(SCS)状态。

2) 搜索

所谓搜索,是指机载测距机在不断发射询问信号的过程中搜寻测距信标台对自己询问的应答信号,并初步确定这一应答信号相对于发射时刻 t_0 的间隔时间。如果在连续的 15 次询问中识别出 7 次对自己的应答信号,测距机即可结束搜索,转入预跟踪状态。

3) 预跟踪

进入预跟踪状态后,测距机继续进行上述询问—接收识别过程。其询问仍然维持较高的询问率,即 90 对/s。

4) 跟踪

在经历 4s 的预跟踪状态后,测距机进入正常的跟踪状态。在跟踪状态,随着飞机与测距信标台距离的变化,应答脉冲与询问脉冲发射时刻 t_0 之间的时间间隔也随之改变,此时距离计算电路所产生的距离波门精确地跟踪应答脉冲,所提供的距离信息输往显示器,显示飞机的距离读数,距离读数跟踪飞机距离的变化,随之不断更新。

5) 记忆

倘若在跟踪状态由于某种原因而使上述"7/15"准则得不到满足,则测距机将转为记忆状态。

3. 应答抑制

由于飞机上的测距机和空中交通管制应答机、TCAS 都工作于频率相近的 L 频段,所以不应同时辐射信号,以免相互干扰。为此,当一台测距机发射时,该机所产生的 30μs 宽的抑制波门即通过互连的同轴电缆,加到两台 ATC 应答机、TCAS 计算机和另一台测距机,以抑制其发射;反之亦然。

2.7 气象雷达系统

2.7.1 概述

机载气象雷达系统(WXR)用于在飞行中实时地探测飞机前方航路上的危险气象区域,以选择安全的航路,保障飞行的舒适和安全。机载气象雷达系统可以探测飞机前方的降水、湍流情况,也可以探测飞机前下方的地形情况。在显示器上用不同的颜色来表示降水的密度和地形情况。新型的气象雷达系统还具有预测风切变(PWS)功能,可以探测飞机前方风切变情况,使飞机在起飞、着陆阶段更安全,如图 2.7.1 所示。

1. WXR 的工作方式

现代机载气象雷达的工作模式(方式)有"气象"、"气象与湍流"、"地图"和"测试"等。

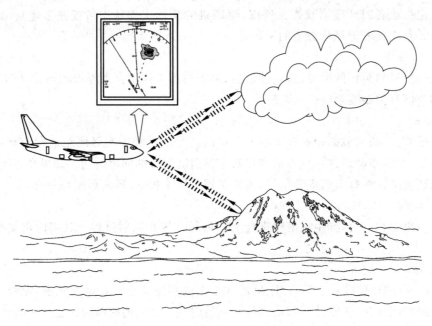

图 2.7.1 雷达所提供的气象目标显示图像

1)"气象"(WX)方式

该方式是机载气象雷达的基本工作方式。此方式可以在 EHSI 或 ND 显示器上向驾驶员提供飞机飞行前方航路及其两侧扇形区域中的气象状况及其他障碍物的平面显示图像。

2)"气象与湍流"(WX+T)方式

该方式是现代气象雷达的典型工作方式。湍流是一种对飞行安全极具威胁的危险气象状态。湍流区域中的气流运动速度和方向急速多变,当飞机遭遇这类区域时,不仅难以操纵,而且还会经受很大的应力,可能导致飞机结构的破坏。

当工作于"湍流"方式时,雷达能检测出湍流的区域,并在 EHSI 或 ND 显示器上显示出品红色区域图像,也有的雷达显示为白色的图像。湍流探测的最大范围是 40n mile。如果 EFIS 控制面板上选定范围超过 40n mile,则 EHSI 在最大 40n mile 范围内显示气象和湍流数据,超过 40n mile 的地方,只显示气象数据。

3)"地图"(MAP)方式

该方式用于观察飞机前下方的地表特征。在该方式时,雷达天线下俯一定角度,天线辐射的锥形窄波束照射飞机前下方的广大地区,利用地表不同地物对雷达电波反射特性的差异(不同物质对电波反射的强弱不同)使 EHSI 或 ND 上显示地面和地形特征,如山峰、河流、海岸线、大城市等地形轮廓平面位置分布图像。

4)"测试"(TEST)方式

该方式用于判断雷达的性能状态,并在 EHSI 或 ND 上显示检测结果。

2. WXR 系统的组成

机载气象雷达的基本组件有:雷达收发机、雷达天线、显示器、控制面板和波导系统等。

气象雷达收发机(R/T)用来产生、发射射频脉冲信号和接收并处理射频回波信号,提供气象、湍流和地形等显示数据,探测风切变事件并向机组发送警告和告诫信息。

当气象雷达具有 PWS 功能时,它需要大气数据惯性基准系统提供的大气数据;无线电高度表在起飞和进近过程中提供高度信号来启动或禁止 PWS 功能;自动油门电门组件在起飞过程中启动 PWS;起落架电门在进近过程中发送起落架放下离散信号启动 PWS;空/地继电器发送空/地离散信号用于飞行阶段数的记录。

WXR 天线辐射射频脉冲信号并接收射频回波信号。天线的稳定性受惯性基准组件(IRU)的俯仰和横滚数据控制。

气象雷达控制面板用于选择气象雷达的工作方式,控制天线的俯仰角度和稳定性,对接收机灵敏度进行控制,并可对其进行测试。

有的飞机具有独立的气象雷达显示器,但现代大型飞机上都有电子飞行仪表系统(EFIS),所以,这些飞机上的气象雷达数据都显示在 EFIS 的 EHIS 或导航显示器 ND 上。

2.7.2 气象雷达对目标的探测

机载气象雷达主要用来探测飞机前方航路上的气象目标和其他目标的存在以及分布状况,并将所探测目标的轮廓、雷雨区的强度、方位和距离等显示在显示器上。它利用的是电磁波经天线辐射后遇到障碍物被反射回来的原理。

1. 探测降雨区

1) 原理

雷达是通过目标对雷达波的反射来探测目标并进而确定目标的位置及其他性质的。

不纯净的水是导体,液态的水珠具有良好的导电性,因此,包含有较大雨滴的空中降雨区域,能够对机载气象雷达天线所辐射的 X 波段电磁波产生一定程度的反射,形成降雨区域的雷达回波,从而被机载气象雷达所接收。

对于空中的降雨区域来说,由于雨滴不可能完全充填降雨区域,加之气象雷达所发射的电磁波的波长很短,因而当雷达波由无雨区射向降雨区界面时,除了会在雨区界面处反射一部分入射波能量外,雷达波仍可继续穿入整个降雨区域从而产生不断的反射。不仅如此,雷达波在穿透整个雨区而射向位于该雨区后面的其他气象目标时,也同样可使这些较远的气象目标产生各自的雷达回波。雷达波的这种穿透能力使气象雷达能够透过近距离目标的遮挡,而发现较远的气象目标,从而较为全面地把探测范围内不同距离处的气象目标分布情况以平面位置显示图形的形式提供给飞行员。

2) 降雨率与图像颜色

单位时间中的降雨量称为降雨率。降雨率用来定量描述降雨程度。

彩色气象雷达用象征性的颜色来表示降雨率的不同区域。大雨区域的图像为红色,用于表示该区域具有一定的危险性;中雨区域的图像为黄色,用于提醒注意;小雨区域用绿色图像来表示,其意为安全;微雨或无雨区域在荧光屏上则为黑色,荧光屏上该区域不产生辉亮图像。

2. 探测冰雹区

冰雹区域是一种对飞行安全危害极大的恶劣气象区域。

湿冰雹由于表面包裹着水层,其水层对入射的雷达波能产生有效反射,加之冰雹的直径通常较雨滴大,因此,湿冰雹易于被气象雷达所检测。

干冰雹由于表面没有包裹着水层,对雷达波的反射能力很差,难以被雷达所检测。只有当直径达到雷达波长的 4/5 左右时,才能被雷达正常检测,但干冰雹也属于危险天气。

3. 探测湍流

机载气象雷达是利用与湍流夹杂在一起的水粒反射雷达波时产生多普勒效应这一特性来检测湍流的:被湍流所夹带的水粒在反射雷达波时,由于其急速多变的运动特性,会形成一个偏离发射频率且频谱宽度较宽的多普勒频谱,它与一般降雨区所产生的反射回波明显不同。雷达的接收处理电路对这类回波信号进行处理,就可以通过回波信号的频谱宽度检测出湍流的存在。

如果湍流没有夹带足够的雨滴(此湍流即为晴空湍流),对雷达波不会产生有效的回波,则难以被气象雷达所检测。

机载气象雷达能显示中度(速度变化在 $6\sim 12m/s$ 之间)以上的湍流。

不同型号的机载气象雷达对湍流区的显示色彩不同,有的以紫色图像表示;有的以红色图像表示,与强降雨区的图像颜色相同;有的则以白色图像表示。

4. 探测风切变

风切变是在很短的距离范围内,风速或风向,或两者一起发生急剧变化,如巨流暴和微流暴。它可以在很大区域内发生,并伴有狂风暴雨,或者只在一个很小区域内发生,特别是在接近地面的高度发生时,对飞机的起飞和着陆造成严重的威胁。

对风切变的探测可应用多普勒频移原理来实现。当飞机强顶风时,产生正的多普勒频移,而顺风会产生负的多普勒频移,如果在一个很短的距离范围内探测到有非常明显的正的和负的风速变化,则可断定为风切变。飞机与风切变区域的距离由雷达发射和返回脉冲的时间差来确定。

5. 其他气象目标的探测

猛烈的暴雨区域、与之相伴随的夹带雨滴的中度以上的湍流区域、表面包裹着水层的冰雹以及直径较大的干冰雹,均可产生较强的雷达回波,因而可以被机载气象雷达有效检测。但是,机载气象雷达并不能检测一切气象目标,例如直径较小的干冰雹、干雪花以及洁净透明的湍流区域,由于对雷达电波的反射很微弱,因而均不能有效地被雷达检测。

降雨区、冰雹等气象目标所产生的雷达回波的强弱情况如图 2.7.2 所示。

由图可知:雨滴、湿冰雹均能对雷达电波产生强反射,而干冰雹、雪花却对雷达电波反射

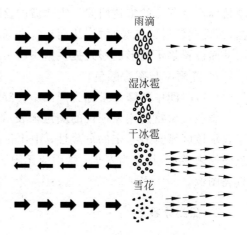

图 2.7.2 气象雷达的反射特性

很弱。

2.7.3 观察地形

机载气象雷达根据地物对雷达信号反射特性的差异来显示地形轮廓。

含有大量钢铁或其他金属结构的工业城市具有比周围大地更强的反射特性；河流、湖泊、海洋对电波的反射能力则明显不同于其周围或相邻的大地表面。当雷达电波投射到大地表面时，不同的地表特征便形成了强弱差别明显的雷达回波。根据雷达回波的这一特性，气象雷达便可在显示屏上显示出地表特征的平面位置分布图形。

大地表面上反射率较强的部分可以产生较强的地物回波，从而在荧光屏上呈现为黄色甚至红色的回波图形；反射率较弱的部分所产生的回波较弱，在荧光屏上呈现为绿色图形；而反射串很差或者面积很小的地物不能产生足够强度的回波，这些地域就相当于荧光屏上的黑色背景；反射率相差明显或地形变化陡峭的地物分界处，例如海岸线、河湖的轮廓线、大型工业城市的轮廓线等，可以在所显示的地图上形成明显的分界线。

2.7.4 气象雷达系统的工作

机载气象雷达所发射的是频率为9.3GHz的X波段射频信号，其波长为3.2cm。降雨区及其他空中降水气象目标能够对这一波段的信号产生有效的反射，形成具有一定能量的回波信号，从而被雷达接收机所检测。

气象雷达发射机在极短的脉冲持续期间产生功率强大的射频脉冲信号(采用脉冲发射信号，可以有效地探测和区分空中的气象目标)，并由雷达天线汇聚成圆锥形波束后向空中某一方向辐射出去。发射和接收共用同一天线，收、发工作交替进行。

为了探测飞机航路前方及其左右两侧的气象情况，气象雷达天线是在一定范围内进行往复方位扫掠的。通过天线往复的方位扫掠，雷达就可以探测这一方位范围内被波束所依次照射到的目标，从而向驾驶员提供飞机前方扇形区域内目标的平面位置分布图形。

1. 气象雷达控制板和EFIS控制板

在装备EFIS(电子飞行仪表系统)的飞机上，一般不再设置专用的气象雷达显示器，气象雷达系统所提供的信息通常显示在EHSI(电子水平状态指示器)上，与EFIS的其他信息相互叠加，综合显示。控制部件位于气象雷达控制板和EFIS控制板上，雷达图像在EHSI上的显示由EFIS控制盒控制，当EFIS方式选择开关置于导航等方式时，即可在EHSI上显示雷达回波图像。

(1) 气象雷达(WXR)控制面板具有方式选择、俯仰角控制和增益控制功能，如图2.7.3所示。

方式选择开关有：TEST(测试)方式、WX(气象)方式、WX+T(气象+湍流)方式、MAP(地图)方式。

TILT(俯仰角控制开关)：调节天线在+15°～15°内俯仰的变化，以控制天线用适当的角度进行平行于地平面的扫描。

GAIN(增益控制开关)：调节WXRR/T回波增益。在"AUTO"位置，增益由R/T设定到校准水平。

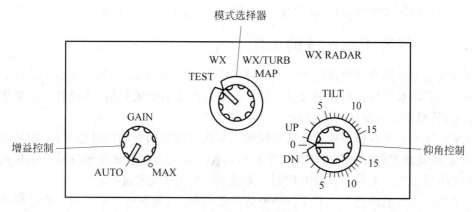

图 2.7.3 WXR 控制面板

STAB(稳定)控制开关：控制天线的稳定性，使得飞机有俯仰、倾斜动作时通过 R/T 提供的补偿信号控制天线，使其仍保持在原来选定的俯仰位置，进行平行于地平面的扫描，提供连续、准确的气象数据。

IDENT(识别)控制开关：用于消除地面杂波，更利于气象目标的识别。

(2) 气象雷达信息在 EFIS 控制面板上的显示。

现代民航大型飞机的 WXR 信息都显示在电子飞行仪表系统(EFIS)的 EHIS/ND 上，因此，信息的显示首先要受 EFIS 控制面板的控制。图 2.7.4 所示为一种 EFIS 控制面板示意图。

首先选择适当的显示方式，在本例中，可以选择扩展的(EXP) APP、VOR、MAP 和 CTRMAP 方式，然后打开 WXR 开关，选择合适的显示距离。EFIS 控制面板范围选择器有 6 个位置。最大达 320n mile 范围内显示气象显示信息。

气象/湍流方式在最大 40n mile 范围内显示湍流数据。如果 EFIS 控制面板上的距离选择超过 40n mile，则显示器上只在 40n mile 范围内显示气象和湍流数据，超过 40n mile 范围只显示气象数据。

另外，打开气象雷达 R/T 后，还需在 WXR 控制面板上选择工作方式、天线的俯仰角、接收机的增益，这样气象雷达系统才能正常工作。

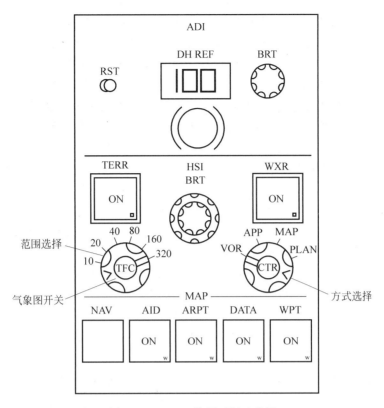

图 2.7.4　EFIS 控制面板示意图

2．气象雷达天线

气象雷达天线要完成辐射和接收频率极高的 X 波段的微波雷达信号的任务，还要进行复杂的运动——方位扫掠与俯仰、倾斜稳定。WXR 天线一般都安装在机头的整流罩内。现代气象雷达通常使用平板型天线，传统的气象雷达通常使用抛物面天线。这两类天线的基本功能是相同的，但特性参数、结构有较大的区别。这里只介绍平板型天线，它包括平板天线和天线支座，如图 2.7.5 所示。

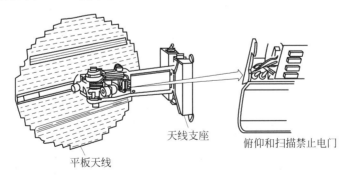

图 2.7.5　WXR 天线

平板天线用于发射和接收射频脉冲信号，它由许多发射槽阵列组成，射频脉冲信号从每个槽中发射。天线可生成高 3.6°、宽 3.4°的窄波束。

天线支座包括"俯仰和水平扫描马达"、"天线位置发射器"、"俯仰和水平扫描禁止电门"等元件,收发机为其提供115V交流电源。

"水平扫描马达"可使天线绕飞机中线作±90°转动;俯仰扫描马达可使天线在水平面的±40°范围内转动。"天线俯仰和方位角同步机"输出天线位置信号与收发机内的天线位置控制信号比较,当两者有误差时,则为天线故障,给出天线故障状态指示。

"俯仰和水平扫描禁止电门"用来遥控扫描和俯仰马达的电源。在天线维护过程中可用于防止天线转动。

天线支座内的"扭力弹簧"平衡天线的重量。当卸下天线时,扭力弹簧将俯仰驱动装置移到上位。

在天线或其附近工作时,为确保安全,使用俯仰和扫描禁止电门使天线不能转动。但禁止电门并没有禁止天线辐射射频能量,所以 WXR 工作或测试时,天线前方不能有人或任何建筑物。测试时,必须严格遵守维护手册上的警告和告诫。

当风速超过 15n mile/h,不要打开前雷达天线罩。如果在风中打开天线罩,天线罩会快速转动,这将导致人员伤害或设备损坏。

3. 气象雷达信息的显示

1) 正常显示

气象雷达的正常显示包括气象数据、系统信息、警告信息等,如图 2.7.6 所示。

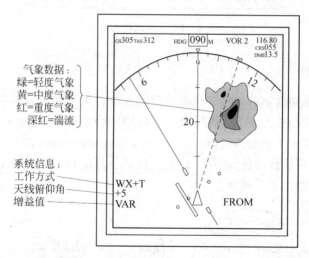

图 2.7.6 WXR 的信息显示

显示器上的 WXR 数据显示飞机前方的气象或地形信息,颜色显示气象或地形回波信号的强度。这四种颜色用于 WXR 显示:

(1) 绿色 轻度气象条件;
(2) 黄色 中度气象条件;
(3) 红色 重度气象条件;
(4) 深红色 湍流。

WXR 系统只在 40n mile 内计算和显示湍流。

气象雷达的系统数据在显示器的左下侧显示三行数据,分别表示方式、天线俯仰角和增益。

第1行显示方式信息。方式有:WXR(气象)、MAP(地图)、WX+T(气象+湍流)、TEST(检测)。

第2行显示在WXR面板上选定的天线俯仰角值。天线俯仰角显示0°～+15°或0°～-15°。

第3行显示增益。增益显示以下数据:

(1) VAR表示接收机的增益由增益电门设定;

(2) Blank(空白)表示正常工作(增益电门在"AUTO"位);

(3) 所有WXR系统信息显示为青色;

(4) 如果WXR系统有故障,会显示琥珀色的"WXR FAIL"故障警告。

2) 预测风切变显示

如果WXR具有PWS功能,则在显示器上会显示风切变的三级警告信息,如图2.7.7所示。如果PWS探测到风切变,它则在显示器上生成风切变符号,该符号是红黑相间条。黄色条从该符号的边缘到达磁罗盘刻度盘,可帮助机组看清PWS符号。如果有二级警戒信息,会显示黄色的"WIND SHEAR",如果是最高级警告,则显示红色的"WIND SHEAR"。

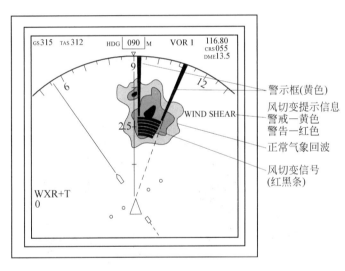

图2.7.7 PWS警告显示

2.7.5 雷达维护中的一些注意事项

雷达维护过程中应注意以下事项。

1) 散热问题

雷达收发组设置有专用的冷却风扇,以利于散热。

2) 防磁

使用磁控管的雷达收发组的磁控管外装有磁性很强的永久磁铁;有的雷达使用包含有铁磁物质(铁氧体)的收发开关。工作中应注意避免影响它们的磁性。

3) 电磁辐射及其他

在必须使雷达工作于辐射能量的方式时,应通知其他人员离开飞机前方的扇形区。另外,当本架或附近的飞机正在加油或抽油时,不得使雷达工作于辐射能量方式。

4) 防止天线变形

在维护过程中应避免敲打撞击与强力扳动天线,以防止天线变形。

2.8 空中交通管制雷达信标系统应答机

空中交通管制雷达信标系统(air traffic control radar beacon system,ATCRBS)是一个监视系统,它由地面监视雷达和机载应答机所组成。系统主要为空中交通管制员提供某一区域内飞机的位置(距离、方位、高度等)和识别信息,以达到有序地组织和指挥空中交通,保持飞机之间的安全飞行间隔,防止飞机相撞,并提高终端区空域的利用率。

应答机有 A/C 模式应答机和 S 模式应答机两种。A/C 模式应答机的地面设备为航管雷达信标系统,S 模式应答机的地面设备为离散选址信标系统。

2.8.1 航管雷达信标系统

空中交通管制雷达信标系统也称为航管二次雷达系统,由一次雷达和二次雷达两部分组成,如图 2.8.1 所示。

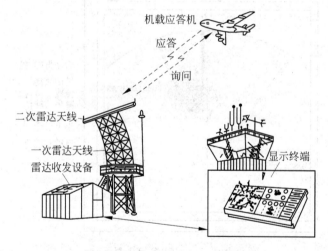

图 2.8.1 二次雷达与一次雷达

1. 组成

1) 一次监视雷达系统

地面一次监视雷达(PSR)包括工作于 L 波段和 S 波段的区域雷达、终端管制区域雷达和进近监视雷达,其工作方式是依靠目标对雷达天线所辐射的射频脉冲能量的反射而探测目标的。天线以一定速率在 360°范围内旋转扫掠,把雷达发射信号形成方向性很强的波束辐射出去,同时接收由飞机机体反射回来的回波能量,以获取飞机的距离、方位信息,监视终端空域中飞机活动情况。

2）二次监视雷达系统

地面二次监视雷达（SSR）工作于L波段，工作方式与一次雷达不同，它是由地面二次雷达（即询问器）与机载应答机配合，采用问答方式工作。地面二次雷达发射机产生的询问脉冲信号由其天线辐射；机载应答机在接收到有效询问信号后产生相应的应答发射信号；地面二次雷达接收机接收到这一应答信号后，进行一系列处理，获得所需的飞机代码等信号。

3）二次雷达系统组成及工作概况

一次监视雷达（PSR）为了滤除对固定目标的检测，采用了多普勒雷达及动目标检测技术，但不能识别被跟踪的飞机及其高度。为此，采用二次监视雷达与其配合工作。

由于地面二次雷达接收功率与作用距离的平方成反比，若作用距离相同，SSR所需的发射功率远小于PSR。一般SSR的发射功率为几千瓦，而要到达同样的作用距离，PSR需要几兆瓦的发射功率。因此，地面询问器和机载应答器的接收机的灵敏度也可比一次雷达低一些。

此外，由于二次雷达系统的发射（询问）频率与接收（应答）频率不同，所以，没有其他目标对发射信号的反射杂波干扰。同时，不存在由于飞机姿态变化和散射而引起的目标闪烁现象，且显示的高度准确；但由于地面二次雷达采用简单的条形天线，故方位精度较差。

二次雷达发射机产生某一模式的询问脉冲对信号，通过它的方向性天线辐射。天线波束的方向是与一次雷达协调一致的，发射时刻也是与一次雷达同步的。在其天线波束照射范围内的机载应答机对所接收到的询问信号进行接收处理与译码识别，如果判明为有效的询问信号，则由应答机中的编码电路控制发射电路产生应答发射信号。所产生的应答信号是由多个射频脉冲组成的射频脉冲串，它代表飞机的识别代码或高度信息。与此同时，向同一方位辐射的一次雷达也会接收到飞机所产生的回波信号，它的接收机所产生的飞机视频回波信号也同时输往数据处理与显示系统。在控制中心的圆形平面位置显示器（PPI）上的同一位置显示飞机的一次雷达回波图像与二次雷达系统所获得的飞机识别代码及高度信息。

2．二次雷达系统的询问信号和应答信号

1）询问信号

询问信号由图2.8.2所示的三个脉冲组成，其中P_1、P_3为信息脉冲对，P_2为旁瓣抑制脉冲，用来抑制应答机对旁瓣信号的询问。

图2.8.2　询问信号

脉冲信号的编码方式称为询问模式。目前，国际民航组织规定的航管二次雷达询问模式共有四种，分别称为 A、B、C 和 D 模式。其中 A 模式为飞机代码识别；C 模式为高度询问；B、D 模式为备用询问模式，其询问内容未定。

询问信号为 1030MHz 的脉冲射频信号。如图 2.8.3 所示，A 模式的脉冲间隔为 $8\mu s$，B 模式为 $17\mu s$，C 模式为 $21\mu s$，D 模式为 $25\mu s$。各模式脉冲的脉冲宽度为 $0.8\mu s$。

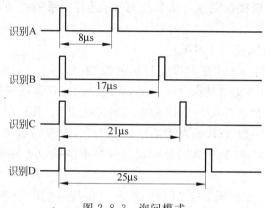

图 2.8.3　询问模式

地面二次雷达天线的方向性图为按一定速率旋转的锥形窄波束，它集中了天线辐射的大部分能量，称为主瓣。由于天线能量的"泄露"而形成的其他方向的辐射波瓣，称为旁瓣，如图 2.8.4(a)所示。

在理想情况下，当飞机 A 被主瓣照射到。主瓣法线对准飞机时，机载应答机发射应答信号，在地面雷达显示器显示该方位(对应天线的方位)的 A 飞机图像；当飞机距雷达天线较近时，被旁瓣照射到的其他方位的 B 飞机也能收到 P_1 和 P_3 询问脉冲，那么，B 飞机应答机同样发出应答信号，B 飞机的图像被显示在此时刻(与天线方位不一致)的主瓣的方位上而出现多目标的错误显示。为此需要对旁瓣询问进行抑制，不让应答机应答旁瓣的询问，即为"旁瓣抑制"(SLS)。

目前所通用的旁瓣抑制 S 略为三脉冲旁瓣抑制法，如图 2.8.4(b)所示。地面 SSR 所产生的询问脉冲信号是由 3 个射频脉冲组成的。其中的 P_1 与 P_3 脉冲由方向性的天线辐射，方向性天线除主波瓣外还存在一定电平的旁瓣；另一个脉冲 P_2(即旁瓣抑制脉冲)则由无方向性的天线辐射，其方向图为圆，如图 2.8.4(a)所示。

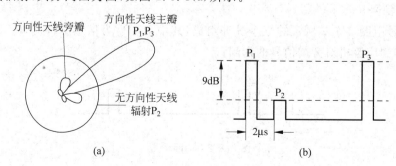

图 2.8.4　旁瓣抑制

P_1 与 P_2 脉冲的间隔为 $2\mu s$。控制 P_2 脉冲的辐射功率,使得在方向性天线主波瓣范围内的飞机所接收到的 P_1 脉冲的电平高于所接收到的 P_2 脉冲,而在方向性天线旁瓣范围内的飞机所接收的 P_1 脉冲电平低于 P_2 脉冲。这样,应答机即可通过比较 P_1 脉冲与 P_2 脉冲的相对幅度来判明飞机是处在二次雷达方向性天线的主波瓣内还是在旁瓣内,从而决定是否产生应答信号。

在机载应答机接收电路中设置有旁瓣抑制电路。电路对所接收到 P_1 脉冲与 P_2 脉冲的幅度进行比较。如果 P_1 脉冲的幅度大于 P_2 脉冲 9dB 以上,即表明此时飞机处于二次雷达天线的主波瓣中,所以应答机应正常产生应答脉冲信号;如果 P_2 脉冲的幅度大于或等于 P_1 脉冲,则表明此时飞机处于旁瓣范围内,因而抑制应答机的应答,并在未来 $30\mu s \pm 10\mu s$ 不再接收询问;如果 P_2 与 P_1 的幅度比较处在上述两种情况之间,则应答机有可能应答也有可能不应答,其应答概率随 P_1 脉冲幅度的增大而增大。

2) 应答信号

机载应答机在收到地面 SSR 的有效询问信号后,将根据询问模式产生相应的应答发射信号。当地面 SSR 发射的是 A 模式的识别询问时,应答机产生识别码应答信号;而当地面 SSR 发射的是 C 模式的高度询问时,则产生飞机的实时气压高度编码应答信号。

应答机产生的识别应答信号和高度应答信号均为 1090MHz 的脉冲编码信号,而且应答信号的格式相同,仅区别于编码的方式和内容。应答的编码信号是由最多 12 个信息脉冲和两个帧脉冲 F_1、F_2 等组成,应答信号的格式如图 2.8.5 所示。应答信号的起始脉冲 F_1 是在接收询问信号的 P_3 脉冲前沿后 $3\mu s$ 开始发射。

图 2.8.5 应答信号的格式

应答信号的脉冲宽度均为 $0.45\mu s$,脉冲间隔为 $1.45\mu s$ 或其整数倍。飞机的识别应答信号和高度应答信号均采用逻辑编码方式,即在 12 个信息脉冲的位置上,利用脉冲的有(表示逻辑"1")或无(表示逻辑"0")进行编码,形成飞机识别码和高度码。

地面 A 模式询问时,应答机自动地应答飞机的识别码。识别码是空中交通管制中用于表明飞机身份的代码,由空中交通管制部门指定。识别码为四位八进制码,由驾驶员用应答机控制面板上的识别码设定旋钮设定。

12 个信息脉冲用有("1")和无("0")表示二进制编码,而飞机的识别码采用四位八进制编码,则有 $2^{12} = 8^4 = 4096$(种)组合,因此 12 个脉冲被分为 A、B、C、D 四组,每组 3 个脉冲。分别加尾标表示为 A_4、A_2、A_1、B_4、B_2、B_1、C_4、C_2、C_1、D_4、D_2、D_1,其尾标分别表示该位的权值。

图 2.8.5 中,在 F_2 后 $4.35\mu s$ 还有一个 SPI(特殊位置识别)脉冲。这个脉冲是在地面管制员的要求下,由驾驶员按压 ATC 控制面板上的"IDNT"按钮之后发出的,会持续约 18s,其目的是使该飞机的雷达回波在地面管制员的雷达屏幕上的显示更亮,以便更容易识别该飞机。

飞机的四位八进制识别码为 0000~7777 共 4096 种,其中还有一些用于特殊用途,如:7500 表示被劫持,7600 表示通信失效,7700 表示飞机处于紧急状态。

3. ATCRBS 存在的问题

ATCRBS 存在以下问题。

(1) 管制和监控飞机的容量有限

随着航空事业的发展,使得一些繁忙空域特别是中心机场终端区内的飞机密度不断增大,国际、国内的飞机数量不断增加,而 ATCRBS 最多只能管制 4096 架飞机(实际上要远远小于这个数目),其管制容量难以满足目前及今后的发展需求。

(2) ATCRBS 的同步串扰和非同步串扰

如果空中有两架飞机处在询问波束同一方位或波束宽度范围内,即使两架飞机不在同一高度层,但两机的斜距小于一定值,如 1.64n mile,则地面询问器的接收机将收到间隔重叠的两架飞机的应答信号,造成互相干扰,降低了分辨率,该干扰即为同步串扰;而当飞机处在两个以上地面询问器作用范围内时,每个地面询问器的接收机不仅接收本询问器所询问飞机的同步应答信号,因为机载应答机天线是无方向性发射的,所以,还可收到地面其他询问器所询问的飞机对本地面询问器的非同步应答信号,这种干扰称为非同步串扰。

(3) 多路径干扰

发射询问信号和应答信号的电磁波,碰到高大建筑物或山峰等固定目标而反射,这将会得出距离和方位错误的假目标显示,同样使分辨率降低。

(4) 方位精度低

因为地面雷达天线是旋转的,天线波束又有一定宽度,从波束扫掠到飞机开始到波束离开飞机期间要经过多次询问和应答,而飞机方位的确定是取用每次询问和应答所测得方位的平均值,所以,ATCRBS 用这种方法测出的方位误差较大。

随着空中交通的日益增长以及要求的提高,目前的 ATCRBS 已被离散寻址信标系统,即 S 模式所取代。

2.8.2 离散选址信标系统

1. 离散选址信标系统的概念

离散选址信标系统的基本思想是赋予每架飞机一个指定的地址码,由地面系统中的计算控制进行"一对一"的点名问答。即地面询问只针对某一选定的地址码飞机。而该飞机对地面询问也用本机所编地址码回答,因而每次询问都能指向所选定的飞机。

离散选址信标系统由地面 S 模式询问机和机载 ATC/S 模式应答机所组成。整个系统仍采用"问-答"方式,但询问是用具有选择性的 S 模式工作。询问频率仍为 1030MHz,回答频率也是 1090MHz,与现用航管雷达的工作频率相一致。因此,两个系统能兼容共用,即机载 S 模式应答机,可以回答现行地面二次雷达的 A 模式和 C 模式询问。而 A/C 模式应答机也能对新的离散选址信标系统的全呼叫询问做出应答。

2. 离散选址信标系统的询问信号

离散选址信标系统可以有两种不同类型的询问。

(1) 全呼叫询问。它用来监视装有 ATCRBS 应答机的飞机,同时也对装有 S 模式应答机的飞机实现搜索捕获。这充分体现了向 S 模式过渡阶段的兼容性。

(2) 只呼叫 DABS,即 S 模式询问。这是 S 模式系统最具特色的一种询问模式,除对装有 S 模式应答机的飞机行进选址询问以实现监视功能外,还用于实现数据链通信。

1) ATCRBS/DABS 全呼叫

ATCRBS/DABS 全呼叫询问格式如图 2.8.6 所示,它由 P_1、P_2、P_3 和 P_4 脉冲组成。

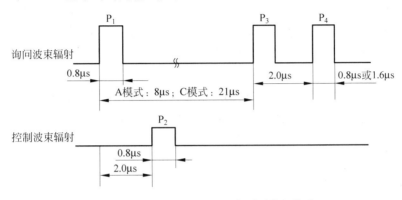

图 2.8.6 ATCRBS/DABS 全呼叫询问格式

P_1、P_2、P_3 脉冲的参数与现行的 ATCRBS 相同,其中 P_3 脉冲距脉冲 P_1 的时间间隔为 $8\mu s$ 或 $21\mu s$,分别对应于现行的 A 模式和 C 模式;P_2 脉冲仍为旁瓣抑制脉冲;P_4 脉冲距 P_3 前沿 $2\mu s$,宽度则为 $1.6\mu s$。询问信号的射频仍为 1030MHz。对于这种 ATCRBS/DABS 全呼叫询问,现行的 A/C 模式应答机仍然是根据 P_1 与 P_3 脉冲之间的时间间隔做出相应的识别应答或者高度应答,对于 P_4 脉冲则不予理睬;而新型的 S 模式应答机则能够识别这一包括 P_4 脉冲在内的全呼叫,做出全呼叫应答。P_4 脉冲的作用就是使 S 模式应答机能认出是 DABS 的 S 模式询问。

2) DABS 询问信号

(1) 询问格式:DABS 询问由前导脉冲 P_1、P_2 和一个询问数据块组成,如图 2.8.7 所示。前导脉冲 P_1、P_2 间隔 $2\mu s$,宽度 $0.8\mu s$;数据块前沿距 P_1 前沿 $3.5\mu s$,由 56 位或 112 位差分相移键控信号组成,每位宽度为 $0.25\mu s$。数据字组的前端是两个相位相反的同步信号;字组末端也有一个 $0.5\mu s$ 的信号,以保证字组的最后一位可以不受干扰地完全解调。

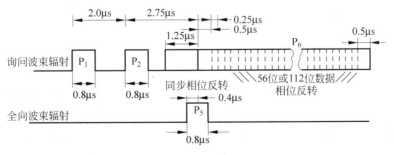

图 2.8.7 DABS 询问信号

为了实现旁瓣抑制功能,可以发射一个如图 2.8.7 所示的 P_5 脉冲。P_5 的宽度也是 $0.8\mu s$,它覆盖着数据块始端的两个同步信号之间的相位翻转时刻。如果 DABS 应答机所接收到的 P_5 幅度超过了数据块的幅度,应答机就不会对差分相移键控信号解码,从而实现对旁瓣询问信号的抑制。

(2) 询问内容:询问字组包括 56 位或 112 位信息,其内容为飞机地址(飞机代码)、控制字、奇偶校验及其他有关信息。由于信息可以多达 112 位,因此除了用作飞机代码、高度询问外,还可以进行其他内容的广泛信息交换。

询问数据字组中有 24 位用作飞机地址码,因此其飞机地址码可达 $2^{24}=16\,777\,216$ 之多,是现行 ATCRBS 识别代码的 4096 倍,这就从根本上消除了现行 ATCRBS 容量不足的弱点。

对于这种 DABS 询问,现行的 A/C 模式应答机不会做出应答,因为 DABS 询问中的 P_2 脉冲幅度与 P_1 相等,它将触发现行应答机中的旁瓣抑制电路。

3. 应答格式

DABS 信标系统的机载应答机称为 S 模式应答机。这种应答机所产生的应答信号与询问信号相似,也是由前导脉冲与应答数据字组构成,如图 2.8.8 所示。

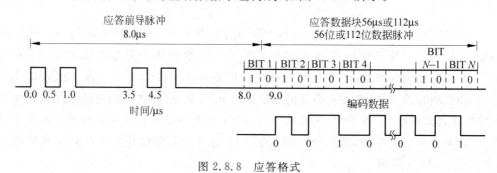

图 2.8.8　应答格式

DABS 有两对前导脉冲,两对脉冲相距 $3.5\mu s$,每对脉冲的两个脉冲之间相隔 $1\mu s$。前导脉冲的宽度均为 $0.5\mu s$。应答数据字组也是由 56 位或 112 位数据组成,数据字组的始端距第一个前导脉冲 $8\mu s$。

应答的内容根据询问要求而定。应答数据字组包括控制字、飞机地址码、高度码,以及其他需要交换的机载设备信息。应答信号的载频仍为 1090MHz。

因此,S 模式应答机除具有现行 A/C 模式应答机的所有功能外,还具有选择地址和空中数据交换能力。

4. 工作情况

为了适应 A/C 模式和 S 模式应答机的询问,离散选址信标系统地面询问机首先对其所管辖范围内的所有飞机作一个"全呼叫"询问(意在让所有应答机报个模式)。若 A/C 模式应答机收到这个"全呼叫"询问,它只对"全呼叫"询问中的 P_1 和 P_3 译码,而对 P_4 不予理睬。译码成功后,则以 A 模式或 C 模式作回答。如果 S 模式应答机收到"全呼叫"询问,由 P_4 脉冲"确认"是 S 模式的询问而成功译码后,以含有本飞机 24 位飞机地址码的 S 模式信号作回答。

地面询问机从天线接收到回答信号后,使用单脉冲处理技术来确定飞机的方位,并且对回答信号进行处理。若收到的是 A/C 模式应答机的回答信号,询问机对该信号进行处理和译码后,在荧光屏上显示出该飞机的代号/高度和位置;若询问机收到的是 S 模式应答机对"全呼叫"询问所作出的 S 模式全呼叫回答信号,这个 S 模式全呼叫回答信号就是飞机的地址。询问机把天线扫掠所得的 S 模式应答机飞机的位置和地址分别存入存储器内,并核实确实是本询问站所负责管辖的飞机,则把这些飞机的位置和地址分别编入各个飞机点名的字段内,并把这些信息传送到邻近空域管制台。

当地面询问机确定了 S 模式应答机飞机的位置和地址后,就切断"全呼叫"询问,而以带有飞机地址字段的 S 模式询问格式(DABS 询问)对飞机作点名式的询问,被点名的飞机以 S 模式应答格式进行回答。回答飞机代号或回答飞机高度,由所接收到的询问格式确定。

S 模式应答机收到地面询问机的询问,若一直都未捡拾到 P_4 脉冲,则 S 模式应答机开始对 A/C 模式地面询问机作 A/C 模式回答。当 S 模式应答机捡拾到 P_4 脉冲时,就结束对 A/C 模式地面询问机的回答。

2.8.3 机载应答机系统

民用飞机通常装备两套相同的应答机。机载应答机系统由应答机、控制盒及天线三个组件组成。两套应答机共用一个控制盒,见图 2.8.9。

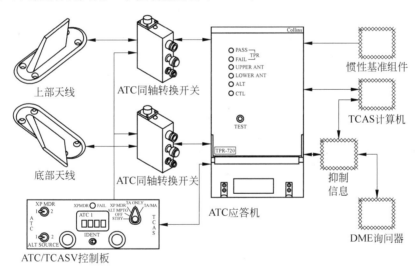

图 2.8.9 机载应答机系统

1. 应答机

应答机面板上设置的故障指示器用于表明系统是否存在或发生过故障。在排除故障后,可按压复位按钮(RESET)使天线故障显示器(ANT)复位。

自检按钮(SELF TEST)用于自检。自检正常时,控制盒上的绿色信号灯亮。

应答机发射(应答)信号的频率为(1090 ± 3)MHz。发射功率为 700 W。应答脉冲宽度

为 $0.45\mu s$；脉冲间隔为 $1.45\mu s$ 的整数倍。

2. 天线

应答机的天线为 L 波段的短刀型天线。飞机上装有两部应答机天线，应答机天线为无方向性天线。应答机天线与测距机天线是相同的，可以互换。

3. 控制盒

系统选择开关（ATC）用于选择第一部或第二部应答机进行应答。

飞机的四位八进制识别码是由控制盒上的同心旋钮调定的。识别码是空中交通管制中用于表明飞机身份的代码，由空中交通管制部门制定。识别码显示在显示窗中。

高度报告开关用于控制应答机是否应答高度询问（模式 C），并用于选择第一套或第二套大气数据计算机来作为高度报告信息源。

按压一次识别钮（IDENT），可使 SPI 脉冲保持约 18s。SPI 脉冲的出现可使地面显示终端上的该机图像更加辉亮或加粗，以便管制人员识别。

应答机的工作方式选择主要包含如下几种：测试（TEST）——开始做应答机自检；备用（STBY）——应答机停止工作，但并不阻止自检功能；断开高度报告（ALT RPTG OFF）——应答机的应答中不包含高度报告；应答（XPNDR）——应答机的应答中既包含高度报告，也包含识别码。

控制盒上的故障灯在检测到不正常的工作状况时亮，见图 2.8.10。

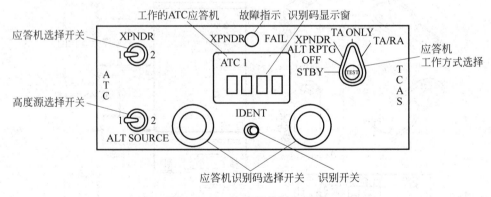

图 2.8.10 应答机控制盒面板

2.9 交通咨询与避撞系统

交通咨询与避撞系统（traffic alert and collision avoidance system，TCAS）是一种新型航空电子系统，可简称为避撞系统或防撞系统。国际民航组织定名为飞机避撞系统（ACAS）。它是一种独立于地面设备的机载设备，它通过发射射频信号询问与其在同一空域内飞行的且装有 TCAS 或 ATC 应答机的飞机，并连续地监视和评估这些飞机是否对本机构成威胁，如果有潜在的碰撞威胁，将根据情况发出不同级别的咨询和警告，驾驶员根据这些咨询和警告信息采取必要的行动，以避免空中相撞。

根据 TCAS 的发展和功能的不同可将其分为 TCAS Ⅰ、TCAS Ⅱ 和 TCAS Ⅲ。

早期研制的 TCAS Ⅰ 可为驾驶员提供本飞机周围一定空域的交通情况，并发出相应的咨询和警告，但不能提供垂直或水平避让指令。

目前，大部分飞机装备的 TCAS Ⅱ 不仅能提供声音和视觉警告，还能提供垂直方向的协调避让动作指令。

TCAS Ⅲ 目前尚在研制过程中，它在 TCAS Ⅱ 功能基础上，还可以提供水平方向的避让指令。

2.9.1 TCAS Ⅱ 的工作

1. 术语介绍

（1）碰撞区。由 TCAS Ⅱ 定义的一个三维空域，其大小随接近速度而变，如图 2.9.1 所示。设计 TCAS Ⅱ 的目的就是为了防止其他飞机进入该区域。

（2）警戒区。离碰撞区边缘还有 20~48s 的一段空域，如图 2.9.1 所示。

（3）警告区。离碰撞区边缘还有 15~35s 的一段空域，如图 2.9.1 所示。

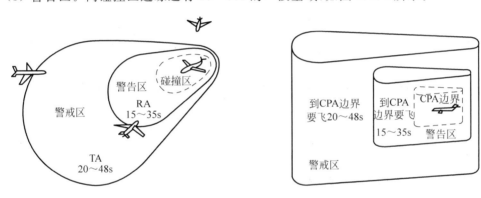

图 2.9.1　TCAS Ⅱ 的警戒区和警告区示意图

（4）交通警戒信息（traffic advisory，TA）。对方飞机进入警戒区时发布，交通情况显示器上用一橙色实心圆表示该飞机，发布声音信息"TRAFFIC-TRAFFIC"。

（5）决策信息（resolution advisory，RA）。对方飞机进入警告区时发布，交通情况显示器上用一红色实心方块表示该飞机，同时 VSI 上或 PFD 上出现避让措施通告，并伴有相应的语音通告。

2. TCAS Ⅱ 原理

1）τ 的概念

TCAS 计算机中所进行的监视与跟踪计算的基础，是基于对入侵飞机接近率的连续监视。

TCAS 计算机是基于一定的提前时间而发出交通咨询和决断咨询的。这个提前时间，就是 TCAS 中的 τ（"TAU"）。

在 TCAS 计算机发出交通咨询 TA 并进而发出决断咨询 RA 后，从飞行员意识到潜在的危险并按照决断咨询采取机动回避措施，到使飞机改变当前的飞行高度而脱离危险，是需要一定的时间的。目前所确定的 TCAS Ⅱ 的 TA 门限为 20~48s，RA 为 15~30s。从

TCAS 计算机发出交通咨询到发出决断咨询的间隔时间为 15s 左右。

τ 取决于目标的距离接近率与距离,其关系如下:

$$\tau = 距离/距离接近率$$

TCAS Ⅱ 发出交通咨询的高度范围为 ±1200ft。

2) TCAS Ⅱ 基本原理

TCAS Ⅱ 询问装有应答机的入侵飞机,根据询问与应答的延迟时间计算出两机的距离,然后通过连续地询问和跟踪计算可以计算出距离变化率(接近率)。如果入侵飞机能够报告它的高度,TCAS Ⅱ 计算机利用来自本机 ATC 应答机的本机高度与入侵飞机的高度进行比较,计算出两机的相对高度;再利用来自本机 TCAS 方向性天线接收的应答信号确定入侵飞机的方位。(入侵飞机的方位对 TCAS Ⅱ 执行的所有功能来说,并不是必需的,但在视频显示信息中可以显示出来,驾驶员根据它可以很直观地确定入侵飞机的位置。)

3) TCAS Ⅱ 空域

TCAS Ⅱ 计算机在本机的周围建立了一个防护区域,这个防护区域的大小决定于飞机的高度、速度和入侵飞机的接近率。这个防护区域用时间 τ 来表示,所以也称为 τ 区域。

TA 的 τ 区域是这样定义的:在本机的周围这个区域,如果入侵飞机侵入且到达相对高度限制值时,TCAS Ⅱ 将发出 TA 警告。RA 的区域的定义与此类似。

水平监视范围:TCAS Ⅱ 所监视的本机前方距离可达 30n mile。但通常监视距离为 14n mile。

高度跟踪范围:TCAS Ⅱ 的高度跟踪范围正常情况下为本机的上下 2700ft。

4) 跟踪与显示能力

TCAS 计算机的最大监视能力可达 30 架。TCAS 计算机的最大跟踪能力为每平方 n mile0.32 架,即 5n mile×5n mile 范围内最多可跟踪 8 架。

3. TCAS Ⅱ 探测的入侵机类型

TCAS Ⅱ 可通过"收听"监视空域中其他飞机对地面 ATC 的应答或其发射的间歇信号获取这些飞机的信息(是 A/C 模式还是 S 模式)。

根据所获信息用适当的询问格式(ATCRBS/DABS 全呼叫询问、仅 ATCRBS 呼叫询问或 S 模式询问格式)发出询问,并获得周围飞机的 ATC 应答机的应答。

TCAS Ⅱ 的"收听—询问—应答"过程是不断进行的,其更新期约为 1s。

TCAS Ⅱ 计算机通过"收听"可将入侵飞机分为以下几种类型。不同类型的入侵机其询问内容和信息交换内容都有所不同。

1) 对方飞机带有 S 模式应答机或 TCAS Ⅱ 系统

由于 S 模式应答机具有选择地址进行通信的特性,对装有 S 模式应答机的飞机,TCAS 的监视功能相对简单。S 模式应答机以每秒钟约 1 次的速率,断续发送间歇振荡信号,该信号中含有发射者的 S 模式地址。装有 TCAS Ⅱ 的飞机在监视范围内将接收这些断续发送的强振荡信号并对装有 S 模式应答机的飞机发出 S 模式询问。根据回答信号可确定该 S 模式飞机的距离、方位和高度。根据对方飞机的几次应答可确定对方的高度变化率和距离变化率。换句话说,根据对方报告的高度可确定对方爬升或下降有多快;根据询问和应答之间的来回时间可确定它是否接近或离开监视范围;根据对方的方位变化可确定对方大概的航迹。由此,TCAS 计算机可计算出对方飞机的轮廓线和飞行道是否将会导致与自己相撞或接近相撞。然后,TCAS 在自身飞机轮廓线的基础上,给出合理的避撞措施。

如果对方飞机带有 TCAS Ⅱ 系统,每一架飞机都通过 S 模式应答机向对方发出询问以保证互补决策的选择。如果某架飞机正在发出一个 RA,其他飞机就会向那架飞机每秒钟发出一次协调询问。协调询问中包含有飞机打算作的垂直机动等信息,这种信号为互补形式。例如,某一架飞机针对威胁选择了"爬升"RA,在其协调询问中它将向对方发出通知,限制对方的 RA 只能是"下降"。

2) 对方飞机带有 A/C 模式应答机

TCAS 使用一种修改的 C 模式询问,即所谓全呼叫 C 模式询问。它以每秒钟 1 次的正常速率询问 A/C 模式应答机。若应答机工作在 C 模式,其回答信号中包括有高度信息,因此,TCAS 可发布决策信息。若工作在 A 模式,回答信号中没有高度信息,因此,TCAS 不能发布决策信息,只能产生交通警戒信息。

3) 对方飞机无应答机或应答机不工作

对方飞机无应答机或应答机不工作,它们对 TCAS 的询问无法做出响应,因此,TCAS 无法探测该类飞机。

综上所述,TCAS 提供的保护等级由对方飞机所带应答机的类型来确定。若对方飞机带 A 模式应答机,TCAS 仅提供交通警戒信息;若对方飞机带 C 模式或 S 模式应答机,TCAS 既提供交通警戒信息,也提供决策信息;若两架飞机都带有 TCAS Ⅱ 设备时,则通过 S 模式应答机交换数据对冲突进行协调解决;若对方飞机没有装应答机或应答机不工作,TCAS 将无法探测,如图 2.9.2 所示。

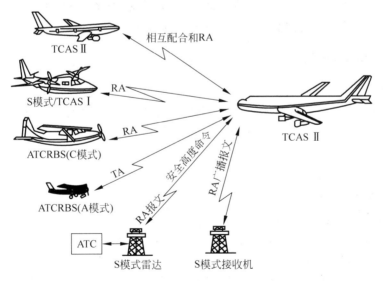

图 2.9.2　TCAS Ⅱ 对不同类型系统的响应

2.9.2　TCAS 系统的组成与部件功用

TCAS Ⅱ 是以 S 模式应答机为基础而工作的。装备 TCAS Ⅱ,就必须装备 S 模式应答机。图 2.9.3 为 TCAS Ⅱ 的系统组成简化框图。

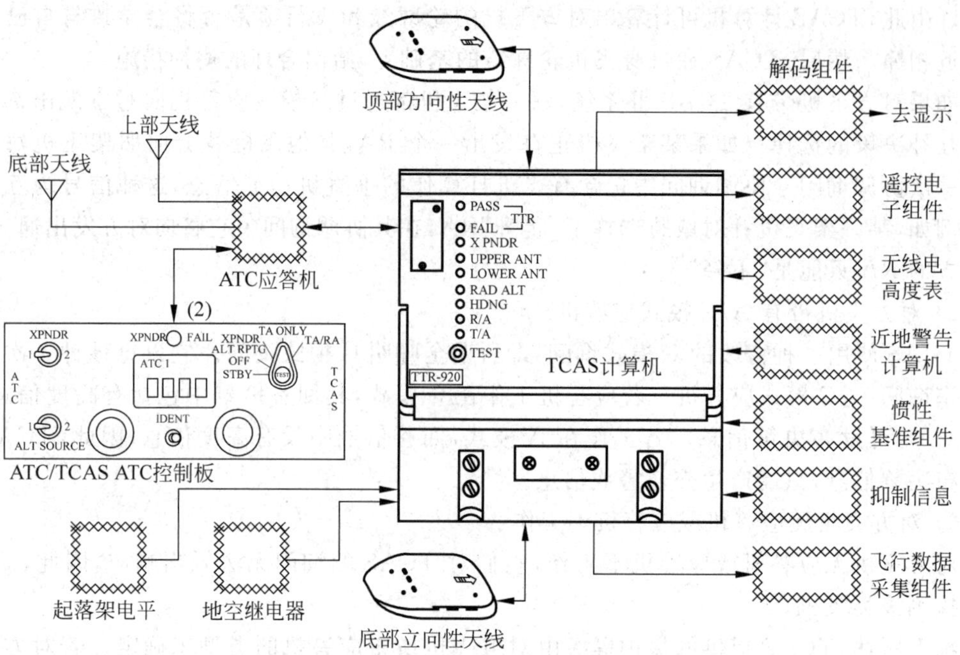

图 2.9.3　TCAS Ⅱ 的系统组成

机载防撞系统由下列组件组成：

TCAS 计算机/收发机一部；TCAS 的上、下方向性天线各一部，有的飞机也可以选装全向的下天线；两部 S 模式应答机；应答机的上、下天线；应答机和 TCAS 公用的控制盒。

系统所发出的音频是通过公用的音频警告系统发出的。

1. TCAS 计算机/收发机

TCAS 计算机是机载防撞系统的核心。实际上 TCAS 计算机/收发机是由 L 波段的发射机、接收机和 TCAS 计算机组成的，所以也可以称为 TCAS 收发组。TCAS 计算机的基本功用为：

监视邻近空域中的飞机；

获取所跟踪飞机的数据；

进行威胁评估计算；

产生交通咨询或解脱咨询等。

在 TCAS Ⅱ 计算机的前面板上装有多个 LED 指示器和一个自检按钮，以便于监测与相关系统的交连和进行自检。

(1) 绿色的 TTR-PASS 亮表示组件工作正常；红色的 TTR-FAIL 亮表示组件故障。

(2) XPNDR（应答机）表示应答机故障或 TCAS 计算机无法正常获得由应答机提供的数据。

(3) UPPER ANT（上天线）红色指示器亮表示 TCAS Ⅱ 收发机的上天线故障。

(4) LOWER ANT（下天线）红色指示器亮表示 TCAS Ⅱ 收发机的下天线故障。

(5) RAD ALT（无线电高度）表示无线电高度信息不正常。

(6) HDNG(航向)表示无法获得由惯性基准组件提供的航向数据。

(7) R/A(解脱咨询)表示 TCAS 输出的解脱咨询信息不能正常显示。

(8) T/A(交通咨询)表示 TCAS 计算机所输出的交通咨询信息不能正常显示。

(9) TEST 按钮可启动 TCAS 计算机的全面自检。

在按下 TEST 按钮、TCAS 的自检过程中,所有的状态显示器先全部亮约 1s,然后全部断开;此后,才显示系统当前的工作状态。

2. 方向性天线

TCAS 利用其方向性天线实现与相遇飞机的询问-应答,并获得目标的方位信息。

TCAS 的方向性天线为外形扁平的流线型天线,见图 2.9.4。

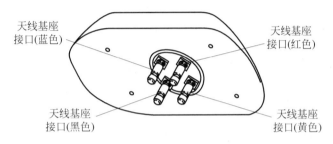

图 2.9.4 TCAS 的方向性天线

TCAS 天线内部设有四个辐射单元,这四个辐射单元互成 90°,分别指向飞机的前、后、左、右。每部天线通过四根同轴电缆与 TCAS 收发机相连接。每根同轴电缆的接头处标有顺序号,且所涂的颜色不同,安装时应注意。

3. XPNDR/TCAS 控制盒

由于 TCAS 计算机/收发机的工作与应答机密切相关,所以总是与两部应答机共用一部控制盒。图 2.9.5 所示为典型的 XPNDR/TCAS 控制盒。

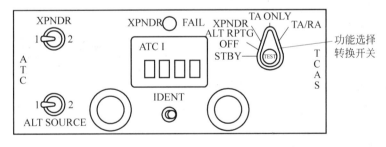

图 2.9.5 典型的 XPNDR/TCAS 的方向性天线

工作方式开关用于选择应答机和 TCAS 的工作方式与功能。

1) STBY(准备)

工作方式开关置于 STBY(准备)位时,应答机和 TCAS 发射机均不发射,但能接收。此时系统处于准备状态。

2) ALTRPT OFF(不报告高度)

此时应答机系统处于模式 A 方式,可以正常应答模式 A 的询问,但不会应答模式 C 的询问。TCAS 发射机仍处于准备状态。

3) XPNDR(应答机)

工作方式开关置于(应答机)位时,应答机处于全功能状态,可以正常应答模式 A 和模式 C 的询问。

4) TA(交通咨询)

此时在应答机正常工作的基础上,TCAS 也正常工作,可在需要时产生交通咨询,但仍不能产生解脱咨询。

5) TA/RA(解脱咨询)

工作方式开关置于 TA/RA(解脱咨询)位,应答机和 TCAS 均处于全功能状态。

控制盒上其他功能开关的功用与应答机相同。

2.9.3 TCAS 咨询信息的显示和控制

TCAS Ⅱ 能提供入侵飞机的相对位置等图像信息、相关的字符信息以及与交通咨询、决断咨询相关联的语音提示信息等。

TCAS Ⅱ 所提供的视觉信息可以显示在 TCAS Ⅱ 的专用显示器或其他显示器上。现代大型飞机比较常用的方式是利用电子飞行仪表系统(EFIS)来显示 TCAS 视觉信息。

1. ADI 上的显示和控制

ADI 用于显示 TCAS 所发出的决断咨询信息。TCAS Ⅱ 计算机产生的决断咨询信息是本机为回避入侵飞机所应采取的垂直机动措施,如爬升、下降等。决断咨询信息是以红色的俯仰禁区方式显示在 EADI 的姿态球上的,如图 2.9.6 所示。

如 TCAS 计算机判断应使飞机爬升来回避危险接近,则决断咨询信息为姿态球下部向上延伸的红色的 RA 俯仰指令。在采取机动爬升之前,飞机符号处于该红色的俯仰禁区之中;只有按决断咨询信息所示向上拉升飞机,才能使飞机符号脱离该红色的 RA 俯仰指令——脱离与入侵飞机危险接近的境况。反之,如 TCAS Ⅱ 判断应使飞机下降才能回避危险接近,则决断咨询信息为姿态球上部向下延伸的红色 RA 俯仰指令;只有按决断咨询信息所示使飞机下降,才能使飞机脱离与入侵飞机危险接近的境况。图 2.9.6 中所示情况为上、下各有一架入侵飞机的极端危险状态。

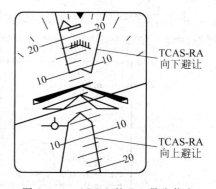

图 2.9.6 ADI 上的 RA 警告信息

若要在 ADI 上显示 RA 警告,TCAS 控制面板上的方式选择开关必须放在"TA/RA"位。如果方式不对,或者 TCAS Ⅱ 工作不正常,都不能显示 RA 信息。

2. HSI 上的显示和控制

显示在电子式水平状态显示器(EHSI)或导航显示器(ND)上的 TCAS Ⅱ 信息主要是

入侵飞机的相对位置、威胁等级等,如图 2.9.7 所示。

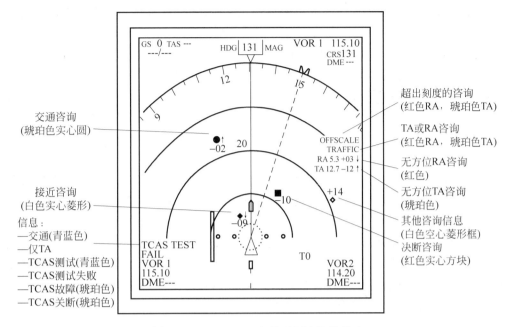

图 2.9.7　HSI(ND)上的 TCAS 咨询信息

1) 入侵飞机的相对位置

TCAS Ⅱ根据所获得的邻近飞机的距离和相对方位数据,将其显示在以本机为中心的图形画面上。通过观察该图形,驾驶员可以一目了然地了解 TCAS Ⅱ监视空域中的交通状况。

2) 威胁等级

TCAS 根据不同飞机的飞行趋势及本机的飞行轨迹,判断这些飞机是否存在与本机危险接近的可能,并区别各架入侵飞机的威胁等级,从而以四种不同的符号来表示对本机威胁等级不同的飞机,如图 2.9.7 所示。

(1) Others(其他)——无威胁

图中以空心的菱形图案表示的飞机为 TCAS Ⅱ监视空域中目前对本机无威胁的飞机,其图像为白色。这些飞机与本机的相对高度大于 1200ft、小于 2700ft,或距离在 6n mile 以上。

(2) Proximity——接近威胁

接近飞机表示那些与本机的相对高度等于或小于 1200ft,且距离在 6n mile 以内的邻近飞机。接近飞机显示为实心的菱形,仍为白色。

(3) Traffic Advisory——交通咨询

对于那些已由系统判断为对本机存在潜在危险接近的飞机,TCAS Ⅱ会提前一定时间(20~48s)发出交通咨询(TA)。为提醒驾驶员注意此类飞机,发出交通咨询时该飞机的图像变为黄色的圆形图案。

交通咨询伴随有语音提醒信息"TRAFFIC,TRAFFIC"(交通,交通)。

(4) Resolution Advisory——决断咨询

在对已判断为交通咨询的飞机连续监视约 15s 后,如果该机将与本机危险接近的状况仍然存在,则 TCAS Ⅱ 将发出决断咨询——将该飞机的图像变为红色的矩形图案。

此时,在电子式姿态指引仪(ADI)或主飞行显示器(PFD)上会同时显示 TCAS 计算出的垂直俯仰机动咨询信息。如果装有专用的 TCAS Ⅱ 垂直速度指示器(TVSI),则还可显示出具体的决断咨询的升降速度值。

与此同时,TCAS Ⅱ 还发出相应的决断咨询语音信息。如"CLIMB"(爬升)、"DESCEND"(下降)等。

3) 升降速度

如入侵飞机与本机的相对升降速度等于或大于 500ft/min,则 TCAS 在该飞机的符号旁显示一个向上或向下的箭头。向上表示该机正在爬升,向下表示下降。

4) 相对高度

TCAS 计算机根据所获得的相遇飞机报告的高度信息和本机的高度,计算出入侵飞机的相对高度,显示在该机图像的上方或下方(见图 2.9.7)。当对方高于本机时,相对高度数前为"+"号,显示于图像的上方;当对方低于本机时,相对高度数前为"-"号,显示于图像的下方。所显示的相对高度的单位为百英尺,即图中的+02 表示高于本机 200ft。

5) 无方位的飞机信息

在由于某种原因一时无法获得入侵飞机的方位信息时,TCAS Ⅱ 仍然跟踪入侵飞机,并在必要时发出交通咨询或决断咨询信息。不过,此时由于无入侵飞机的方位而无法在显示器上显示其图像,只能以字符方式在显示器上给出该入侵飞机的距离和相对高度。在判定该机为交通咨询的飞机时,字符为黄色;在判定该机为决断咨询的飞机时,则字符为红色(见图 2.9.7)。

6) 超出显示范围的飞机信息

如果在 TCAS Ⅱ 跟踪范围内的飞机在显示器所选择的显示范围之外,TCAS 仍能显示其部分信息。此时该飞机的图像显示在距离标志圈外沿的对应方位处。

另一种显示方案是在这种情况下无该机的图像显示,而显示为"OFF SCALE"(超出显示范围)的字符信息(见图 2.9.7)。

7) 威胁提醒

为提醒驾驶员注意观察显示器上的 TCAS Ⅱ 信息,在出现交通咨询或决断咨询情况时,显示器上出现"TRAFFIC"(交通)字符。若为交通咨询,则"TRAFFIC"为黄色;若为决断咨询,则"TRAFFIC"为红色。

8) 信息显示的控制

在利用 EFIS 显示 TCAS 信息的情况下,只有按下 EFIS 控制面板上的"TFC"(交通)按钮,才可能在显示器上显示 TCAS 信息。此时,EHSI 上显示绿色的"TFC"(交通),表示 EHSI 可显示 TCAS 信息。这时,TCAS 控制面板上的方式旋钮也必须放在"TA ONLY"或"TA/RA"位。

9) TCAS Ⅱ 的音频信息

TCAS Ⅱ 除了可以给各种视觉信息发出交通咨询或决断咨询信息外,同时还可以合成语音来提醒驾驶员。在各种情况下的语音信息及其含义如表 2.9.1 所示。TCAS Ⅱ 音频被送入 GPWC 的语音优先权判断电路,当无 GPWS 或 WXR(带有预测风切变功能的)音频警告时,可发出 TCAS Ⅱ音频;否则,TCAS Ⅱ音频被抑制。

表 2.9.1 各种情况下的语音信息及其含义

语 音 信 息	对应的中文含义
TRAFFIC, TRAFFIC	交通,交通
CLIMB, CLIMB	爬升,爬升
DESCEND, DESCEND	下降,下降
INCREASE CLIMB, INCREASE CLIMB	增大爬升,增大爬升
INCREASE DESCEND, INCREASE DESCEND	增大下降,增大下降
CLIMB, CROSSING CLIMB…CLIMB, CROSSING CLIMB	爬升,穿越爬升……爬升,穿越爬升
DESCEND, CROSSING DESCEND…DESCEND, CROSSING DESCEND	下降,穿越下降……下降,穿越下降
CLIMB, CLIMB NOW…CLIMB, CLIMB NOW	爬升,现在爬升……爬升,现在爬升
DESCEND, DESCEND NOW…DESCEND, DESCEND NOW	下降,现在下降……下降,现在下降
ADJUST VERTICAL SPEED, ADJUST	调节垂直速度,调节
MORNITOR VERTICAL SPEED	监视垂直速度
MAITAIN VERTICAL SPEED, MAITAIN	保持垂直速度,保持
MAITAIN VERTICAL SPEED…CROSSING MAITAIN	保持垂直速度……保持穿越
CLEAR OF CONFLICT	冲突解除
TCAS TEST	TCAS 自检
TCAS TEST OK	TCAS 自检通过
TCAS TEST FAIL	TCAS 自检失败

2.10 近地警告系统

近地警告系统(GPWS)是一种机载警告系统,它是在飞机接近地面(2500ft 以下)遇有不安全地形或风切变时,提醒机组飞机正处于不安全的状态,并向驾驶员发出语音和目视警告,直至驾驶员修正险情后停止。

GPWS 是由近地警告计算机(GPWC)、控制面板和警告灯所组成。

GPWS 系统的工作是由飞机其他有关系统提供相应数据,计算飞机当前的飞行状态,并将这些数据与数据库中存储的飞机不安全状态的临界值进行比较,如超出临界值的范围,则发出相应的警告。

近地警告系统按飞机不同的飞行状态,可分为以下几种方式警告:

方式 1——过大的下降率;

方式 2——过大的地形接近率;

方式 3——起飞或复飞后掉高度太多;

方式 4——地形净空高度不够;

方式 5——进近时低于下滑道太多;

方式 6——飞机下降通过无线电高度表上预定高度时的语音报数;

方式 7——风切变警告。

此外,对增强型近地警告系统(EGPWS)而言,它要求飞机必须装备全球定位系统(GPS),GPS 为 GPWS 提供实时的、精确的飞机位置(经度、纬度、高度)。

EGPWS 增加了"地形觉察"(terrain awareness,TA)警告功能。它是由 EGPW 内设置的"全球地形数据库"中的数据与飞机位置数据在计算机内进行跟踪比较,发现险情立即发出地形觉察警告。

同时,EGPWS 内还设有"机场数据库",该数据库含有世界上所有跑道长度大于 3500ft 的机场的地形信息,EGPWS 将飞机位置和跑道位置相比较,发现不安全情况,可立即发出"地形净空基底"(terrain clearance of floor,TFC)警告。

2.10.1 GPWS 的组成

GPWS 由近地警告计算机、近地警告控制组件和近地警告灯组成,如图 2.10.1 所示。

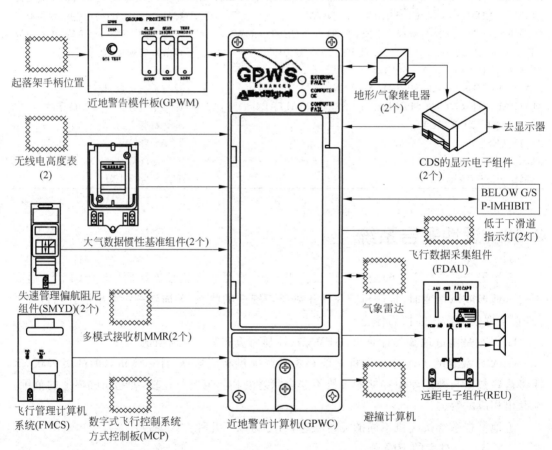

图 2.10.1 近地警告系统的组成部件及与其他系统的连接

1. 近地警告计算机

近地警告计算机(GPWC)用来将飞机的飞行剖面、襟翼和起落架位置、离地高度等数据与数据库内的临界值进行比较,以确定发出相应的警告。计算机还可将系统的故障资料存储在其非易失性存储器中,可以在测试和排故时调用。

计算机前面板上有三组发光二极管显示器显示内部或外部故障,前面板上的自检电门用于自检,前面板上的耳机插孔可用来接听语音警告(也可通过驾驶舱扬声器收听)。

2. 近地警告控制板

近地警告控制板(GPWM)是机组和 GPWS 之间的接口,GPWM 上有一个琥珀色的 GPWS 不工作(INOP)指示灯、测试电门和三个抑制电门:襟翼抑制电门、起落架抑制电门和地形抑制电门。

当 GPWC 失效或者 GPWC 的关键输入信息丢失、GPWC 不能计算出风切变状态或 GPWC 自检时,琥珀色不工作(INOP)指示灯均点亮。

测试电门是一个瞬间作用电门,用于在驾驶舱对 GPWC 进行自检。

襟翼抑制电门、起落架抑制电门和地形抑制电门向 GPWC 提供离散信号。襟翼抑制电门向上,模拟襟翼放下状态,当机组进行襟翼收上进近时,利用此电门阻止发出警告,当此电门放在"抑制"位时,方式 4 的"过低,襟翼"(TOO LOW,FLAP)警告被抑制。起落架抑制电门向上,模拟起落架放下状态,当机组进行起落架收上进近时,利用此电门阻止发出警告。当此电门放在"抑制"位时,方式 4 的"过低,起落架"(TOO LOW,GEAR)警告被抑制。地形抑制电门向 GPWC 送出一个接地的离散信号,此离散信号禁止地形净空基底(TCF)警告和地形觉察(TA)警告,当此电门放在"抑制"位时,导航显示器上不再出现 TCF 和 TA 提醒和警告,驾驶舱扬声器听不到这些声音,但当地形抑制电门在"抑制"位时,两个导航显示器上均有琥珀色的"地形抑制"(TERRIN HIBIT)信息出现。

3. 近地警告显示

当产生近地警告信息时,除有语音警告外,在 EADI 上还有对应的红色的"PULL UP"、"WIND SHEAR"显示。有的飞机上有"PULL UP"灯,则红色的灯亮。当发生方式 5 警告时,琥珀色的"BELOW GLIDE SLOPE"灯亮,该灯为开关灯,按下可以对方式 5 复位,灯灭、声音停止。

4. GPWC 与其他机载系统的信号连接

GPWC 与其他机载系统的信号连接包括数字信号、模拟信号、离散信号。

1) 数字信号

GPWS 利用 ARINC-429 数据总线与大气数据惯性基准组件(ADIRU)、无线电高度表、多模式接收机(GPS 和 ILS)、飞行管理计算机(FMC)、数字飞行控制系统(DFCS)的方式控制板(MCP)、失速管理偏航阻尼器(SMYD)、气象雷达(WXR)、显示电子组件(DEU)、地形/气象继电器、飞行数据采集组件(FDAU)进行数据传输。

2) 模拟和离散信号

地形气象继电器的接地离散信号(选择地形)是由 GPWC 计算机提供的,此离散信号使地形/气象(TERR/WXR)继电器吸合,将 GPWC 计算机连接到显示电子组件(DEU),因此在导航显示器上显示出地形数据。

近地警告组件将抑制电门的位置离散信号送给 GPWC。GPWM 也向 GPWC 送去测试离散信号。

GPWC 送出 GPWC 不工作(INOP)离散信号到 GPWM,使其琥珀色的不工作(INOP)灯亮。

接近电门电子组件(PSEU)将空中/地面离散数据送给 GPWC,此逻辑用于方式 2、方式 3、方式 4、禁止空中 BITE 自检、飞行段计数。

当 GPWC 具有较高优先级警戒时,GPWC 向 TCAS 计算机或气象雷达收发机送出禁止离散信号。

程序电门模块向 GPWC 提供程序销钉设置,可设置飞机机型、方式 6 语音报数、音量高低选择等参数。

GPWC 向机长和副驾驶的下滑禁止灯(BELOW GLIDE SLOPE)送去离散信号,在 GP-WC 方式 5 警告时灯亮。压下灯开关时,有一个离散信号送给 GPWC,使灯灭并停止语音警告。

GPWS 提醒或警告信息送给遥控电子组件(REU),REU 传送声音信号到驾驶舱。

2.10.2 GPWS 的工作方式

GPWS 的 GPWC 从其他系统接收飞机的状态信息,计算飞机的飞行状态,与 GPWC 数据库中的临界值比较,出现不安全状态时,发出警告。警告分为方式 1～方式 7,EGPW,还有 TA 和 TCF 方式。

1. 方式 1——过大的下降率

用途:在一定的无线电高度上,若飞机的下降速率超过了允许的极限值,则发出目视和语音信号提醒机组。

其输入信号为:无线电高度、惯性垂直速度、气压高度率和从机内自测试组件来的抑制信号。

此方式与襟翼和起落架的位置无关。图 2.10.2 所示为方式 1 的工作特性。

根据危及飞行安全的程度,方式 1 报警区分为两个区域:一个为警戒区,也称为起始穿透区;另一个为警告区,也称为内部警告区。

当飞机实际的下降速率与无线电高度的交点位于警戒区内时,琥珀色的近地警戒灯亮,同时警告喇叭以 1.5s 的间隔重复语音"SINK RATE",直至飞机爬升或降低下降速率,使其离开此区域为止。若下降速率继续增加,使其与无线电高度的交点位于警告区时,红色的拉升灯和主警告灯亮,同时警告喇叭以 1.5s 的间隔重复语音"WHOOP WHOOP PULL UP",以提醒飞行员采取拉升操作。只有当飞机的无线电高度与下降速率满足要求并脱离此区域时,才使灯灭且语音停止。

例如:当离地高度为 2450ft 时,若气压高度下降速率超过了 5000ft/min,就将给出"SINK RATE"警告;在同样的高度上,若下降速率超过了 7200ft/min,就将给出"WHOOP WHOOP PULL UP"警告。

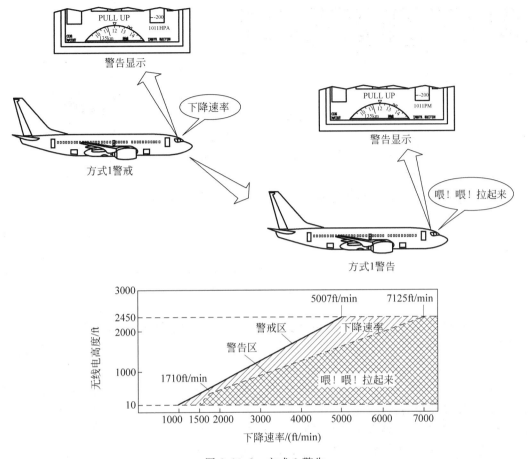

图 2.10.2　方式 1 警告

2．方式 2——过大的接近地形率

用途：当飞机在上升地形的上空飞行时，若飞机接近地面的速率过大，则发出目视和语音信号提醒飞行员。

其输入信号为：无线电高度、空速、气压高度、气压高度变化率和起落架、襟翼位置信号。

此方式与襟翼位置和起落架位置有关。

根据襟翼位置的不同，又分为两个分方式：若襟翼放下小于 25 单位（也称襟翼不在着陆形态）时，称为方式 2A；若襟翼放下等于或大于 25 单位（也称襟翼在着陆形态）时，称为方式 2B。

1）方式 2A

图 2.10.3 所示为方式 2A 的工作特性。

方式 2A 的报警区也分成两部分：起始穿透区和内部警告区。

方式 2A 的起始穿透区是指在飞行状态刚进入极限边界线 1.6s 内所能达到的范围。区域大小与飞行状态有关，故以虚线画出。进入起始穿透区 1.6s 后，自动进入内部警告区。

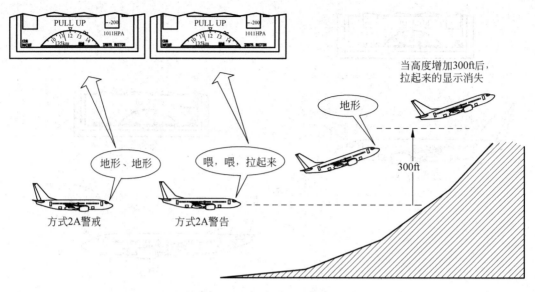

图 2.10.3　方式 2A 警告

飞机在起始穿透区内时,琥珀色的近地灯亮,同时警告喇叭中发出两声语音"TERRAIN"。如果这期间飞机的状态没能离开报警区就进入了内部警告区,红色的拉升灯和主警告灯亮,警告喇叭中重复语音"WHOOP WHOOP PULL UP"。

由于地势下降或飞行员操纵飞机爬升,使飞机的状态离开了内部警告区,仍不能终止报警,只是从警告转变为警戒,使琥珀色近地灯亮和重复语音"TERRAIN…"。此种信号一直保持到飞机从离开内部警告区开始又增加 300ft 气压高度后,才能灯灭声停。

若在离开内部警告区后放下起落架,也就终止了报警。

2) 方式 2B

图 2.10.4 所示为方式 2B 的工作特性。

方式 2B 的报警信号与起落架的位置有关。当起落架放下时,方式 2B 的报警信号是琥珀色的近地灯亮,警告喇叭发出重复语音"TERRAIN…",直至飞机的状态离开报警区;当起落架收上时,方式 2B 的报警信号为红色的拉升灯和主警告灯亮,警告喇叭重复发出语音"WHOOP WHOOP PULL UP"。

3. 方式 3——起飞或复飞后掉高度太多

用途:在起飞或复飞过程中,由于飞机掉高度影响到安全时,向飞行员提供报警信号。

其输入信号为:无线电高度、气压高度变化率、气压高度、来自内部微处理器的时间和起落梁、襟翼位置信号。

图 2.10.5 所示为方式 3 的工作特性。

方式 3 有两个报警阶段:起始警戒和临界警戒。

起始警戒从飞机的气压高度下掉达到给定的门限值开始(此门限值取决于飞机开始下掉高度时的无线电高度)。当飞机高度下降至低于经过计算的无线电高度门限值(此门限值取决于爬升率和超越 150ft 无线电高度后的爬升时间)时,就触发临界警戒的报警信号。

当飞机下掉的气压高度超过了由飞机下掉开始由无线电高度所确定的门限值,就触

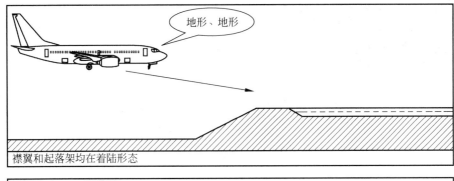

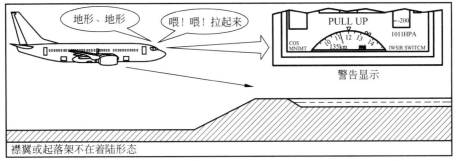

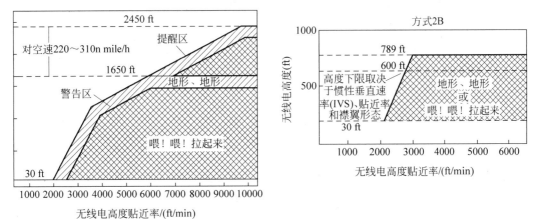

图 2.10.4 方式 2B 警告

发起始警戒的报警信号,琥珀色近地灯亮,并重复发出语音"DON'T SINK...",表示不要下降。

当飞机的无线电高度下降至低于临界警戒的门限值时,就触发临界警戒的报警信号,琥珀色近地灯亮,并重复发出语音"TOO LOW TERRAIN...",提醒飞行员飞机太低,需注意地形。

只要飞机建立了正常的爬升率,方式 3 的报警就终止。

4. 方式 4——地形净空高度不够

用途:当飞机不在着陆形态,由于下降或地形变化,使飞机的越障高度不安全时,向机组发出相应的报警信号,提醒机组采取正确的措施。

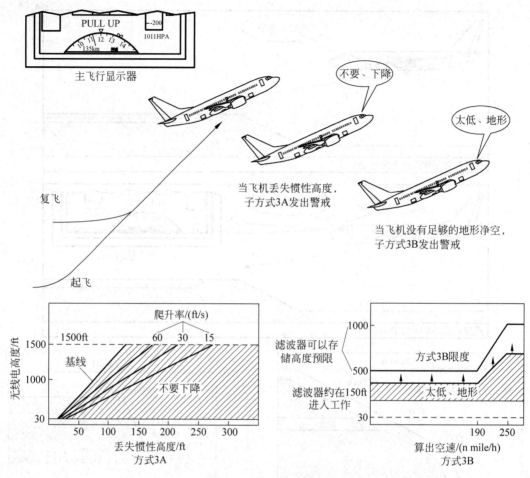

图 2.10.5 方式 3 警告

其输入信号为：无线电高度、空速和襟翼、起落架位置信号。

图 2.10.6 所示为方式 4 的工作特性。根据襟翼和起落架的位置，方式 4 又分成两种子方式：方式 4A 和方式 4B。

1) 方式 4A

襟翼<25 单位且起落架收上时的报警方式称为方式 4A，如图 2.10.6(a) 所示。

在高速区(空速在 190n mile/h 以上)，重复语音信号"TOO LOW TERRAIN…"；在低速区(空速在 190n mile/h 以下)，重复语音信号"TOO LOW GEAR…"。两个区域的目视信号均为琥珀色的近地灯亮。

2) 方式 4B

(1) 襟翼<25 单位，起落架放下，其报警曲线如图 2.10.6(a) 所示。

在高速区(159n mile/h 以上)，重复语音信号"TOO LOW TERRAIN…"；在低速区(159n mile/h 以下)，重复语音信号"TOO LOW FLAPS…"，(表示太低，襟翼未放下)。两个区域的目视信号为琥珀色的近地灯亮。

(2) 襟翼≥25 单位，起落架收上，其报警曲线如图 2.10.6(b) 所示。

在高速区(159n mile/h 以上)，重复语音信号"TOO LOW TERRAIN…"；在低速区

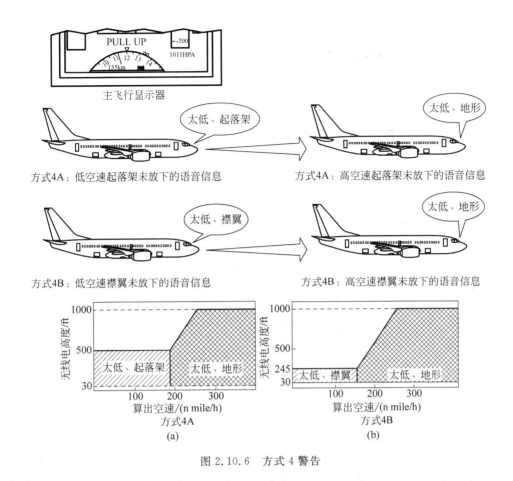

图 2.10.6　方式 4 警告

(159n mile/h 以下),重复语音信号"TOO LOW GEAR…"。目视信号均为琥珀色的近地灯。

5. 方式 5——进近低于下滑道太多

用途：正航道进近时,提醒机组飞机在下滑道下方偏离太多。

其输入信号为：无线电高度、起落架位置、下滑道偏离和背航道信号。

当飞机在进近中,起落架放下,且下降到低于 1000ft 无线电高度时,方式 5 就处于准备状态。其工作特性如图 2.10.7 所示。

方式 5 的报警分为两个区域：低音量的起始穿透区和正常音量的内部警戒区。

飞机在 30～1000ft 无线电高度且下滑偏离指针超过刻度上 1.3 个点(即 0.46°)时,低音量的起始穿透区开始报警,此时琥珀色的近地灯亮,同时警告喇叭发出"GLIDE SLOPE…",但音量比正常低 6dB。当无线电高度为 30～300ft,且下滑偏离指针超过刻度上 2 个点(即 0.7°)时,正常音量的内部警戒区开始报警,报警信号同起始穿透区,但语音音量与其他方式的语音音量相等,且语音的重复速率随无线电高度的减低和(或)下滑偏离的增加而加快。

方式 5 报警以后,按压下滑警戒抑制电门,就可以抑制方式 5 的报警。如果在方式 5 起始报警后,按压下滑警戒抑制电门,就可以取消发出的语音,并熄灭琥珀色的近地灯。

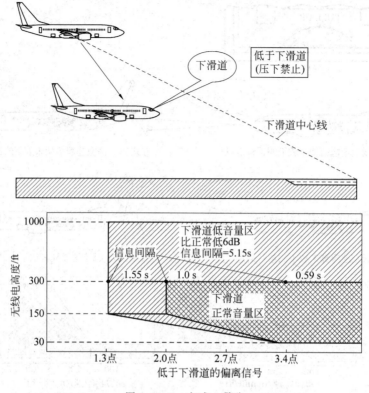

图 2.10.7　方式 5 警告

一旦方式 5 被抑制或取消,就不能由简单重复按压下滑警戒抑制电门来重新准备或恢复方式 5 的工作。只有当飞机爬升至 1000ft 以上再次下降至 1000ft 以下,或收上起落架再放下时,才能恢复方式 5 的准备或报警。

6. 方式 6——飞机下降通过无线电高度表上预定高度时的语音报数

用途:在着陆过程中,代替人报告无线电高度及决断高度。

其输入信号为:无线电高度和选定的决断高度。

需要发出报告的无线电高度由航空公司选定,存储在近地警告计算机中。放下起落架后,当飞机下降到这些无线电高度时,近地警告计算机就产生相应的语音信号,经电子警告组件放大后,从警告喇叭中发出高度报告的声音。

例如:某航空公司选定报告的无线电高度是 100ft、50ft 和 30ft。方式 6 提供:当飞机下降至 100ft 无线电高度时,发出一声"ONE HUNDRED"(100ft);下降至 50ft 时,发出"FIFTY"(50ft);下降至 30ft 时,发出"THIRTY"(30ft)。

方式 6 还可用语音"MINIMUMS-MINIMUMS"来报告飞机已下降至决断高度,如图 2.10.8 所示。在 B707、B747-SP 和 B747-200 等机型上的 GPWS 都选用了这一功能。方式 6 供用户选用。在 B747-400 上从第二架飞机开始,选用了报告无线电高度的功能,报告的高度即为上例中的数值。

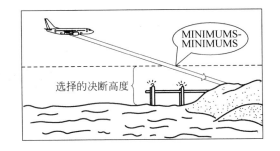

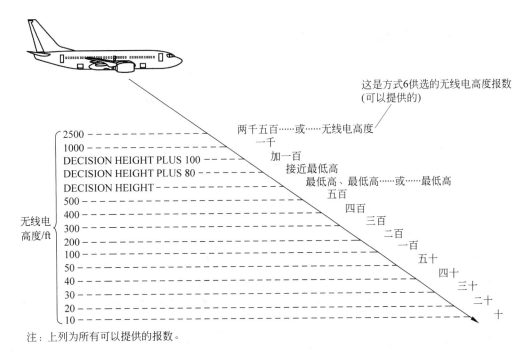

图 2.10.8　方式 6——决断高度报告

7. 方式 7——低空风切变

用途：在起飞或最后进近低于 1500ft 无线电高度，飞机进入风切变警告范围时，发出风切变警告。

风切变能够在大气层的任何地方出现。对飞机最危险的一种风切变是微下冲气流，它在低于 500ft 时是最危险的。图 2.10.9 画出了两种情况的微下冲气流：一种是起飞情况；另一种是进近情况。

其输入信号为：无线电高度和空速。

此方式为近地警告系统的选装特性。在 B767-200 以后的飞机和 B747-400 上选用了这一特性。警告信号是：音响信号为响一声警笛声后随之三声语音"WIND SHEAR"（注意风切变）；目视信号为红色的主警告灯、风切变警告灯及电子姿态指引仪或主飞行显示器上显示的红色字符"WIND SHEAR"，如图 2.10.9 所示。发出风切变警告后，对其他近地警告方式的报警至少抑制 5s，只要解脱操作仍在进行，此抑制条件就继续。

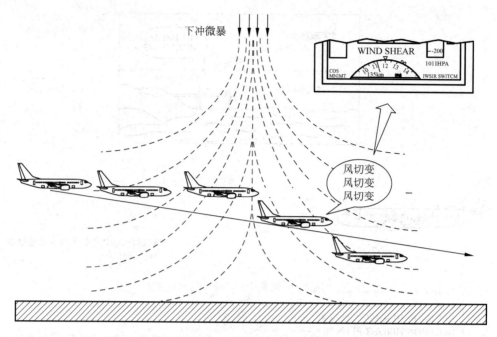

图 2.10.9 方式 7——风切变

2.10.3 EGPWS

在 GPWS 部分,可以看出 GPWS 依赖于无线电高度而工作。但无线电高度不能反映飞机前方的地形情况,当飞机进入突然上升的地形时,警告的时间非常短,无前视功能;另外,当襟翼和起落架均在着陆形态,飞机以正常的下降速率进近时,GPWS 不能提供地形警告。

为了克服现行 GPWS 的不足,发展了增强型近地警告系统(enhanced ground proximity warning system,EGPWS)。EGPWS 除保留现行 GPWS 的警戒功能外,还具有地形觉察和地形净空基底功能。

1. 地形觉察

地形觉察(terrain awareness,TA)是增强型近地警告系统(EGPWS)的一种功能。
EGPWS 的计算机存储器内设有"全球地形数据库",在计算机内将飞机位置和航迹等数据与此地形数据库的相应数据进行比较,如发现存在地形威胁,则发出 TA 警告。
TA 警告有两种级别。
(1) 如果 GPWS 发现飞机与地形冲突之间仅有 60s 时间,则发出"地形警戒"信息,包括:
① 语音提醒信息"CAUTION TERRAIN(注意地形)";
② 在导航显示器上显示琥珀色信息"TERRAIN(地形)";
③ 两个导航显示器上均出现地形显示(此为弹出功能);
④ 导航显示器上的威胁地形从虚点阵变为实心的黄色。
(2) 如果 GPWS 发现飞机与地形冲突之间仅剩 30s 时间,则发出"地形警告"信息,包括:

① 语音信息"TERRAIN TERRAIN PULL UP(地形、地形、拉起来)";
② 在主飞行显示器上红色"PULL UP(拉起来)"信息。

EGPWS将飞机前方的地形生成数字式地图,将其送往显示电子组件(DEU),使之在导航显示器(ND)上用不同色点显示出地形高度与飞机高度的相对关系。

2. 地形净空基底

地形净空基底(terrain clearance of floor,TCF)在飞机进近中下降过低时向机组发出警戒。TCF利用飞机位置和跑道数据库对照发现是否进入警告状态。

近地警告系统从全球定位系统(GPS)、大气数据惯性基准系统、无线电高度表接收飞机的纬度、经度、无线电高度数据。

TCF通常情况下利用GPS的纬度和经度数据,如果GPS数据无效,则利用惯性基准系统(IRS)的数据。

GPWC的存储器内有一个跑道数据库,跑道数据库是在地形数据库内。跑道数据库包含有世界上长度为3500ft以上的所有跑道的位置。TCF形成跑道周围地形净空包络,此包络的高度随离开机场距离的增加而升高,GPWC将飞机经纬度和无线电高度与TCF包络数据相比较,如果飞机下降穿越了包络的基底,则GPWC发出警告。

TCF功能也有两种级别的提示信息。

如果GPWC发现飞机低于地形净空基底(TCF),则发出提醒警戒:
(1) 语音信息"TOO LOW TERRAIN(太低、地形)",此信息每丢失高度20%时重复发出;
(2) 导航显示器(ND)上出现琥珀色"TERRAIN(地形)"信息。

如果继续下降,则发出如下警告:
(1) 语音信息"PULL UP(拉起来)";
(2) 导航显示器(ND)上为红色"TERRAIN(地形)"信息;
(3) 主飞行显示器(PFD)上显示"PULL UP(拉起来)"。

以下任何一种情况下GPWC都会禁止TCF警告:
(1) 飞机在地面;
(2) 起飞后的20s以内;
(3) 无线电高度低于30ft。

2.11 全球定位系统

全球定位系统(GPS)是一种基于卫星的、全球性全天候导航系统。它可提供高精度的三维空间定位、三维速度和高精度的时间。GPS可满足各类用户如飞机等航空航天飞行物、地面汽车、人群、海上船只等导航定位需要。GPS系统除用于导航外,在通信、交通管制、气象服务、地面勘测、搜救、授时等军事和民用方面也得到了广泛的应用。

2.11.1 GPS的系统组成

GPS系统由地面段、空间段和用户段三部分组成,如图2.11.1所示。

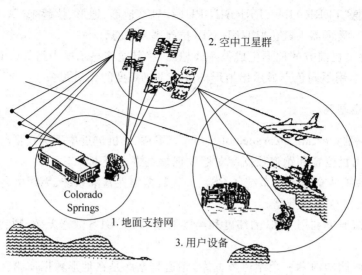

图 2.11.1　GPS 系统组成

1．GPS 的地面段

地面段是由地面上的控制和监测站组成的地面支持网构成。它们连续地监测并跟踪各个卫星,以完成如下工作。

(1) 监测并修正卫星的轨道和卫星时钟。

(2) 计算并生成卫星导航电文。此电文具有说明卫星未来位置的更新信息,并收集所有 GPS 卫星的最新数据。

(3) 有规则地不断更新卫星导航电文。

GPS 的地面段由 1 个主控站、5 个监测站和 3 个注入站组成。监测站收集卫星及当地气象资料并将这些资料送给主控站。主控站根据这些资料计算卫星轨道等导航电文,然后由注入站每隔 8h 向卫星发送一次,更新卫星资料,以便卫星向用户设备转发导航电文。

1) 主控站

主控站(MSC)设在美国科罗拉多州斯普林斯的联合空间工作中心。主控站有一个原子钟,此钟是 GPS 的基准。主控站负责系统运转的全面控制,即:提供 GPS 的时间基准,处理由各监控站送来的数据,编制各卫星的星历,计算各卫星钟的偏差和电离层校正参数等,然后把不断更新的导航电文送到注入站再转发给卫星。

2) 监测站

监测站(MS)有 5 个,分别设在太平洋的夏威夷、科罗拉多州的斯普林斯、马绍群岛的夸贾林岛、印度洋的迪戈加西亚岛、南大西洋的阿森松岛。每个监测站有一台用户接收机、若干台环境数据传感器、一个原子钟和一台计算机信息处理机。它的任务是:记录卫星时钟的精度;对所有视见卫星每 1.5s 测量一次距离数据,主控站利用此数据计算并预测卫星轨道;监测导航电文;收集当地环境气象数据,如气压、气温等(主控站用它计算对流层的信号延迟)。监测站的计算机控制所有数据的收集,并将得到的数据存储起来,然后再把这些数据送到主控站,如图 2.11.2 所示。

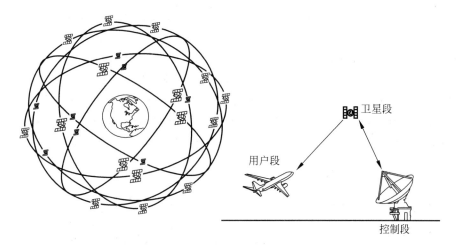

图 2.11.2　GPS 示意图

3）注入站

监测站中有 3 个也作数据的上行注入站。注入站为主控站和卫星之间提供接口。它用 1754～1854MHz 的频率向卫星注入有关数据。注入数据有用户导航电文（包括时钟校正参数、大气校正参数）、卫星星历及全部历书数据。

2．GPS 的空间段

空间段是离地球高 10 908n mile 轨道上的一群卫星。每个卫星约每 12h 绕以地球为中心的轨道转一圈。空间段由 24 颗卫星组成，它可以在 3 颗卫星故障的情况下仍能提供全功能服务。

卫星接收地面站发送来的星钟修正参数、电离层校正参数等导航电文，以便为用户提供精密定位服务（PPS）和标准定位服务（SPS）。卫星向用户设备连续发射带有导航数据、测距码和精确时间的无线电信号。

24 个卫星被等间隔分布在 6 个轨道平面，每个轨道面上有 4 颗卫星，与地球赤道平面的倾角为 55°，每颗卫星穿过赤道的经度是由它在轨道上的位置决定的，我们将其称为相位（phase）。轨道上的卫星的相位是无规则的、不相等的，适当地调整其相位可以保证对地球上的任何一点在任何时间都能有很好的覆盖能力，也为了在任意一颗卫星发生故障时仍能提供尽可能好的覆盖。

卫星在高度约 20 202km（10 908n mile）的近圆轨道上运行，周期约 12h。每颗卫星绕地球运行两圈时，地球恰好自转一周。这样，每颗卫星每一恒星日（23h56min3.6s）有 1～2 次通过地球上同一地点的上空。每一颗卫星每天至少一次通过一个地面控制站的上空，因此控制站可全部设在美国国内。同时，地球上任一地方的用户在任一时刻至少可看到仰角 5°以上的 4 颗卫星。由于恒星日与太阳日不同，卫星经过同一地点的时间，每天约要提前 4min。

3．GPS 的用户段

GPS 的用户段就是 GPS 接收机。GPS 接收机将卫星信号转换为位置、速度和时间。要计算四维数据——经度、纬度、高度（位置）和时间，就需要 4 颗卫星。

三维导航是GPS的最主要功能。GPS接收机被用在飞机、轮船、汽车上,也可以个人手提使用。

使用GPS接收机可以提供相对于某一基准位置的精确定位,它可以提供相对于该远程接收机的修正和相关位置数据,如观测、大地测绘、大气参数的测量和星球的构造研究等。

时间和频率校准是GPS的另一个用途,因为有受地面站控制的卫星的精确时钟,宇航观测、远程通信设施、实验室标准都可以用具有特殊用途的GPS接收机进行精确的时间设定或精确的频率控制。

2.11.2 机载 GPS

1. 机载 GPS 的部件组成

机载 GPS 系统由 GPS 天线(见图 2.11.3)和多模式接收机(MMR,见图 2.11.4)组成。多模式接收机用于接收天线来的卫星导航数据和计算 GPS 数据。GPS 天线接收 L 波段(1575.42MHz)射频信号并送给 MMR。天线内部包含一集成预放大器,用于增加射频电平,所以天线需 12VDC 供电。GPS 天线接收 L 频段(1575.42MHz)信号,将之送给 MMR。每个天线含有集成的预放大级为 MMR 提高信号电平。天线预放大级使用从 MMR 送来的 12VDC 电源。

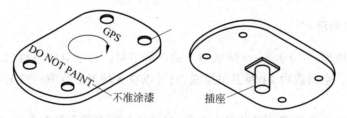

图 2.11.3 GPS 天线

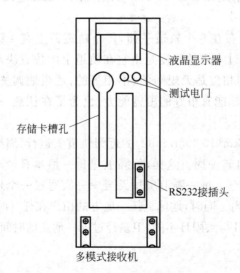

图 2.11.4 GPS 接收机

多模式接收机(MMR)的外部供电电源是 115V、400Hz 交流电。飞机上一般装两套 GPS 系统。GPS 天线 1 接收卫星信号并将它送给多模式接收机 1,而 GPS 天线 2 将卫星信号送给多模式接收机 2,MMR 用于接收天线所收到的卫星导航数据并计算 GPS 数据,计算出飞机位置和精确时间再把它送给飞行管理计算机(FMCS),FMCS 把 GPS 来的位置信息或导航无线电来的位置信息与 IRS 数据结合起来,并计算出最终的飞机位置。MMR 可以执行自检和指示故障。

2. 机载 GPS 的简单工作原理

MMR 输出的数据送给 IRS 主警戒组件。IRS 主警戒组件对这些数据进行监视。一旦 MMR 组件出现故障,IRS 主警戒组件就会使在 IRS 方式选择板上的 GPS 故障灯点亮。惯导系统(IRS)把位置数据送到 MMR。MMR 从 IRS 得到惯性基准数据,它利用这些数据对系统初始化,并且在卫星覆盖不好期间帮助系统工作。MMR 用于接收天线来的卫星导航数据和计算 GPS 数据,计算出飞机位置和精确时间再把它送给飞行管理计算机(FMC)。FMC 系统把 GPS 来的位置信息或导航无线电来的位置信息与 IRS 数据结合起来,并计算出最终的飞机位置。其工作原理如图 2.11.5 所示。

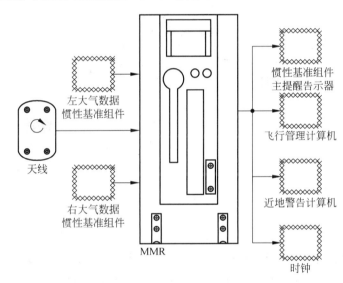

图 2.11.5 GPS 系统原理

2.11.3 机载 GPS 系统工作方式

1. GPS 的工作模式

GPS 有以下几种工作模式:获取模式(acquisition mode)、导航模式(navigation mode)、高度辅助模式(altitude aided mode)、辅助模式(aided mode)。

1) 获取模式

在该模式下,GPS 处于搜索和锁定卫星信号。GPS 接收机在开始计算 GPS 数据之前必须找到至少 4 颗卫星。所以 GPS 首先从 ADIRU(大气数据惯性基准系统)获得当前飞机的位置和高度,然后再综合内部导航数据库就可计算出哪些卫星是可用的,这样很快就能进入下一模式——导航模式。

如果 ADIRU 数据无效,GPS 仍能获得有效的卫星信号。只不过这样会多花一些时间,因为它要搜索所有卫星。通常在 ADIRU 数据有效的情况下,GPS 只要花 75s 就可获得卫星信号。而在 ADIRU 数据无效的情况下,就得花大约 4~10min 时间。

2) 导航模式

在 GPS 获得并锁定了至少 4 颗卫星后,就进入导航模式。在该模式下,GPS 接收机就能计算出 GPS 数据,如图 2.11.6 所示。

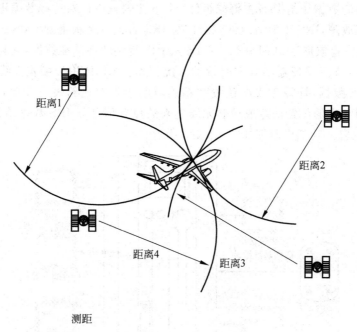

图 2.11.6 GPS 测距模式

3) 高度辅助模式

借助 4 颗有效卫星,GPS 可以存储 ADIRU 高度与 GPS 计算高度之差。GPS 这样做的目的是为了当仅有 3 颗有效卫星的时候可以估算出 GPS 的高度。

在该模式下,GPS 将 ADIRU 来的高度和地球半径进行求和,并作为第 4 距离。

GPS 在以下三种情况下进入高度辅助模式:

(1) GPS 曾工作在导航模式;

(2) 只有 3 颗有效卫星可供使用;

(3) GPS 已在内存中存储了惯导高度和 GPS 高度的差值。

一旦第 4 颗卫星出现,GPS 将重新启动正常工作方式。

(4) 辅助模式

在短暂的卫星覆盖不好期间(小于 30s),GPS 将进入辅助模式。这种情况的一个典型例子是:虽然在飞机上方有至少 4 颗有效卫星,但飞机却没能接收到卫星信号。

在辅助模式下,GPS 从 ADIRU 处接收惯导高度、航迹角和地速信息。一旦卫星覆盖转好,GPS 就能迅速回到导航模式。在辅助模式下 GPS 的输出为 NCD(无计算数据)。

如果 GPS 在 30s 内不能跟踪这些卫星,GPS 就进入获取模式。GPS 系统工作流程图如图 2.11.7 所示。

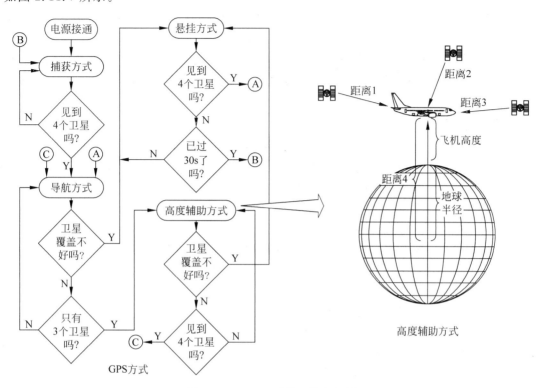

图 2.11.7 GPS 系统工作流程图

2. 工作频率

卫星向机载 GPS 发射的信号频率是 L1(1575.42MHz)和 L2(1227.6MHz)频率。卫星发送状态数据给地面监视站的下行频率是 1783.74MHz。

地面站发送信息到卫星的上行频率是 2227.5MHz。

3. 自动限制

GPS 有一个 RAIM 功能。RAIM 监视 GPS 正在用于计算的卫星的状态,RAIM 功能的输出就是对 GPS 定位错误的评估。该输出值送到 FMC,由 FMC 来决定是否可用 GPS 数据进行导航。

4. 卫星信号的处理

卫星信号经天线预放大器放大后送给 MMR。在 MMR 内部的低噪声放大器接收后再进一步放大。放大后进行检波并送给 A/D 转换器,A/D 转换器将转换后的数字信号送给微处理器。微处理器计算出飞机位置和其他 GPS 数据,然后送给 FMC。

本 章 小 结

本章涉及的内容较多,主要知识点包括:理解飞机导航系统的含义和功能;各种导航设备如自动定向(ADF)系统、仪表着陆系统(ILS)、全向信标(VOR)系统、无线电高度表(RA)系统、测距器系统、空中交通管制(ATC)系统、空中交通防撞(TCAS)系统、气象雷达、全球卫星定位、近地警告系统(GPWS)等的功用、组成、工作原理和使用方法;全球定位系统 GPS 的系统组成和机载 GPS 系统的工作方式。

复习与思考

1. 简述磁航向与真航向的差别。
2. 什么是大圆航线?
3. 简述惯导系统的优点和缺点。
4. 说明现代飞机的自动定向机的主要功能和工作频率范围。
5. ADF 的天线(ANT)方式有何特点?
6. 简述环形天线的功用和方向性特性。
7. 简述 ILS 系统的三个分系统的功用。
8. 说明 ILS 系统的工作频率和波道。
9. 简述 LOC 系统的指示原理。
10. 简述 VOR 系统的基本功用。
11. 什么是 VOR 方位角?
12. 民用飞机上装备的无线电高度表有哪几种类型?
13. 说明 EADI 上的无线电高度显示和决断高度显示的特点。
14. 说明决断高度显示和飞机通过决断高度时显示的变化情况。
15. 说明决断高度警戒复位的方法。
16. 简述 DME 的功用与工作过程(提供导航参数的方式和信号处理过程)。
17. 说明测距机的接收信号的特点和信号参数。
18. 说明 DME 的波道数及波道选择方式。为什么要采用这样的波道选择方式?
19. 在测距机中,询问重复频率的变化情况如何? 它是由什么电路根据什么来控制的?
20. 机载 DME 能接收到哪些类型信号? 这些信号各有什么作用?
21. 怎样控制或选择 DME 的工作波道(频率)? 试说明这样控制的基本原理。
22. DME 是否在开机后(置于正常位)即可正常测距? 说明它的信号工作方式及过程。
23. 什么是 DME 的搜索? 此时 DME 是如何工作的?
24. 什么是"抖频"(闪频)? 为什么要抖频?
25. 简单说明 DME 距离计数器进行距离计数的基本过程。
26. 新型 DME 的工作方式和性能有何特点?
27. DME 在什么情况下会进入记忆状态? 此时 DME 能否提供距离数据? 如何获得

距离数据？

28. 现代机载气象雷达有哪些工作方式？与传统的气象雷达相比，它的主要优点和特点是什么？
29. 机载气象雷达能有效探测哪些气象目标？对哪些气象状态不能有效探测？
30. 机载气象雷达能够提供哪些目标的哪些特性的信息？
31. 说明机载 WXR 发射信号的特点。为什么应发射这样的信号？
32. 简述主振放大式雷达发射机电路的组成特点与各级功用。
33. 若发现 WXR 的探测距离明显减小且远距离目标减少，应怎样进行检查？
34. 说明在停机坪对雷达进行通电检查的方法、注意事项和理由。
35. 说明雷达测距的基本原理和根据。
36. 说明控制雷达天线俯仰系统的输入信号的特点和来源。
37. 说明雷达天线的方向性特性和采用具有很强方向性雷达天线的理由。
38. 说明雷达测定目标方位信息的基本原理。
39. 什么是雷达天线的稳定？为什么需要稳定？
40. 说明维护 WXR 波导应注意的事项和理由。
41. 在维护中，对 WXR 平板天线应注意哪些问题？
42. 在地面检查 WXR 时，除 WXR 本身外还需使哪些机载系统正常工作？为什么？
43. 说明 A/C 模式应答机系统的功用。
44. 说明 S 模式应答机系统的功用。
45. 说明应答机发射信号与接收机信号的差别与共同点。
46. 说明应答机系统可提供的信息及其信息来源。
47. 什么是应答机询问信号的模式？有哪几种模式？不同模式有何区别？
48. 什么是旁瓣抑制？应答机中是如何实现旁瓣抑制的？
49. 按下应答机的 TEST 或 IDNT 按钮时，各会产生什么后果？可观察到什么现象？
50. 新型 S 模式应答机可提供哪些信息？与常规应答机相比它有哪些优点？
51. 分别说明应答机控制盒上的主要控制元件的功用。
52. 什么是旁瓣抑制？为什么要进行旁瓣抑制？
53. 当飞机处于 SSR 旁瓣范围中时，机载应答机能否对询问信号作出应答？为什么？简述应答机中的信号处理与控制过程。
54. 说明应答机控制盒上的识别（IDNT）按钮的功用和按下时飞行员可以看到的现象。
55. TCAS 系统的工作与地面设备有哪些关系？为什么？
56. 说明 TCAS 系统在 EHSI 上可提供的信息及其含义。
57. 说明 TCAS 系统在 EADI 上所提供的信息方式、含义和飞行员应采取的措施。
58. 说明为了在 EHSI 上观察 TCAS 系统所提供的信息，应如何正确设置 EFIS 控制盒上的有关控制单元。
59. 说明对 TCAS 系统进行测试的方法和应观察到的现象。
60. 说明在拆装天线 TCAS 时所应注意的事项。
61. 机载 GPS 可提供哪些信息？
62. GPS 接收机需利用几颗卫星才能进行导航计算？有哪几种工作方式？

63. GPWS共有几种工作方式？分别提供飞机相对于地面存在什么不安全状况下的警告？
64. GPWS起落架和襟翼位置超控开关的作用是什么？
65. 说明GPWS的组成部件及各组件的功用。
66. 说明GPWS地面测试时的条件和正常现象。

阅 读 材 料

博登湖撞机事件过程及分析

1. 撞机事故过程

2002年7月1日晚23时35分，俄罗斯巴什基尔航空公司一架图-154客机和敦豪国际快运公司（DHL）的一架波音757货机在德国瑞士边境附近的博登湖上空约35 400ft的高空相撞，双双坠毁于湖附近，两机上71人全部遇难。

（1）相撞前50秒（当地时间7月1日晚23时34分42秒）

两机TCAS分别发出交通警戒信息（TA）。

（2）相撞前43秒（34分49秒）

瑞士ATC指示TU154："descend flight level 350, expedite, I have crossing traffic"（穿越交通，立即下降到35 000ft）。（发话结束时刻：34分57秒）

（3）相撞前36秒（34分56秒）

两机TCAS都发出避让指示（RA），B757执行，而TU154未执行。

（4）相撞前29秒（35分03秒）

ATC向TU154重复两次下降指令，TU154开始下降。

（5）相撞前22秒（35分10秒）

B757TCAS提示："increase descent"（增加下降率）。

（6）相撞前13秒（35分19秒）

B757报告ATC正在"TCAS descent"（执行TCAS下降指令）。

（7）相撞前8秒（35分24秒）

TU154TCAS提示："increase climb"（增加爬升率）。

（8）相撞（35分32秒）

2. 事故调查报告及相关分析

历经近两年的调查，2004年5月18日，德国负责调查此次撞机事件的委员会公布了事故调查报告。调查报告说：此次事件的主要原因之一是瑞士管制公司违反相关规定造成的。苏黎世空中交通管理中心多年来一直都在违反相关规定，夜间应该由两名管制员值班，而不是一个人。因此，管制员并没有及时发现两架飞机处在同一高度和同一空域，在飞机相撞一分钟前才向飞机发出警告。除此之外，位于卡尔斯鲁厄的航空管制员在发现两架飞机相距很近时，由于通信线路原因，没有能够及时通知瑞士管制员。

第二个可能的原因是，俄罗斯飞机的机组人员在飞机机载交通警戒和防撞系统（TCAS）给出紧急"爬升"指令时，反而执行了瑞士航空管制员的"下降"高度指令。

TU154 客机的机组人员当时谁也没有注意到,TCAS 在瑞士管制员发布指令前已经给出了"爬升"高度的指令。根据实际情况,飞行员应该避免作出与 TCAS 警告系统指令相反的操作。

两机的 TCAS 在撞机前 50s 都发出了交通警戒信息(TA),在撞机前 36s 都及时发出了交通避让指示(RA),说明 TCAS 是很好的交通警戒和防撞设备,只要飞行员正确使用它,并按规定正确处置,可以有效地避免飞机相撞事故。

美国联邦航空局于 1989 年 1 月发出指令,要求各航空公司于 1993 年 12 月 30 日以前将旅客座位超过 30 座以上的所有飞机安装 TCAS 系统,1995 年 2 月 3 日以前将旅客座位 10~30 座的所有飞机安装 TCAS 系统。美国在未安装 TCAS 的 1989 年共发生危险接近事件 23 起,而装备后的 1993—1996 年 4 年内总共只出现了 18 起。

据资料介绍,美国从 1993 年规定大型商用飞机必须安装 TCAS 后,就再没有发生过该类飞机相撞的事故。事实说明,TCAS 提供了一种安全可靠的探测空中交通环境手段,对于避免飞机相撞,提高飞行安全具有良好的作用,全世界民航都必须按规定安装 TCAS。

任何先进的设备都必须依靠使用者正确地使用,否则都不能实现预定的目的,航空管理部门必须制定完善的法规,飞行员必须进行严格的培训,才能保证飞行安全。

根据 TCAS 性能,当它发出了 TA 时,飞机离预测的"碰撞点"只有 20~48s,飞行员应该认真观察周围空域,并做好避让的准备,这样才能做到有备无患,不至于到了危险时手忙脚乱、猝不及防;当 TCAS 发出了 RA 时,飞机离预测的"碰撞点"只有 15~35s,时间已经很紧急,飞行员已经没有时间思考,更不能犹豫,必须立即果断地执行 TCAS 的指令,才能保证飞行安全。

我们可以从事故记录上看到,当 TCAS 发出 TA 时,两机飞行员已经注意到了。当 TCAS 发出 RA 时,B757 立刻执行下降指令,操作飞机下降。但是 TU154 的飞行员显然在 TCAS 的上升指令(两机 TCAS 会自动发出协调避让指令)和 ATC 管制员的下降指令之间犹豫,没有行动。紧接着管制员又两次发出下降指令,遗憾的是 TU154 的飞行员最终做出了错误的选择,按管制员的要求下降。国际民航早有规定,当管制员的指令和 TCAS 指令不一致时,执行 TCAS 指令。道理很显然,TCAS 反映的是眼前直接的飞行状态,而管制员掌握的是比较间接的飞行态势,TCAS 是飞行员最直接的,也是最后一道安全屏障。

根据俄罗斯航空公司的说法,TU154 在 2000 年安装了 TCAS,而美国飞机应该在 1993 年年底前就安装了。现代民航飞机已经安装有多种安全警告设备,如 TCAS、EGPWS、气象雷达、失速警告、超速警告等设备,这些设备都能在一定的情况下给出告警信号,提高飞行安全性。但是,许多设备在正常情况下不会报警,飞行员使用的机会很少,对设备不够熟悉;对有关的法规制度也少有机会去实践和掌握。此外,有的设备有时会产生误报警,从而干扰飞行员的正常工作。这样,有的飞行员就选择关闭报警设备,但当真的出现危险时就得不到警告,往往酿成事故。

资料来源:王有隆.从德国博登湖撞机事件看 TCAS 与飞行安全[J].中国民航飞行学院学报,2005, 16(6):8-10,12.

思考题

1. 目前装备的 TCAS Ⅱ可向飞行员提供哪些咨询信息?
2. 从这起事故中,我们可以得出哪些经验和教训?

练 习 题

1. TCAS Ⅱ所发出的交通咨询信息为 EHSI 上相遇飞机的_____,所发出的决断咨询信息为 EHSI 上相遇飞机的_____;TCAS 系统中的参数 τ(TAU)指的是_____。

2. 当选择定向机的天线(ANT)工作方式时,定向机( )。
(A) 接通环形天线输入信号　　　　　(B) 接通环形天线及垂直天线
(C) 只能收听不能定向　　　　　　　(D) 能定向但不能收听识别信号

3. ILS 系统由( )三个分系统组成,以保障飞机的安全着陆。
(A) 全向信标、下滑信标和指点信标　(B) 全向信标、航向信标、下滑信标
(C) 航向信标、指点信标、下滑信标　(D) 全向信标、测距机、指点信标

4. 民用机载无线电高度表的测高范围为( )。
(A) 0~2500ft　　　　　　　　　　　(B) 0~25 000ft
(C) 0~2500m　　　　　　　　　　　(D) 0~25 000m

5. GPS 工作模式有( )。
(A) 获取模式、自动导航模式、人工导航模式和辅助模式
(B) 获取模式、记忆模式、跟踪模式和辅助模式
(C) 获取模式、导航模式、高度辅助模式和辅助模式
(D) 获取模式、跟踪模式、搜索模式和辅助模式

6. 机载 S 模式应答机应答发射时,( )不能发射。
(A) DME　　　　　　　　　　　　　(B) TCAS
(C) DME 和 TCAS　　　　　　　　　(D) DME,TCAS 和 LRRA

7. 现代气象雷达通常用( )的彩色编码来表示大、中、小雨区域。
(A) 红、黄、绿　　　　　　　　　　(B) 红、绿、蓝
(C) 品红、黄、绿　　　　　　　　　(D) 红、白、蓝

8. 飞机存在相对地面的不安全状态时,GPWS 向飞行员提供的警告信息有( )。
(A) 相应方式的目视指示灯亮
(B) EHSI 上的警告字符,目视指示灯亮且能听到相应的警告语音信息
(C) EADI 上的警告字符、扬声器发出的语言警告信息和相应指示灯
(D) 相应方式的目视指示灯亮且听到某一固定频率的音响信息

9. 与惯性导航系统相比,无线电导航系统的最大优点是( )
(A) 精度高且作用距离远　　　　　　(B) 工作时间长而成本低
(C) 可靠性高,误差小　　　　　　　(D) 定位精度不随飞行时间增加而增大

10. 机载测距机( )。
(A) 在收到地面测距台的脉冲对信号后即开始发射询问信号
(B) 在接通电源后即开始发射询问信号
(C) 在将开关置于 NORM(正常)时才发射询问信号
(D) 在接收到足够数量的测距台脉冲对信号后才开始发射询问信号

答案:1. 黄色圆形图案,红色方形符号,到最接近点 CPA;2. C;3. C;4. A;5. B;6. C;7. A;8. C;9. D;10. D

第3章

仪表系统

本章关键词

转弯仪(turn indicator)
惯性导航系统(inertial reference system,IRS)
飞行数据记录器(flight data recorder,FDR)
发动机指示和机组警告系统(engine indication crew alerting system,EICAS)
电子中央飞机监控系统(electronic centralized aircraft monitoring,ECAM)

> 飞机仪表是飞机上所有仪表的总称,指主要用于为飞行员提供有关飞机及系统信息的机载电子设备。仪表与各种控制器一起组成人-机接口,使飞行员能按飞行计划操纵飞机。仪表提供的信息既是飞行员操纵飞机的依据,同时也反映出飞机被操纵的结果,所以可以称为飞行员的眼睛。
>
> 仪表的种类较多,分别用来测量(计算)飞机在飞行动态中的各种飞行参数,以及飞机发动机和其他系统的工作参数。

3.1 航空仪表概述

3.1.1 航空仪表的分类

在大型商业飞机的驾驶舱中可以看到许多仪表。它们用于监视和控制飞机的飞行、发动机以及其他飞机系统。

航空仪表按功用可分为飞行仪表(或称驾驶领航仪表)、导航仪表、发动机仪表和系统状态仪表。

飞行仪表是用于指示飞机在飞行中的运动参数(包括线运动和角运动)的仪表。它们位于正、副驾驶员的仪表板上,飞行员凭借这类仪表能正确地驾驶飞机。飞行仪表包括大气数据仪表、航向仪表和指引仪表。其中大气数据系统仪表有高度表、升降速度表、指示空速表、马赫数表(或称 Ma 数表)、大气静温表和空气总温表等;姿态系统仪表有地平仪、转弯仪和侧滑仪等;航向系统仪表有磁罗盘、陀螺罗盘和陀螺磁罗盘等;指引系统仪表有姿态指引仪、水平指引仪等。

导航仪表用于指示(显示)飞机相对于地球的位置,为飞行员提供飞机按规定航线飞向预定目标所需要的信息(定位、定向等)。

发动机仪表位于中央仪表板上,是用于检查和指示发动机工作状态的仪表。如转速表(螺旋桨转速表,或低压涡轮和高压涡轮转速表)、进气压力表和气缸头温度表(两表用于活塞式发动机)、扭矩表和排气温度表(两表用于涡轮螺旋桨发动机)、压力比表(或推力表)和排气温度表(两表用于涡轮喷气或涡轮风扇发动机)、燃油压力表(指汽油压力表或煤油压力表)、滑油压力表、滑油温度表、燃油油量表(指汽油油量表或煤油油量表)、燃油流量表、滑油油量表、发动机振动指示器、油门指位表和散热器风门指位表等。

系统状态仪表指示飞机操纵系统、空调系统、电源系统、液压系统等。主要有液压压力表、电压表、频率表等。

航空仪表按工作原理可分为测量仪表、计算仪表和调节仪表三类。

测量仪表主要用于测量飞机的各种运动或状态参数。主要有高度表、空速表、温度表、姿态指引仪、磁罗盘、发动机仪表中的压力表、温度表、转速表、震动表等,系统状态仪表中的液压压力表、操纵舵面和起落架的位置指示器、电压电流表等。

计算仪表指飞机上的导航和系统性能方面的计算,如:飞行指引仪、惯性导航系统、飞行管理系统等。

调节仪表主要指自动驾驶仪系统、速度和马赫配平系统、偏航阻尼系统和自动油门系统等。

航空仪表由感受、转换、传送、指示、计算、放大和执行等基本环节组成。但是,不是每个仪表都包括所有这些环节,而且各个环节的性质和所占的地位也不完全相同。

1. 测量仪表的基本环节

测量仪表的工作过程一般包含感受、转换、传送、指示等四种基本环节。

(1) 感受环节:直接同被测物理量(信号)发生联系的环节。
(2) 转换环节:将一种物理量(信号)转换为另一种物理量(信号)的环节。
(3) 传送环节:使物理量(信号)在空间改变位置的环节。
(4) 指示环节:将物理量(信号)转换成目视信号的环节。

2. 计算仪表的基本环节

飞机自动计算仪表,实质上是一种专用的自动计算器。它能在一定测量的基础上,按一定的数学关系,自动计算出飞机运动状态或发动机工作状态的某些参数或飞机的飞行位置。

计算仪表除了具有感受、转换、传送、指示等基本环节之外还有计算环节,能对物理量(或信号)进行自动计算的环节称为计算环节。计算环节的种类很多,有的能进行加、减计算,有的能进行乘、除计算,有的能进行函数、反函数计算,也有的能进行微分、积分计算等。大气数据计算机、惯性导航系统都属于计算仪表。

计算仪表的计算方式有两种,一是采用模拟计算;二是采用数字计算。对某一个仪表(或系统)来说,各个环节的计算可能是模拟计算,也可能是数字计算。

3．调节仪表的基本环节

在测量和计算的基础上，能够自动调节飞机的运动状态或某些装置的工作状态的仪表，称为飞机自动调节仪表（简称调节仪表）。调节仪表（即调节器）与调节对象合在一起，称为调节系统。例如：自动驾驶仪就是一种调节仪表，它的调节对象是飞机。

调节仪表除了具有测量仪表、计算仪表的各种基本环节之外，还必须有执行环节。其中的"测量"包括感受、转换、传送等。

3.1.2　航空仪表的发展

1．机械仪表阶段

这个阶段是仪表的初创时期，多数仪表为单个整体直读式结构，也称为直读式仪表，即传感器和指示器组装在一起的单一参数测量仪表。表内敏感元件、信号传送和指示部分均为机械结构，例如早期的空速表和高度表。

这个时期的航空仪表是航空发动机史上的第一阶段，它们的最大优点是结构简单、工作可靠、成本低廉。它的缺点是灵敏度较低，指示误差较大。随着飞机性能和要求精度的不断提高，机械仪表早已不能满足航空发展的需要。

2．电气仪表阶段

随着航空事业的发展，机械仪表的准确性显得太差了，并且信号还不容易远距离传送。

从20世纪30年代起，航空仪表已由机械化逐步走向电气化，进入了电气仪表阶段，此时的仪表称为远读式仪表。如远读磁罗盘、远读地平仪等。所谓"远读"是指仪表的传感器和指示器没有装在同一个表壳内，它们之间的控制关系是通过电信号的传递实现的，因相距较远，故称为远读式仪表。

用电气传输代替机械传动，可以提高仪表的反应速度、准确度和传输距离。将仪表的指示部分与其他部分分开，使仪表板上的仪表体积大为缩小，改变了因仪表数量增多而出现的仪表板拥挤状况。另外，仪表的敏感元件远离驾驶舱，减少了干扰，提高了敏感元件的测量精度。远读式仪表也存在一些缺点，即整套仪表结构复杂、部件增多、重量增加。

3．机电式伺服仪表阶段

为了进一步提高仪表的灵敏度和精度，20世纪40年代后出现了能够自动调节的小功率伺服系统仪表，即机电式伺服仪表。伺服系统又称为随动系统，它是一种利用反馈原理来保证输出量与输入量相一致的信号传递装置。对仪表信号，采用伺服系统方式来传送，信号能量得到放大，提高了仪表的指示精度和带负载能力，可以实现一个传感器带动几个指示器，有利于仪表的综合化和自动化。

4．综合指示仪表阶段

20世纪40年代后，由于飞机性能迅速提高，各种系统设备日益增多，所需指示和监控仪表大量增加，有的飞机上已多达上百种，仪表板和座舱无法安排，驾驶员也目不暇接，眼花缭乱。另外,飞机的飞行速度和机动性能的提高,又使驾驶员观察仪表的时间相对缩短,容易出错,因此把功能相同或相关的仪表指示器有机地组合在一起,形成统一指示的综合指示仪表,已成为航空仪表发展的必然趋势。例如,综合罗盘指示器、组合地平仪和各种发动机仪表的相互组合等都是一表多用的结构形式。

机电式综合仪表一直使用到20世纪60年代末。图3.1.1所示为这种仪表的典型代表。其左、右分别为正、副驾驶员的飞行仪表,中间是发动机仪表。

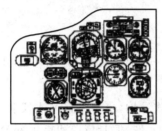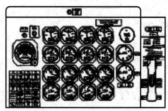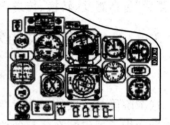

图 3.1.1　典型机电式综合仪表及其布局

5. 电子综合显示仪表阶段

随着电子技术的飞速发展,从20世纪60年代开始出现电子屏幕显示仪表,逐步在取代指针式机电仪表,使仪表结构进入革新的年代。到70年代中期,电子屏幕显示仪表又进一步向综合化、数字化、标准化和多功能方向发展,并出现了高度综合又相互补充、交换显示的综合电子仪表显示系列。驾驶员可以通过控制板对飞机进行控制和安全监督,初步实现了人机"对话"。

电子显示器容易实现综合显示,故又称为电子综合显示仪表。它有如下优点:

(1) 显示灵活多样,可以显示字符、图形、表格等,还可以采用不同的颜色显示;
(2) 容易实现信号的综合显示,减少了仪表数量,使仪表板布局简洁,便于观察;
(3) 电子式显示器的显示精度高;
(4) 采用固态器件,寿命长,可靠性高;
(5) 价格不断下降,性价比高;
(6) 符合机载设备数字化的发展方向。

总之,航空仪表的发展过程是从机械指示发展到电子显示,信号处理单元从纯机械到数字、计算机系统,仪表的数量经历了从少到多,又从多到少的发展过程。在某种意义上讲,驾驶舱显示仪表是飞机先进程度的重要标志之一。

3.2　大气数据系统仪表

大气数据系统是测量大气状态参数 P、T、ρ,经计算输出飞行状态参数 H、V、Ma、CAS、T_s、…的设备。

因此,大气数据系统仪表包括:高度测量与气压高度表;空速及其指示仪表;气压式高度表、指示空速表、真空速表、马赫数表、升降速度表以及全/静压系统等。

3.2.1 高度测量与气压高度表

1. 国际标准大气

飞机一般在对流层和同温层下面飞行。在这个范围内,空气的物理性质——温度、压力、密度等都经常随着季节、时间、地理位置(经、纬度)、高度等的不同而变化。为了确定飞机的飞行性能,必须按同一标准的大气物理性质——温度、压力、密度等进行换算,才能对各种飞机的飞行性能进行相互比较。

国际标准大气以平均海平面作为零高度。标准海平面大气的参数为:气压 $p_0=1.013×10^5\text{Pa}(760\text{mmHg}$ 或 $29.92\text{inHg})$;气温 $T_0=15℃$;密度 $\rho_0=0.125\text{kg/m}^3$。

大气的温度、密度、压力与高度存在着如下关系。

1) 气温与高度的关系

升高单位高度,气温降低的数值,称为气温垂直递减率(简称气温直减率),用 β 表示。不同季节、不同地区、不同高度时的气温垂直递减率是不一样的,其平均值约为 $-0.0065℃/\text{m}$,如图 3.2.1(a)所示。

2) 大气密度与高度的关系

大气密度随高度升高而减小。即高度升高,大气密度减小;高度降低,大气密度增大。

大气密度与高度的关系,如图 3.2.1(b)所示。

3) 气压与高度的关系

根据标准大气条件可以推导出气压与高度的关系。无论在任何高度上,高度与气压都存在一一对应的关系。如果测出某高度处的气压,就可以计算出该处的标准气压高度,如图 3.2.1(c)所示。

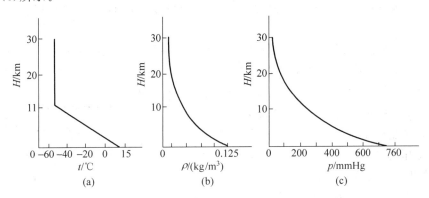

图 3.2.1 大气的温度、密度、压力与高度的关系

2. 飞行高度的种类

飞机的飞行高度是指飞机在空中距某一个指定基准面的垂直距离。根据所选基准面,飞行中使用的飞行高度大致可分为以下四种,如图 3.2.2 所示。

1) 绝对高度

飞机从空中到平均海平面的垂直距离称为绝对高度。在海上飞行时,需要知道绝对高度。

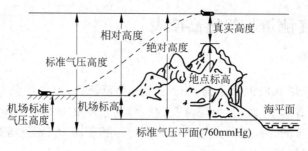

图 3.2.2 飞行高度的种类

2) 相对高度

飞机从空中到某一既定机场地面的垂直距离称为相对高度。飞机起飞、降落时,必须知道相对高度。

3) 真实高度

飞机从空中到正下方地面(如地面、水面、山顶等)的垂直距离称为真实高度。在飞越高山、空中摄影、航测时,需要准确测量真实高度。

4) 标准气压高度

飞机从空中到标准气压海平面(即大气压力等于 760mmHg 的气压面)的垂直距离称为标准气压高度。标准气压高度是国际上通用的高度,飞机在加入航线时使用的高度,主要防止同一空域、同一航线上的飞机在同一气压面上飞行时两机发生相撞。

3. 气压式高度表

1) 测量原理和指示

根据标准大气中气压(静压)与高度对应的关系,测量气压的大小,就可以表示飞行高度的高低。

如图 3.2.3 所示,气压式高度表的敏感元件是一个真空膜盒(就是将膜盒内部抽成真空)。作用在真空膜盒上的气压为零时,真空膜盒处于自然状态。受大气压力作用后,真空膜盒收缩并产生弹性力。当真空膜盒产生的弹性力与大气作用在真空膜盒上的总压力平衡时,真空膜盒变形的程度一定,指针指出相应的高度。高度改变后,气压也随之改变。弹性力与总压力由平衡又变成不平衡,使真空膜盒变形的程度改变,直到弹性力与总压力再度平衡时,真空膜盒变形到新的位置,指针指示出改变后的高度。

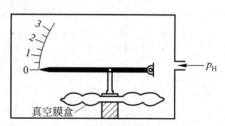

图 3.2.3 气压式高度表基本原理

从上面分析可以看出,气压式高度表是根据标准大气条件下高度与静压的对应关系,利用真空膜盒测静压,从而表示飞行高度。

通过测量气压来表示高度时,选定的基准面不同,测量出的高度也不同。如以标准气压平面为基准面,则仪表指示标准气压高度;如以某一机场的场面气压平面为基准面,则仪表指示的是对该机场的相对高度(即场面气压高度);如以修正的海平面气压为基准面,则仪表指示绝对高度。气压式高度表实际上是一种特殊的测量大气绝对压力的压力表。

2) 气压式高度表的使用

气压式高度表可以测量飞机的相对高度、绝对高度和标准气压高度,其各种测量的方法分别介绍如下。

(1) 标准气压高度的测量

利用气压高度表测量标准气压高度时,先转动调整旋钮使气压刻度盘(气压基准)显示"760mmHg 或 29.92inHg",指针指示的数值就是标准气压高度。

(2) 绝对高度的测量

因为绝对高度是以海平面为基准面的高度,所以,用气压高度表测量绝对高度时,转动调整旋钮使气压计数器指示出修正的海平面气压,其指针指示的即为飞机的绝对高度。

(3) 相对高度的测量

因为相对高度是以机场为基准面的高度,所以利用调整旋钮拨动高度表的指针和气压度盘,使气压刻度盘指示出飞机起飞或降落机场的地面气压,这时高度表的测量起点是飞机起飞或降落机场,高度表指针指示的就是飞机相对于起飞或降落机场的相对高度。

(4) 高度表在机场的零位调整

若飞机在飞行中选定某降落机场为基准面,使高度表测量相对于机场的相对高度时,飞机落地后,高度表指针应指零位。由于机场地面的气压经常变化,有时飞机在地面,高度不指示零位,这时就需要调整零位。其方法是:先从气象台了解当时该机场的气压,然后转动调整旋钮,使高度指示零位。此时气压计数器应指示当时该机场的气压。

3) 高度表的误差

高度表的误差分为机械误差和方法误差两类。

(1) 机械误差

由于高度表在构造、材料、制造上的缺陷以及使用中的磨损、变形等引起的误差,称为机械误差。例如,有时在起飞前校场压时,气压刻度指示机场场压,高度指针却不指零,原因就是存在机械误差。

(2) 方法误差

气压式高度表是按照标准气压高度公式设计制造的。当实际大气条件不符合标准大气条件时,指示将出现误差,这种误差称为高度表的方法误差。它又分为气压方法误差和气温方法误差两种。

① 气压方法误差

高度表测量基准面气压不符合标准大气条件而引起的误差,称为气压方法误差。

图 3.2.4 说明了气压方法误差产生的原因。设想从大气中取出一段大气柱,研究基准面气压变化后,该大气柱各层气压面相对于基准面的高度变化。

如果大气柱符合标准大气条件,则大气柱中各层气压面之间距离保持一定,并符合标准数值,此时气压式高度表的指示是准确的。例如,飞机在 560mmHg 的气压面上飞行,仪表指示的高度为 2500m,飞机相对于基准面的高度也就是 2500m,如图 3.2.4(a)所示。

如果基准面的气压减小,便相当于整个大气柱下降一段距离,于是,各层气压面相对于基准面的高度降低,气压式高度表出现多指的误差。例如,基准面气压由 760mmHg 减小到 751mmHg,相当于大气柱下降 100m。如果飞机仍在 560mmHg 的气压面上飞行,显然仪表的指示高度仍为 2500m,而飞机相对于基准面的实际高度则是 2400m,因而出现多指 100m

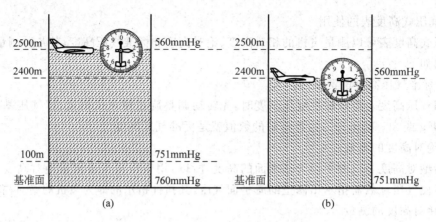

图 3.2.4 产生气压方法误差的原因

的误差,如图 3.2.4(b)所示。相反,当基准面气压增大时,相当于整个大气柱上升,各层气压面相对于基准面的高度增大,仪表出现少指的误差。

仪表出现误差后,若不修正,飞机将不能安全着陆。如上例中,飞机已经落地,仪表指示还有 100m 高度。

修正的方法是:飞机着陆前,转动气压调整钮,使气压刻度指示实际场压值(上例中为751mmHg)。这样,飞机落地时,仪表指零。

② 气温方法误差

高度表测量基准面的气温以及气温垂直递减率不符合标准大气条件而引起的误差,称为气温方法误差。

图 3.2.5 说明了气温方法误差产生的原因。假设大气柱符合标准大气条件,则飞机所在气压面的高度等于仪表指示的高度,仪表没有误差,如图 3.2.5(a)所示。当大气柱实际平均温度高于标准平均温度时,大气柱膨胀,其顶面 A 高度增高。要想保持高度表指示不变(即大气压力不变),飞机必须与顶面同时升高,如图 3.2.5(b)所示。此时,高度表指示小于实际飞行高度,产生少指误差。相反,当大气柱实际平均温度低于标准平均温度时,大气柱收缩,其顶面高度降低,如图 3.2.5(c)所示。高度表指示的高度大于飞机的实际高度,产生多指的误差。气温方法误差需要通过领航计算进行修正。

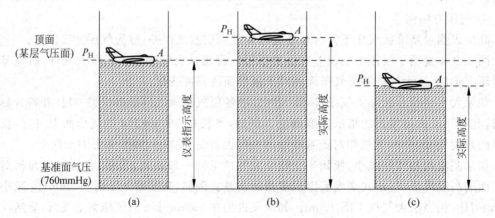

图 3.2.5 产生气温方法误差的原因

特殊情况下的处置：为了保证飞行安全，飞行员应该记住"从热飞往冷或从高（压区）飞往低（压区），防止高度低"。此外，飞行中还应综合分析高度表、升降速度表、无线电高度表和地平仪的指示。如果其他几种表都表明高度有变化，而高度表没有相应的指示，可以判断高度表出现故障。这时，可由升降速度表和地平仪了解高度的变化；由无线电高度表或座舱高度表（非密封座舱）了解飞机的相应高度。

3.2.2 升降速度表

飞机在飞行中，高度会发生变化（飞机爬升或下降），气压也会随着变化。高度的变化率是单位时间内飞行高度的变化量，也可称为"升降速度"、"垂直速度"或"升降率"。测量高度变化率的方法很多，这里只讨论通过测量气压变化来反映高度变化率的升降速度表。

1. 基本工作原理

飞机高度变化时，气压也随之变化；气压变化的快慢，可以表示飞机高度变化的快慢，即升降速度的大小。因此，只要测量出气压变化的快慢，就能表示飞机的升降速度。其基本工作原理如图 3.2.6 所示。

（1）飞机平飞时，静压稳定，表壳内部气压等于飞机外部气压，膜盒内外所受的压力相等，膜盒不膨胀也不收缩，指针指零，表示飞机平飞。

（2）飞机由平飞转入下降时，飞机外部静压不断增大，空气同时向膜盒和表壳中流动。由于计量组件的阻流作用，表壳内部气压小于飞机外部气压，膜盒内外形成压力差。在此压力差作用下，膜盒膨胀，通过传送机构使指针向下指示，表示飞机下降。

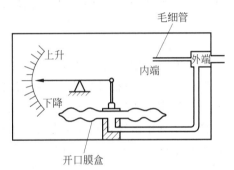

图 3.2.6 升降速度表的基本原理

（3）飞机由下降转入爬升时，随着飞行高度不断升高，飞机外部静压不断减小，膜盒和表壳中的空气同时向外流动。由于膜盒跟外部有直通的导管连接，对空气流动的阻碍作用很小，而计量组件阻碍向外流动的气流。因此，表壳内部气压要比飞机外部气压减小得慢一些，从而大于飞机外部气压。于是，在膜盒内外形成压力差。在此压力差作用下，膜盒收缩，通过传动机构，使指针向上指示，表示飞机上升。

2. 升降速度表指示

升降速度表的指针指"0"表示飞机在平飞，指"0"以上表示爬升，指"0"以下表示下降。刻度盘上每小格表示 1000ft/min，如图 3.2.7 所示。指示器指示的垂直速度表示飞机以 250ft/min 的速度爬升。指示出现故障时，故障旗"OFF"出现。

3. 升降速度表的误差

升降速度表的误差主要有气温误差和延迟误差。

1) 气温误差

飞机外部、表壳内部气温和毛细管中平均气温不相等时，毛细管两端会产生压力差，使

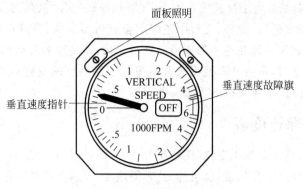

图 3.2.7 升降速度表

仪表指示出现误差,这就是气温误差。其误差相对值,最大可达 30%。气温误差的大小与升降速度有关,升降速度越大,误差越大;升降速度越小,误差越小。仪表在零刻度附近基本上没有气温误差。因此,用升降速度表检查飞机平飞时,即使忽略气温误差,也有较高的准确度。

2) 延迟误差

飞机升降速度跃变时,升降速度表需要经过一段时间才能指出相应数值,在这一段时间内,仪表指示值与飞机升降速度实际值之差,称为延迟误差。自升降速度开始跃变到指示接近相应的稳定值所经过的时间,称为延迟时间。

图 3.2.8 中虚线表示飞机升降率变化时,仪表指示值的变化情况,它是一条指数曲线。图中的剖面线区域就是延迟误差。

升降速度表具有延迟误差的原因是仪表要指示实际的升降率,膜盒内外必须有一个稳定的压力差。而这个稳定的压力差只有在毛细管两端气压变化率达到动平衡状态时才能形成。当飞机升降率跃变时,毛细管两端开始出现压力差,而要达到动平衡状态,就需要一个变化过程。在这段时间中,仪表指示只能逐渐变化,不能立刻指示实际值,这样就出现了延迟误差。

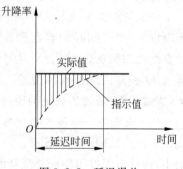

图 3.2.8 延迟误差

飞机升降率越大,膜盒内外的压力差也就越大,因此,延迟误差越大,延迟时间越长。

飞机在高空飞行时,由于空气密度小,达到动平衡的时间稍长,因此,高空飞行时延迟时间稍长,低空飞行时延迟时间稍短。

一般来说,升降速度表的延迟时间只有几秒,如有的升降速度表延迟时间为 2~7s。

为了减小升降速度表的延迟误差,飞机升降速度的跃变量不宜太大。这就要求飞行员操纵飞机时,移动驾驶杆应柔和,动作不能太猛,动作量不能太大。同时,还应注意地平仪的指示,以便及时保持飞机状态。在改为平飞时,俯仰操纵还要留有提前量。

需要说明的是,虽然升降速度表存在延迟误差,但在零刻度附近误差却很小,仪表很灵敏。飞机刚一出现上升或下降,仪表立刻会偏离零位。所以升降速度表是了解飞机上升、下降或平飞状态的重要仪表。

3.2.3 马赫-空速表

1. 空速表

1) 概述

飞机相对于空气运动的速度是空速。空速是指飞机在纵轴对称面内相对于气流的运动速度。驾驶员根据空速的大小可判断作用在飞机上的空气动力情况,以便正确地操纵飞机。

飞机在空气中飞行,可以相对地认为,飞机不动,空气流过飞机。空气流过飞机的速度,其大小等于飞机在空气中飞行的速度,即等于空速。因此,测量空速,也就是测量空气流过飞机的速度。

2) 与飞行速度有关的大气数据参数

（1）全压(p_t)：空气作用到相对运动的物体表面单位面积的总压力,它是动压与静压之和。

（2）动压(p_d)：指理想的不可压缩的气流到达驻点时,作用在单位面积上的力。全压与静压之差等于动压。

（3）静压(p_H)：飞机周围大气的压力,它是空气作用在相对静止的物体表面上单位面积的力。

（4）冲压(p_0)：其定义与动压相同,只是此时的空气考虑了其可压缩性。

（5）指示空速(IAS)：空速表按海平面标准大气条件下动压与空速的关系得到的空速。它未经任何补偿,也称表速。

（6）计算空速(CAS)：指补偿了静压源误差后的指示空速。

（7）当量空速(EAS)：当量空速是修正了空气压缩性影响的计算空速。

（8）真空速(TAS)：飞机相对于空气运动的真实速度。补偿了由于不同飞行高度层空气密度和温度变化所引起的误差。

（9）静压源误差修正(SSEC)：静压、迎角探头处不可避免地有空气扰动、安装误差,修正因气流流过飞机引起的静压误差。

（10）空气压缩补偿：该补偿用于修正速度和高度变化引起的皮托管内空气压缩性函数的变化。

（11）空气密度补偿：该补偿用于修正温度和高度变化时引起的空气密度的变化。

3) 空速与全/静压的关系

当气流相对于飞机运动时,在正对气流运动方向的飞机表面上,气流完全受阻,速度降低到零。在此条件下,气流分子的规律运动全部转化为分子的热运动,与此相应,气流的动能全部转化为压力能和内能,因而空气的温度升高,压力增大。这个压力称为全受阻压力(用 p_t 表示)。全压与静压之差,称为动压(以 p_d 表示),即

$$p_d = p_t - p_H$$

式中,p_H——H 高度上的静压；

p_t——H 高度上的全压；

p_d——H 高度上的动压。

4) 测量指示空速

指示空速 v_i 实质是反映动压的大小，即反映作用在飞机上空气动力的大小，所以指示空速对于操纵飞机、保证飞行安全是很重要的参数。

气动式指示空速表根据空速与动压的关系，利用开口膜盒测量动压，从而得到指示空速。

在飞机上安装一个全静管(空速管)来感受飞机在飞行时气流产生的动压和大气的静压，分别用管路与指示空速表上的全、静压接头相连。空速表内有一个开口膜盒，其内部通全压，外部(表壳内)通静压，膜盒内外的压力差就是动压。在动压的作用下膜盒产生位移，经过传送机构带动指针指示，指针角位移即可反映动压的大小。在静压和气温一定的条件下，动压的大小完全取决于空速，因此指针的角位移可以表示空速的大小，如图3.2.9所示。

如果飞机周围的大气参数不符合海平面标准大气条件，虽然空速不变，但因静压、气温改变，动压也要改变。因此，仪表的指示就不等于真实的空速，所以用真空速和指示空速加以区别。

在海平面标准大气条件下，指示空速与真空速相等，而在其他高度上都不相等。

5) 测量真空速

空气与物体之间相对运动的真实流速，即飞机相对空气运动的真实速度称为真空速。这里介绍通过感受动压、静压来测量真空速的原理。

在标准大气条件下，静压的大小可以反映气温的高低，因此，真空速与气温的关系可以用真空速与静压的关系表示。所以，只要感受到动压和静压，就可以达到测量真空速的目的。

表内的两个测量部件为空速膜盒(开口膜盒)和高度膜盒，如图3.2.10所示。空速膜盒通过测量全/静压的压差获得空速；高度膜盒使用静压测量出高度。静压随高度变化，同时影响高度、空速膜盒两个测量组件。真空膜盒的位移，不仅反映了静压对真空速的影响，也反映了气温对真空速的影响。

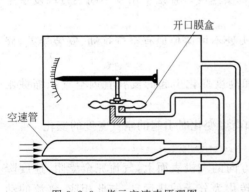

图3.2.9 指示空速表原理图

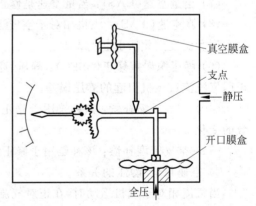

图3.2.10 通过感受动压、静压测量真空速

这种表结构简单，没有感温元件，因此有温度误差。

2. 马赫数表

1) 马赫数表的功用

马赫数(Ma)，即飞机所在高度的真空速(v)和当地音速(a)之比($Ma=v/a$)。

当飞机接近音速飞行时,某些部位可能产生局部激波,阻力急剧增加,将会导致飞机的稳定性和操纵性能变坏,甚至产生激波失速,为防止激波失速,必须测量马赫数。

2) 测量马赫数的原理

气动式马赫数表的测量原理和基本结构与真空速表基本相同。

马赫表的两个测量部件为空速膜盒和高度膜盒。空速膜盒通过测量全/静压的压差获得空速;高度膜盒使用静压测量出高度。马赫数的测量则采用这两套测量部件测量参数的比值得出。

因为 $Ma=v/a$,速度可用全/静压差(p_t-p_H)表示,空速膜盒可以测量出压差值。音速是不能直接测量的,从前面空气动力学的内容可知,音速在一定的范围内是随高度增加线性减少的。因此,可以通过使用高度膜盒测量出静压的大小来反映空速的变化。所以,马赫数的测量就从飞机所在高度的真空速与本地音速的比值变为用全/静压差与静压的比值来表示了。

3. 马赫-空速表的指示

传统飞机的指示空速和超速指示器是组合式仪表,即马赫-空速表。马赫-空速表上的白色指针代表指示空速(IAS),红、白相间指针指示超速状况最大操作速度、最大操作马赫数(VMO/MMO)。

电动式马赫-空速表如图 3.2.11 所示。对飞机的超速状况可发出警告。马赫-空速警告系统在飞机出现超速状况时,系统提供视频和音频警告。白色的指针指示出计算空速(CAS),红/白指针指示由马赫-空速警告计算机计算出的速度极限值。马赫-空速表上的窗口还用数字形式指示出计算空速和马赫数,当马赫-空速警告计算机出现故障时,窗口内显示 VMO 和 MACH 故障旗。

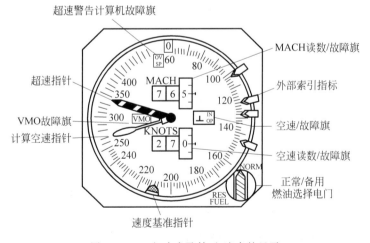

图 3.2.11 电动式马赫-空速表的显示

电子飞行仪表显示的空速位于主飞行显示器空速带上,马赫数则位于空速带的底部。图 3.2.12 所示为波音 747-400 飞机的大气数据计算机输出的计算空速和马赫数。

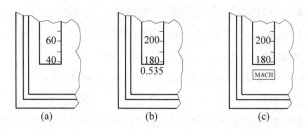

图 3.2.12　电子飞行仪表显示的空速和马赫数
(a) 无计算数据或 $Ma<0.4$ 显示；(b) $Ma>0.4$ 显示；(c) Ma 故障旗显示

3.3　全/静压系统

全/静压系统用来收集气流的全压和静压，并把它们输送给需要全压、静压的仪表及有关设备。全/静压系统是否准确和迅速地收集与输送全压、静压，直接影响全/静压系统仪表指示的准确性。高度表、升降速度表、空速表和马赫数表等都是基于测量全压、静压而工作的仪表，因此有必要学习全/静压系统的相关知识。

3.3.1　组成和功能

全/静压系统是一个管道系统，由全/静压探头、探孔、活门、软管、管道支管和包括排水装置在内的各种装置组成，其组成框图如图 3.3.1 所示。

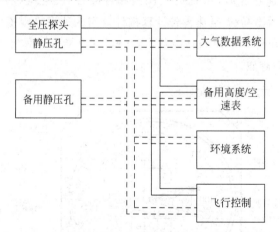

图 3.3.1　全/静压系统组成框图

全/静压系统的主要传感器是 4 个探头，探头之间通过软管和管路相连，飞机一侧上部的探头和另一侧下部的探头相连，使飞机在转弯或有扰流时，取得静压管路里的静压平均值，从而避免造成正、副驾驶仪表之间的差别。

两个备用静压孔相互连接，提供静压平均值给备用高度空速表。

全/静压系统组成部分包含以下部件。

（1）全/静压探头——（又称空速管）感受全压和静压，并通过导管将气压输给使用气压的仪表或组件。

（2）加温电阻丝——防止空气中的水分在高空全/静压口处结冰、堵塞，加温器连接到底座上的两个绝缘插钉上。加温时，探头可达到很高的温度，触摸时可导致严重烫伤。地面通电时，加温时间不能超过5min。若探头损坏或加温器故障，必须更换整个探头。

（3）管路——铝管和软管。设备越多，管路越长，传递全静压延迟的时间越长，仪表指示的延迟误差越大。

（4）排水接头——用于排出积聚在全压和静压管内的水分。特别在雨中飞行后，必须及时排放。排水接头（沉淀槽）应安装在系统管路的最低处。

3.3.2 静压系统

气压式高度表、空速表和升降速度表都需要获得静压，才能输出正确数值。这些仪表通过管路连接到静压孔。静压孔穿过机身蒙皮使飞机外部的静压进入机内静压管路。静压孔位于机身前侧面无气流干扰的平滑处，此处便于测量静压。它安装在机身蒙皮上稍稍向内凹进，因此称为平齐式静压孔，如图3.3.2所示。在孔周围喷有一圈红漆，其下面标有注意事项。要求保持圈内的清洁和平滑，并且，静压孔上的小孔不能变形或堵塞。

静压孔区域必须保持清洁和光滑，目的是防止出现干扰气流，得到正确的指示。

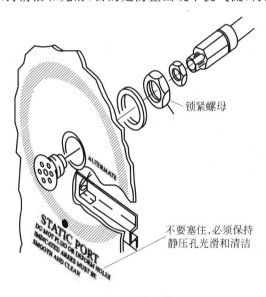

图3.3.2 平齐式静压孔

必须注意：在清洗飞机或退漆时，应该用专用盖子堵住静压孔。该堵盖应使用鲜艳的颜色，例如红色。这样容易辨认，便于在下一次航班前将堵盖摘下。

在飞机飞行期间，即使静压孔区域保持清洁、平滑，测量到的静压也不会完全等于飞机外的静压。这种测量静压与真实静压之差被称为静压源误差（SSE）。它取决于机身的外形、飞机的空速、迎角、襟翼和起落架的位置。静压源误差的校正由大气数据计算机来完成。

另外，还有一种飞行姿态也会影响静压的测量，这就是飞机侧滑。例如在侧滑期间，由于冲压气流的影响，机身左侧静压高于正常静压，右侧的静压低于正常静压。为了补偿这一影响，在机身两侧都开一个静压孔，并使它们连通。这样就补偿了由于飞机侧滑带来的影响，如图3.3.3所示。

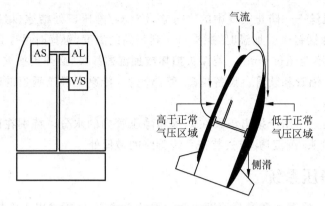

图 3.3.3　静压系统与静压孔的开口位置

3.3.3　全压系统

全压系统应用于空速表中。全压等于动压与静压之和,它通过全压管测得。全压管将测得的全压加到空速表。

在大型飞机上,全压管通常位于机身的前部。所有的全压管在前端都有一个开孔收集气流的全压。

注意:全压管的前端应保持良好的条件,不能影响气流的流动。

在管子内有一个挡板,它的作用是防止水或外来物进入全压管路。在管子的最低点有一个排泄孔,它可以将水和灰尘颗粒排到外面。全压孔必须保持畅通,只有这样才能保证仪表给出正确的指示。

电加温探头可以防止飞机在飞行期间结冰引起全压管堵塞。注意:如果飞机在地面上接通加热开关,会对管子加温,并且温度很高,触摸时可导致严重烫伤。如果飞机长时间停在地面,全压管必须用专用护盖罩上,以防止水和其他外来物进入。护盖上带有明显标志,以此警告机械员或驾驶员在下次飞行前必须摘掉护盖。

在某些类型的飞机上,全压管上也有静压孔。这种类型的管子称为全/静压管,如图 3.3.4 所示。

全/静压管一般包括全压、静压和加温等部分。有一支架保持探头离机身蒙皮几英寸,来减小气流的干扰。每个探头上有三类孔:一个孔朝前感受全压,两个孔在侧面感受静压,全压部分用来收集气流的全压。全压孔位于全/静压管的头部正对气流方向。全压经全压室、全压接头和全压导管进入大气数据仪表或系统。全压室下部有排水孔,全压室中凝结的水由排水孔或排水系统漏掉。

静压部分用来收集气流的静压。静压孔位于全/静压管周围没有紊流的地方。静压经静压室、静压接头和静压导管进入仪表。全/静压管是流线型的管子,表面十分光滑,其目的是减弱它对气流的扰动,以便准确地收集静压。

一个底座包括电气和气压接头,加温器连接到底座上的两个绝缘的插钉上。在底座上的双定位销帮助探头安装时定位。密封垫用于提供座舱压力密封,它安装在探头安装凸缘与飞机机体之间。

为了准确地收集静压,避免全/静压管前端及后部支架对静压孔处压力的影响,静压孔至全/静压管前端的距离,大致应等于全/静压管直径的 3 倍,至后部支架也应有一定的距离。

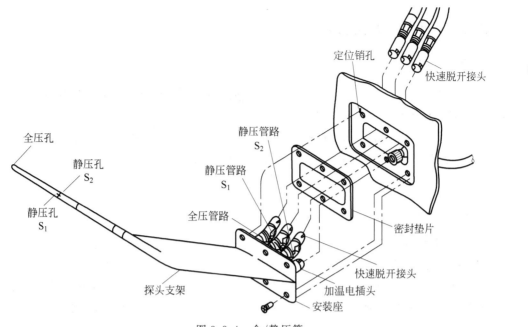

图 3.3.4 全/静压管

3.3.4 系统结构

现代典型飞机上安装有三套 ADC。机长可以选择不同的数据源为左 PFD 和 ND 提供显示数据。通常机长使用 1 号 ADC 作为正常的数据源,3 号 ADC 作为备用数据源。

副驾驶员同样也可以选择不同的数据源为右 PFD 和 ND 提供显示数据。通常副驾驶员使用 2 号 ADC 作为正常的数据源,3 号 ADC 作为备用数据源,如图 3.3.5 所示。

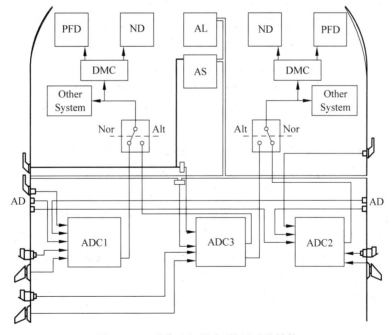

图 3.3.5 现代飞机的全/静压系统结构

3.3.5 使用注意事项

1. 飞行前检查

（1）全/静压管、全压管和静压孔的布套和堵塞应取下并检查是否有脏物堵塞。这些布套和堵塞都有醒目的红色标志，易于检查。

（2）全/静压管、全压管和静压孔的电加温，应按规定进行检查。由于地面没有相对气流散热，通电检查时间不能太长，一般不超过 1～2min，以免烧坏加热元件。

（3）全/静压转换开关均应放在"正常"位。

2. 空中使用

（1）大、中型飞机应在临起飞前接通电加温开关；小型飞机则在可能结冰的条件下飞行时（如有雾、雨、雪等）接通电加温。

（2）当"正常"全、静压失效时，一般应首先检查电加温是否正常。若电加温不正常，应设法恢复正常；如果"正常"全/静压仍不能有效工作，则应将全压或静压转换开关放到"备用"位。

（3）如果全/静压系统被堵塞而又没有"备用"系统时，应根据全/静压系统仪表的工作原理正确判断受影响的仪表，然后综合应用其他仪表，保证飞行安全。

3.4 大气数据计算机系统

大气数据信息即自由气流的静压、动压、静温、高度、高度偏差、高度变化率、指示空速、真空速、马赫数（Ma）、马赫数变化率及大气密度等参数，是飞机发动机、自动飞行控制系统、导航系统、空中交通管制系统及飞行驾驶仪表显示、警告系统等不可缺少的信息。大气数据信息的准确性对提高飞行安全和经济性起着重要作用。由于各系统需要的大气数据信息的形式不同（包括各种形式的模拟量及数字量），需要的信息量也各不相同，有的飞机各系统需要大气数据信息上百个。显然，靠数目很多的分立式测量系统提供大气数据信息，造成重量大、成本高、功能少、可靠性差、延迟误差大及维护不便等缺点，而且测量精度也无法提高。

大气数据计算机系统就是测量静压、动压、总温（及参与修正作用的迎角和气源误差），经过解算装置或计算机的运算，输出大量的大气数据信息的系统。

大气数据计算机系统主要分为三大部分：①传感器测量装置，包括静压传感器、动压传感器（或全压传感器）、总温传感器、迎角传感器等；②具有可进行误差修正和补偿的解算部分（解算装置或计算机）；③座舱指示、显示装置及信号输出装置。它们将传感器感受的全压（p_t）、静压（p_H）和大气总温（T_t）进行相应的计算，输出所需要的大气数据，送给相应的指示仪表和系统。大气数据计算机除对上述数据进行处理和计算外，还要对静压源误差进行校正（SSEC），使计算的大气数据更加精确。目前广泛应用于现代飞机上的为数字式大气数据计算机。

从飞机的发展历程来看，大气数据计算机有三种类型：第一种类型是模拟式大气数据计算机(ADC),它为机电式伺服仪表提供信号;第二种类型是数字式大气数据计算机(DADC),它用于现代飞机上,其输出数据通过数据总线传送至各数字仪表;第三种类型是混合式大气数据计算机,它既可以输出数字数据,也可以输出模拟信号,它实际上也是属于数字式计算机,因此,一般将后两者都称为数字式大气数据计算机。

3.4.1　模拟式大气数据计算机系统

1. 组成

模拟式大气数据计算机根据静压、全压、总温三个传感器,利用闭环伺服回路技术,通过高度、空速、马赫数等函数解算(函数凸轮或函数电位计),向所需要大气数据信息的系统传送参数。这种综合设备就是众所周知的中央大气数据计算机(CADC),如图3.4.1所示。

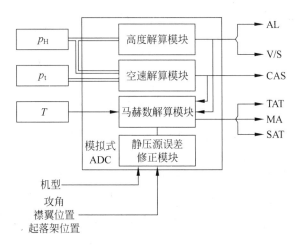

图3.4.1　模拟式大气数据计算机系统

2. 模拟式传感器

1) 总温传感器

总温传感器又称总温探头,如图3.4.2所示。它是一个金属管腔,装在机身外部没有气流扰动的蒙皮上,其对称轴与飞机纵轴平行(总温探头不属于大气数据计算机的一部分,但它是大气数据计算机重要的信号源)。传感器感受通过其腔内的气流温度。空气从前口进入,从后口及周围几个出口流出,如图3.4.2中箭头所示。探测元件(感温电阻)被封装在两个同心管内,气流在探测元件附近处全受阻状态。感温电阻是由高纯度的全退火无应力铂丝制成,其电阻值与全受阻温度相对应。该电阻值经电路转换,输出与全受阻温度相对应的电压值。

总温探头测量的是环境大气温度(静止空气温度,即静温)和运动空气受阻时动能所转化的温度(动温)之和,所以称为总温。在马赫数低于0.2时,总温非常接近于静温。随着马赫数的增加,静温与总温的关系按下面的方程变化:

$$T_t = T_H(1 + 0.2Ma^2)$$

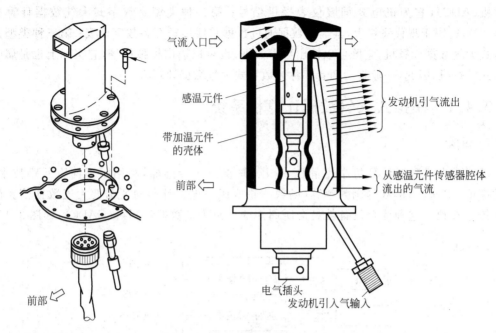

图 3.4.2 总温传感器结构图

式中，T_t 和 T_H 分别为总温和静温的绝对值；Ma 是马赫数。温度探头是在绝热条件下设计的。

在高空飞行时，空气中的水分由于低温可能结冰堵塞感温探头的进气孔或排气孔，故温度探测器设置了由加温电阻组成的防冰加温元件。由于气流首先流过感温电阻周围，然后流过加温电阻元件，从而气流将加温元件散发的热量带出，使加温元件的热量不会影响感温电阻的测量。

在地面或飞行速度较低时，可以利用小流量的发动机引气流动在金属探头腔体内造成的负压，使进入腔体的气流顺畅流动，同时还能将传感器加温的热量带出，确保测量全温 TAT 的指示准确。

无论在地面对加温电路进行测试还是拆卸时都要注意探头的温度。拆卸时，拔掉探头的电插头，断开发动机引气，警告维修人员不要触摸热探头以免被烫伤。

2）气流角度传感器

迎角(α)，又被称为攻角和侧滑角(β)，是大气数据系统中产生静压源误差的因素之一，在现代高速飞机上，这已越来越受到人们的重视，在 DADC 中对气流角产生的静压源误差必须加以校正。

为测量迎角(α)和侧滑角(β)，通常将传感器设计成能伸出到飞机外的气流中，但安装处应无扰动气流。常用的传感器形式如图 3.4.3 所示，图中，右侧为翼形，左侧为锥形。

翼形传感器即旋转风标式传感器，它由一个经过静力平衡的风标（叶片）、传动机构、信号变换器（自整角机或自动同位器）及固定连接部分等组成。叶片固定在转轴上，由于风标预先经过静力平衡，具有对称的剖面形状，且可以绕轴转动。

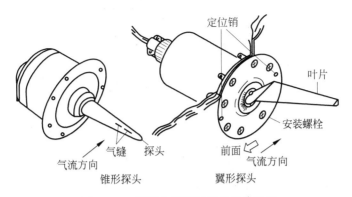

图 3.4.3 锥形和翼形气流角度传感器

3. 静压源误差修正

由于传感器的安装处不可避免地存在有空气扰动,从而使静压传感器收集到的压力和飞机所在处的实际静压之间存在着误差,称为静压源误差。该误差影响到飞行参数的计算,故需要引入静压源误差修正(SSEC)。该误差的大小决定于飞机的马赫数、迎角以及传感器感受到的压力。

在模拟式大气数据计算机中,静压源误差修正方法主要采用电气修正法、机械修正法和气动修正法。电气修正法的基本思想是在压力传感器系统的伺服放大器输入端上外加一个电气信号,以使系统的输出轴附加一个转角,此附加转角恰好等于静压源误差修正量,如图 3.4.4 所示。

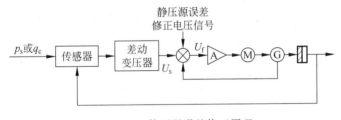

图 3.4.4 静压源误差修正原理

3.4.2 数字式大气数据计算机系统

1. 组成及原理

数字式大气数据计算机是采用集成电路实现电子计算的。该系统由传感器部分、计算机部分和指示部分组成,如图 3.4.5 所示。

原始参数输入信号 p_{si}(指示静压)、p_t(总压)、T_t(总温)和 α_t(迎角)分别由静压传感器、总压传感器、总温传感器和迎角传感器提供。这些信号经多路传输器和 A/D 转换器编码,转换成数字计算机能够接受的数字形式,再输入计算装置部分。计算装置是一台数字微处理器,其输出是数字形式,经 D/A 转换器和多路输出器转换为模拟信号或离散信号等,供显示器或各设备使用。输出信号有:气压高度 H_p、气压修正高度、高度保持 ΔH_p、升降速度

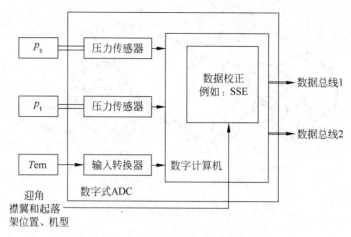

图 3.4.5 数字式大气数据计算机

v_z、真空速 v_t、指示空速 v_c、最大允许空速 v_{mo}、空速保持 Δv_c、马赫数和马赫数保持 ΔM、最大允许马赫数 Ma_{mo}、静温 T_s、总温 T_t、迎角 α、真实静压 p_s、真实动压 p_d 等。

数字式大气数据计算机中使用的温度传感器和迎角传感器与模拟式大气数据计算机中的相同,但压力传感器有所区别。

2. 压力传感器

压力传感器采用固态传感器,有石英膜盒式、压阻式和振膜式三种。如波音 737 飞机上的 HG-480 系列数字式大气数据计算机中,都采用压阻式压力传感器。这种传感器利用了压电效应,故又称为压电晶体敏感元件。传感器的两头有进气端口,分别接大气压力 p_s 和被测压力 p_x,所以可以测量动压。当传感器的一端密封并抽成真空,就变为静压传感器,如图 3.4.6(a)所示。

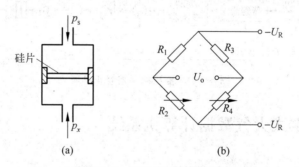

图 3.4.6 压电式压力传感器
(a) 传感器结构示意图;(b) 压敏电阻构成电桥

这种元件是这样构成的:把一块 N 型单晶硅片装在一个壳体内,在 N 型单晶硅上扩散形成 P 型电阻条,并构成惠斯登电桥,硅片既是压力敏感元件,又是变换元件,如图 3.4.6(b)所示。由于一对电阻元件(R_1,R_4)感受晶体膜片切面方向的应力;另一对电阻元件(R_2,R_3)感受晶体膜片径向应力,故当压力变化时,R_1、R_4 与 R_2、R_3 的阻值向着相反的方向变化。

设 $p_x = p_s$ 时,$R_1 = R_2 = R_3 = R_4$,$U_o = 0$。当 $p_x > p_s$ 时,R_1、R_4 增大,R_2、R_3 减小,电桥不再平衡,U_o 输出正比于被测压力($p_x = p_s$)的值,所以 U_o 的大小是被测压力的函数。

3. 误差校正

压力传感器的输出或多或少都具有非线性特性,且各个传感器的输出特性有一定的分散性,这将使设计计算复杂化,使传感器之间缺乏互换性,给大气数据计算机的维护造成一定困难。因此,必须对传感器的特性进行校正,使其输出线性化和标准化,即校正后的传感器输出应以规定的比例系数与实际输入压力成正比。数字式大气数据计算机利用软件进行校正,即软件校正法。压力传感器无论是电容式、压阻式还是振膜式都采用了软件校正法。

1) 传感器的静特性校正方法

传感器的静特性是指在一定条件下,它的输出和输入之间的关系。同类型的传感器应有相同的静特性,但实际上,不是精确地相等。故每个传感器组件内带有一个存储器,里面存有修正信息,计算机中有对每个传感器都适用的特性校正程序,对该传感器的输出进行修正。这样,对计算机来说,把传感器和该传感器的专用存储器视为一个整体,各传感器组件之间就具有了互换性。

2) 传感器的温度补偿

因为传感器的环境温度对传感器的测量值有一定的影响,对于高精度的测量系统来说,传感器的温度误差已成为提高系统精度的严重障碍,依靠传感器本身附加一些简单电路或其他装置进行完善的温度补偿是很困难的。在装有计算机的测量系统中,利用微处理机对传感器进行温度补偿是比较方便的,只要求出温度误差与一些变量之间的函数关系,就可以利用软件算出温度误差的补偿量,使误差得到较完善的补偿。

3.5 飞行数据记录系统

1. 概述

飞行数据记录器(见图 3.5.1)在发动机工作(或飞机离地)后,可以自动实时地记录飞机的飞行状态参数和发动机工作状态参数,为分析飞行情况及飞机性能提供必要的数据。因此,飞机制造厂根据试飞数据改进设计方案或制造工艺,消除飞机上的各种隐患,使飞机有更好的安全性能和经济性能;在飞行培训中,可利用记录的数据来评定驾驶员的驾驶技术,确保训练质量;航空工程部门根据数据的衰变,快速准确地判明飞机的故障、飞机性能及发动机性能的变化趋势,以便确定维修实施程序进行维修。此外,当飞机出现事故后,可以根据记录数据帮助分析事故原因等。

机载飞行数据记录器记录飞机最近 25h 的实时飞行状态参数与系统数据以及飞机系统工作状况和发动机工作参数等。飞行数据记录器从最初仅记录几个参数发展到可记录几十类上万个参数,例如,时间、航向、高度、空速、垂直加速度、发射键控信号、发动机参数、襟翼位置、横滚角、俯仰角、纵轴和横轴的加速度、飞行控制舵面的位置、无线电导航信息、自动驾驶仪的工作情况、大气温度、电源系统的参数和驾驶舱警告等。

现代飞行数据记录器有两种类型,一种是磁带式飞行数据记录器;另一种称为数字式飞行数据记录器。目前飞机大多选用数字式飞行数据记录器为固态飞行记录器(solid state

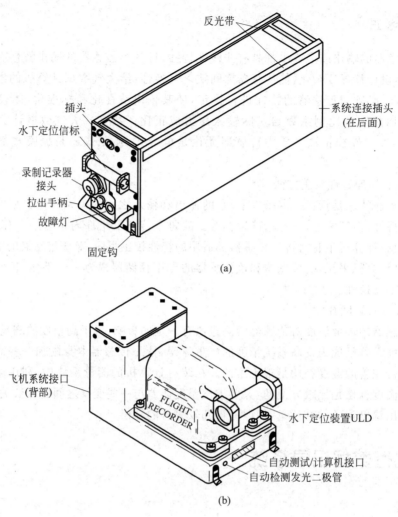

图 3.5.1 飞行数据记录器
(a) 磁带式飞行数据记录器；(b) 固态式飞行数据记录器

flight data recorder)存储数据。

磁带式飞行记录器(FDR)的磁带传动机构装在一个防坠毁耐热的盒子中，盒子由两半装有绝热层和玻璃钢衬里的淬火钢装甲壳组成，两半结合部有密封垫和护圈。

数字式 FDR 采用固态存储器，例如 CMOSEPROM，它取消了磁带传动机构，内部没有活动部分。

2. 飞行数据记录系统

1) 基本功能

无论是磁带式的记录器还是固态记录器，都能记录飞机最近 25h 的数据，并且，先前记录的数据总是由新数据刷新。FDR 安装于飞机的尾部，通常，在飞机坠落时，这一区域不会受到严重的损坏。所有 FDR 的外壳都喷成国际标准警告色——橘红色，这样，一旦发生坠机事件，搜寻人员可以很方便地找到它。为了使记录器上的信息在较为恶劣的环境下不丢失,记录器必须具有抗震动、耐火烧(温度在1000℃以上)、耐海水和各种液体浸泡的能力。所有FDR都有水下定位信标,当飞机坠落在大海中时,用于水下定位,其外形和结构图如图3.5.2所示。

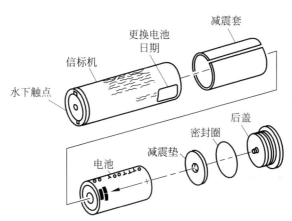

图3.5.2 水下定位信标的外形与结构图

水下定位信标机的电源是干电池,一般选用锂电池,所以飞机坠入大海中后,它能独立工作。在维护水下定位标时应注意以下事项:按规定时间检查和更换水下定位装置的电池,并应在干净的维修车间内进行更换。每次检查和更换电池时,都应注意O型密封圈是否老化、变形,表面是否光洁,以防漏水或电池受潮。除规定的标签外,不允许把任何其他的标签贴在水下定位信标的壳体上。更换电池时,应避免将电池极性装错,否则将损坏水下定位装置。避免将油泥、沙子、纤维等弄入装配螺纹中,以不影响密封盖压紧O型密封垫圈。

当水下定位标坠入海中后,信标机的电源自动接通,启动晶体振荡电路,产生37.5kHz的声波信号,该信号可以被水下话筒收到,从而确定声源的方位和距离,便可顺利地找到飞行记录器。水下定位装置在水下的辐射范围是1.8~3.0km远,水深可达3000m以下,声波信号可保持发射30天。

2) 飞行数据记录系统基本工作过程

飞行数据记录器在飞机飞行开始时自动工作,飞机落地后自动停止。

典型的自动开关信号是发动机燃油压力和空速信号。在驾驶舱内有一个测试开关,地面人员利用它可以对飞行数据记录器的工作状态进行测试。在现代飞机上,这种测试可以在CMC上完成。

所有来自飞机系统的信号首先加到飞行数据获得组件。该组件将信号组合在一起,以一定的数据格式输出到飞行数据记录器,记录器将其记录在磁带或CMOSEPROM存储器上,同时,FDR还对所记录的数据进行监测。

另外,FDR还用来存储飞机号和飞行日期。它既可以由飞行管理计算机提供,也可以在飞行数据控制板上输入。图3.5.3所示为飞行数据控制板,驾驶员通过它可以手动输入数据。

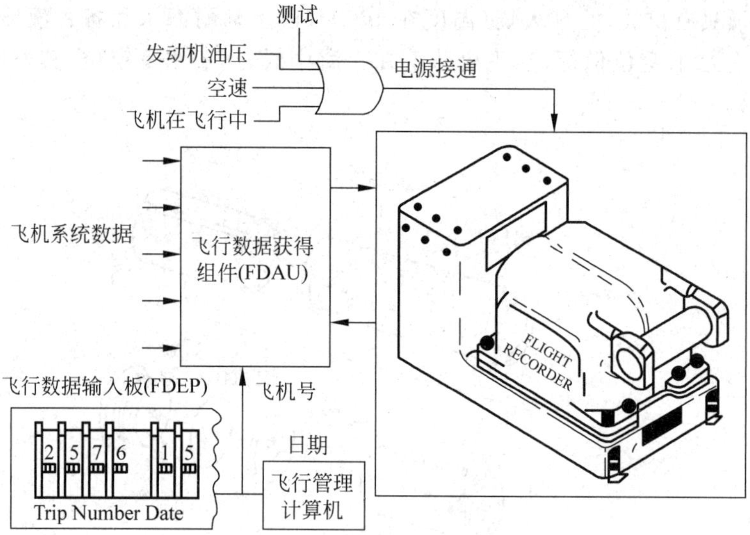

图 3.5.3 飞行数据记录系统

3.6 陀螺及陀螺原理

3.6.1 陀螺

1. 陀螺的基本概念

测量物体相对惯性空间转角或角速度的装置称为陀螺。陀螺的种类很多,包括普通刚体转子陀螺、挠性陀螺、激光陀螺、光纤陀螺、粒子陀螺以及低温超导陀螺等。对于刚体转子陀螺,通常将其定义为能够绕一定点作高速旋转的物体。例如"地转子",当它不转动时和普通物体一样,如图 3.6.1(a)所示。当它高速旋转起来以后,就有一个明显的特征:地转子能稳定地直立在地面不会倒下,这就是陀螺的稳定性,如图 3.6.1(b)所示。这说明高速旋转的物体具有保持其自转轴方向不变的特性,根据这种特性所研制出的一种能感测旋转的装置叫做陀螺仪。

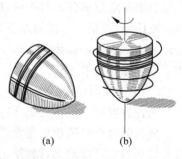

图 3.6.1 地转子

因为陀螺仪可以感测物体相对于空间的旋转,所以,可以利用它来测量角位移或角速度。利用这种原理研制出了各种陀螺仪表,并在航空中得到了广泛的应用。

2. 刚体转子陀螺分类

随着科学技术的发展,陀螺仪表种类日趋繁多,性能不断提高。一般按结构来分,有三自由度陀螺和二自由度陀螺。由这两种基本陀螺可以组成具有不同功能的航空仪表。

1) 三自由度陀螺

由转子、内框、外框组成,且转子能够绕三个互相垂直的轴自由旋转的陀螺,称为三自由度陀螺。转子是一个对称的飞轮,可以高速旋转,其旋转轴称为自转轴,旋转角速度称为自转角速度。内框(内环或陀螺房)可以绕内框轴相对外框(外环)自由旋转,外框又可以绕外框轴相对支架自由转动,如图 3.6.2 所示。这两种转动角速度都称为牵连角速度。

自转轴、内框轴和外框轴的轴线相交于一点,称为陀螺的支点,整个陀螺可以绕支点作任意的转动。

三自由度陀螺的内框和外框能保证自转轴在空间指向任意方向,所以,内框与外框组成的支架又称为万向支架。

在三自由度陀螺中,重心与支点重合,且轴承没有摩擦的陀螺,称为自由陀螺。它是一种理想的陀螺。

2) 二自由度陀螺

只有转子和内框,且转子只能绕两个互相垂直的轴自由旋转的陀螺,称为二自由度陀螺,如图 3.6.3 所示。

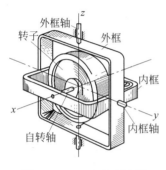

图 3.6.2　三自由度陀螺

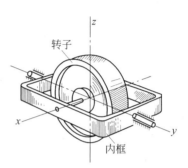

图 3.6.3　二自由度陀螺

3. 陀螺的基本特性

1) 三自由度陀螺的基本特性

三自由度陀螺主要有两个基本特性:稳定性和进动性。

(1) 稳定性

当三自由度陀螺转子高速旋转后,若不受外力矩的作用,不管基座如何转动,支撑在万向支架上的陀螺仪自转轴指向惯性空间的方位不变,这种特性称为"稳定性"。如果我们以地球为基准,则可以认为三自由度陀螺相对于地球运动,这种运动称为陀螺的假视运动或视在运动。视在运动是陀螺稳定性的表现。

例如,把三自由度陀螺放在地球北极(或南极),并使其自转轴与地球自转轴垂直,如图 3.6.4 所示,则可以看到自转轴在水平面内相对地球子午面顺时针转动,每 24h 转动一周。

若把陀螺放在地球赤道上,并使其自转轴与地平面垂直,则自转轴在垂直平面内相对地平面转动,每 24h 转动一周。

若把陀螺放在地球上任意纬度处,自转轴与地平面平行,朝向南北方向,则自转轴方向逐渐改变,相对地球作圆锥轨迹运动,每 24h 转动一周。

不管把陀螺放在地球上什么地方,只有当陀螺自转轴与地球自转轴相互平行或重合时(不管陀螺在地球上什么地方),不存在相对运动,否则都会有相对运动。

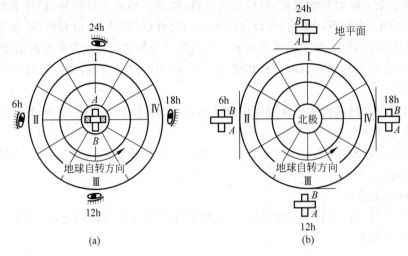

图 3.6.4 三自由度陀螺的稳定性
(a) 把陀螺放在地球北极（或南极）；(b) 把陀螺放在地球赤道

由于视在运动的存在，将使航空陀螺仪（一般要求相对地球稳定）产生误差，误差的大小可以由飞机所在的位置和地球自转角速度进行计算，如图 3.6.5 所示。

地球自转角速度 ω_e 可以分解为一个与地平面垂直的分量 ω_{ev} 和一个与地平面平行的分量 ω_{eh}，其大小分别为

$$\omega_{ev} = \omega_e \sin\varphi$$
$$\omega_{eh} = \omega_e \cos\varphi$$

式中，φ 为角度。

陀螺自转轴相对地球运动的角速度，与地球自转角速度大小相等、方向相反，因此

$$\omega'_{ev} = -\omega_{ev} = -\omega_e \sin\varphi$$
$$\omega'_{eh} = -\omega_{eh} = -\omega_e \cos\varphi$$

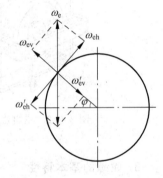

图 3.6.5 地球自转角速度的分解

式中，ω'_{ev} 为陀螺自转轴相对地球运动角速度的垂直分量；ω'_{eh} 为陀螺自转轴相对地球运动角速度的水平分量。

ω'_{ev} 将使陀螺自转轴偏离当地子午线，ω'_{eh} 将使陀螺自转轴偏离当地地垂线。因此，若要使陀螺自转轴保持在当地子午线或地垂线方向上，则要对陀螺施加一定的控制力矩，使自转轴以相应角速度在惯性空间进动。

陀螺的稳定性还表现为当陀螺受到瞬时力时，转子轴的大方向基本不变，这种现象称为陀螺的"章动"。只要陀螺具有较大的动量矩，这种圆锥运动的频率比较高，振幅却很小，自转轴在惯性空间中的方位改变是极其微小的，且很容易衰减。当章动的圆锥角为零时，就是"定轴"。

(2) 进动性

① 进动方向和进动角速度

当三自由度陀螺的转子绕自转轴高速旋转的同时，若外力矩 M 绕内框轴作用在陀螺仪

上,则转子还绕外框轴相对惯性空间转动,如图3.6.6(a)所示;若外力矩 M 绕外框轴作用在陀螺仪上,则转子还绕内框轴相对惯性空间转动,如图3.6.6(b)所示。在陀螺仪上施加力矩 M,会引起陀螺转子相对惯性空间转动的特性,称为陀螺仪的进动性。进动性是三自由度陀螺仪的一个基本特性。陀螺仪绕着与外力矩矢量相垂直的方向的转动,称为进动,其转动角速度称为进动角速度。

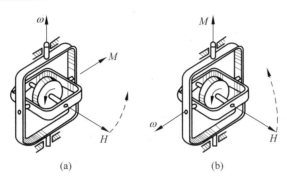

图3.6.6 外力矩作用下陀螺仪的进动

进动角速度 ω 的方向取决于转子动量矩 H 和外力矩 M 的方向。外加力矩沿陀螺自转方向转动90°即为进动角速度(ω)矢量方向。或者用右手定则记忆:从动量矩 H 沿最短路径握向外力矩 M 的右手旋进方向,即为进动角速度方向。

进动角速度 ω 的大小取决于转子动量矩 H 的大小和外力矩 M 的大小,其计算公式为

$$\omega = M/H$$

② 进动的特点

a. 运动不是发生在力矩作用的方向,而是发生在和它垂直的方向;非陀螺体发生在力矩作用的方向。

b. 进动角速度($\omega = M/H$)在动量矩一定时,对应一个外力矩只有一个进动角速度;非陀螺体角速度则不断变化。

c. 外力矩停止作用时,进动立即停止;非陀螺体则要作惯性运动,继续运动下去。

当自转轴与外框架一致,陀螺失去稳定性,会发生整个陀螺绕外框轴转动,这种现象称为陀螺的"飞转"。实际应用中,应避免这一情况的发生。

2) 陀螺力矩

陀螺的运动是一种机械运动,即绕三个互相垂直的轴自由旋转运动。这种旋转运动也是由于陀螺内部的矛盾性引起的。具体来说,就是体现了自转运动与牵连运动的矛盾性。这两种角运动互相作用的结果产生了陀螺力矩。在陀螺力矩的参与下,陀螺的运动具有自己的特殊规律。

(1) 陀螺力矩的方向

物体同时绕两个互不平行的轴旋转时会产生陀螺力矩。

陀螺力矩的矢量垂直于两个转轴所组成的平面。陀螺力矩的方向与自转角速度的方向和牵连角速度的方向有关,并可用以下的规则来确定:牵连角速度矢量沿转子自转的方向转90°就是陀螺力矩矢量的方向,如图3.6.7所示。

牵连角速度矢量朝 z 轴的正方向,自转角速度矢量朝 z 轴的正方向,则牵连角速度矢量

沿转子旋转方向转 90°，将指向 y 轴的负方向，这就是陀螺力矩矢量的方向。故转子的动量矩和牵连角速度的方向决定了陀螺力矩的方向。

(2) 陀螺力矩的大小

陀螺力矩的大小与动量矩和牵连角速度的乘积成正比。

3) 二自由度陀螺仪

二自由度陀螺仪可以用来测量飞机的角运动，有速度陀螺仪、转弯仪、陀螺继电器等。

(1) 二自由度陀螺的进动特点

二自由度陀螺的进动规律和三自由度陀螺的进动规律有共同点。例如，只要它们同时存在自转角速度和牵连角速度，都会产生陀螺力矩。但是由于二自由度陀螺比三自由度陀螺少了一个自由度，其运动规律又有许多不同于三自由度陀螺的特点。

二自由度陀螺的进动如图 3.6.8 所示，设二自由度陀螺以角速度 Ω 自转，自转角速度的矢量朝左，牵连角速度矢量朝上。在自转角速度和牵连角速度的共同作用下，二自由度陀螺会产生绕内框轴的陀螺力矩 L，其方向朝前。在此力矩作用下，陀螺以角速度 $\omega_{进}$ 绕内框轴转动，称为二自由度陀螺的进动。

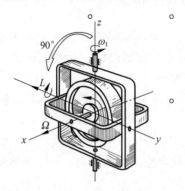

图 3.6.7 陀螺力矩的方向判断

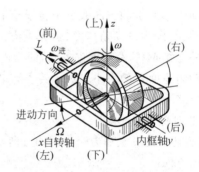

图 3.6.8 二自由度陀螺的进动

二自由度陀螺的进动与三自由度陀螺的进动有所不同，主要表现如下：

① 三自由度陀螺在常值外力矩作用下进动，二自由度陀螺在牵连角速度作用下加速进动；

② 三自由度陀螺在外力矩消失后立即停止进动，二自由度陀螺在牵连角速度消失后维持等速进动。

(2) 二自由度陀螺的受迫运动

当二自由度陀螺沿内框轴有外力矩作用时，由于陀螺不能绕 z 轴转动，因而也就不能绕内框轴产生陀螺力矩来同外力矩平衡。因此，在外力矩作用下，陀螺将像普通物体一样加速转动；外力矩消失后，陀螺并不停止转动，而是像普通物体一样维持等速旋转（见图 3.6.9）。二自由度陀螺的这种运动称为受迫运动。

可以看出，由于二自由度陀螺只有两个自由度，当它受到绕内框轴的冲量矩作用时，不能像三自由度陀螺那样绕

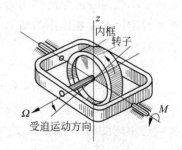

图 3.6.9 二自由度陀螺的受迫运动

外框轴旋转,因而也就不能借助于陀螺力矩使陀螺绕内、外框轴的转动互相影响,形成章动,保持转子轴大方向。当基座绕 z 轴转动时,由于陀螺力矩使陀螺绕内框轴进动,转子轴方位就要改变,不能保持原来方位。

3.6.2 陀螺仪的应用

在飞机上,陀螺仪表主要用来测量飞机的姿态角、航向角和角速度。按其所测参数的用途不同,飞机陀螺仪表可分为指示式与传感式两类。用来给出判读指示的属于"指示式陀螺仪表",而用于输出电信号给飞机其他系统的属于"传感式陀螺仪表"(也称陀螺传感器)。

指示式陀螺仪表有:陀螺地平仪(用于指示飞机的姿态角),陀螺半罗盘(用于指示飞机的航向角),陀螺磁罗盘(用于指示飞机的航向角),这些仪表都是三自由度陀螺的具体应用;陀螺转弯仪(用于指示飞机的转弯或盘旋),为二自由度陀螺的具体应用。

传感式陀螺仪表有:测量飞机的姿态角,并输出与这些被测量角成一定关系的电信号的陀螺仪称为垂直陀螺仪;测量飞机的航向角,并输出与之成一定关系的电信号的陀螺仪称为方位陀螺仪(或航向陀螺仪)。这些仪表都是三自由度陀螺的具体应用。测量飞机的转弯角速度,并输出与之成一定关系的电信号的陀螺仪称为速率陀螺仪,为二自由度陀螺的具体应用。这些仪表主要是给飞行自动控制系统或其他机载设备提供电信号。

3.7 陀螺仪表

3.7.1 姿态仪表

飞机的姿态表示的是飞机的机体坐标系相对于地球表面的位置关系。测量飞机姿态的仪表,主要是指测量飞机姿态角和姿态角速度的一些仪表。这些仪表能为飞行员提供俯仰角、倾斜角和转弯角速度等重要参数的目视信号,或为其他机械设备提供这些参数的电信号。

小型飞机上使用的姿态仪表主要是地平仪和转弯侧滑仪,大中型飞机上则采用姿态基准系统等。

1. 航空地平仪

航空地平仪(一般称为备用地平仪)是利用三自由度陀螺的稳定性来工作的,可以用来指示飞机的姿态。

飞行中,用俯仰角和倾斜角来表示飞机的姿态,飞机的姿态表示的是飞机的机体坐标系相对于地球表面的位置关系。垂直陀螺和航空地平仪都是测量飞机俯仰和倾斜角(见图 3.7.1)的姿态仪表,垂直陀螺安装在小型飞机上,为姿态指示器提供姿态电信号;在大型飞机上它用作备用地平仪,只是它们输出的参数形式不同。若姿态仪表引入飞行指引指令,并同姿态参数一同显示出来,则这种带有姿态指引显示的仪表称为姿态指引仪。

1) 地平仪的工作原理

地平仪的基本组成环节为三自由度陀螺、摆式地垂修正器、指示部分和控制机构,如图 3.7.2 所示。地平仪的外观和内部分别如图 3.7.3 和图 3.7.4 所示。

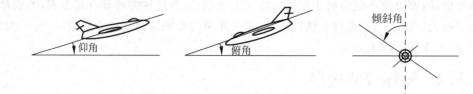

图 3.7.1　飞机的俯仰角/倾斜角

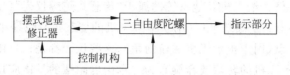

图 3.7.2　地平仪的基本组成

图 3.7.3　地平仪的外观

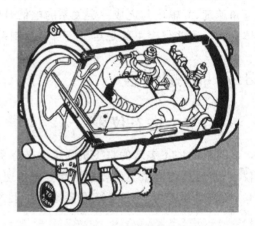

图 3.7.4　地平仪的内部

我们知道,单摆具有自动敏感地垂线的特性,但不稳定,而三自由度陀螺有较高的稳定性,但不能寻找地垂线。为了既能敏感地垂线,又能较好地使地垂线不偏转、不摆动,实际的地平仪采用了摆和陀螺联合工作的办法,即用摆的位置去控制陀螺的自转轴位置,用陀螺自转轴模拟地垂线。

图 3.7.5 所示为航空地平仪测量原理示意图。为了使问题简化,在图中只画出了陀螺的转子和飞机。陀螺的自转轴始终垂直于地平面。当飞机上仰时,陀螺自转轴的方向不变,飞机纵轴与转子平面之间的夹角就可以表示飞机纵轴与地平面之间的夹角——飞机的上仰角(θ),并规定飞机抬头仰角为正值,如图 3.7.5(a)所示;当飞机倾斜时,飞机横轴与转子平面之间的夹角就可以表示飞机横轴与地平面之间的夹角——飞机左倾斜的角度(γ),并规定飞机向右倾斜倾角为正值,如图 3.7.5(b)所示。

2) 地垂修正器的工作原理

在地平仪的四个组成部分中,陀螺和修正机构是组成地平仪的核心部分。因为修正机构的敏感元件实质上是一个摆,所以从原理上也可以说,陀螺和摆组成了地平仪的核心。

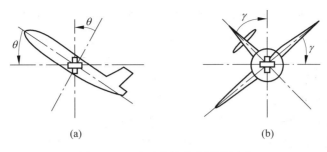

图 3.7.5 地平仪的基本测量原理

整个仪表通电工作后,陀螺转子高速旋转,陀螺在修正机构作用下,利用三自由度陀螺的基本特性——定轴性和进动性,使陀螺转子轴始终停在当地垂线方向。下面分析陀螺自转轴直立到地垂线方向的工作过程,即修正机构工作的过程。

陀螺未工作时,转子轴自由停在某一状态。所以,在仪表通电前,地平仪中一般通过人工或自动的方法将陀螺转子轴快速对准到接近地垂线的位置上,这样可以缩短直立的时间。

地平仪通电后,若转子轴没有到达地垂线,则陀螺房下边的液体摆也不水平,会有控制信号输出,这样力矩马达接收液体摆发出的控制信号,会产生力矩。陀螺根据控制信号的方向,按照进动规律,使陀螺进动,直至陀螺转子轴到达地垂线位置。当陀螺转子轴到达地垂线位置时,液体摆也被置于水平位置,不发送控制信号,力矩马达不产生力矩,陀螺不受外力矩作用,自转轴稳定在地垂线上。

当飞机作机动飞行时,如增速、减速、转弯或盘旋,液体摆受惯性力的作用而使液体不能敏感真实地垂线。由于飞机的纵向加速度引起地平仪的误差称为纵向加速度误差,由于飞机转弯或盘旋使地平仪产生的横向误差称为转弯或盘旋误差。为了减少这些误差,在不同的地平仪中采取不同的措施。如飞机有加速度时,摆的控制机构可以自动断开摆对陀螺的修正电路,停止对陀螺的修正,避免地平仪产生误差。如图 3.7.6 所示为地平仪修正原理图。

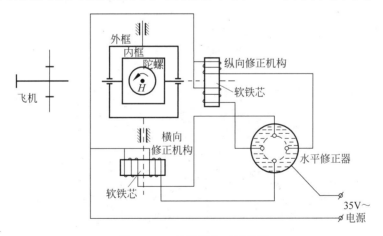

图 3.7.6 地平仪修正原理图

3)地平仪的分类
(1)直读式地平仪
直读式地平仪结构由陀螺内框、外框、陀螺转子和指示部分组成。飞机和人工地平线之间的相对位置关系反映飞机的俯仰角和倾斜角。地平仪的上锁机构用来锁定陀螺的内外框。拉出锁定手柄,则三自由度陀螺处于三轴互相垂直的位置。如果飞机是平飞或者水平停放在地面,上锁后陀螺自转轴就处于地垂线位置,缩短仪表的扶正或启用时间。此外,仪表在起动或断电时,锁住内外框可防止机件互相撞击而造成损坏。

(2) 远读式地平仪

远读式地平仪比直读式地平仪有较大的改进,将传感器和指示器分成两个独立的部件,而且还使用了陀螺继电器(即角速度传感器)和俯仰角指示器。陀螺继电器用于飞机在转弯(或盘旋)时,当角速度达到一定值切断侧向修正电路;俯仰角指示器用来放大地平仪指示器在小角度范围内输出的俯仰角刻度量,使小角度读数清楚、准确。它可将飞机的俯仰角、倾斜角信号分送给其他系统。

2. 垂直陀螺仪和姿态系统

1) 垂直陀螺仪

(1) 垂直陀螺仪的功用

用来测量飞机姿态角并输出与姿态角成比例信号的陀螺仪称为垂直陀螺仪。垂直陀螺仪作为飞机的姿态传感器,向飞机自动驾驶仪和其他机载设备如气象雷达、姿态指引仪(ADI)提供飞机的姿态信号。

垂直陀螺仪与陀螺地平仪的基本结构和工作原理是相同的,但陀螺地平仪装有指示机构,直接给出姿态指示,而垂直陀螺仪装有信号传感器,用来传输姿态信号。

(2) 垂直陀螺仪的组成

垂直陀螺仪的结构原理如图 3.7.7 所示。它由一个纵向安装的三自由度陀螺,纵横向修正力矩马达,纵横向液体电门,纵横向修正断开电门,俯仰、倾斜同步传感器,轴端间隙限制器和摆锤等部件组成。

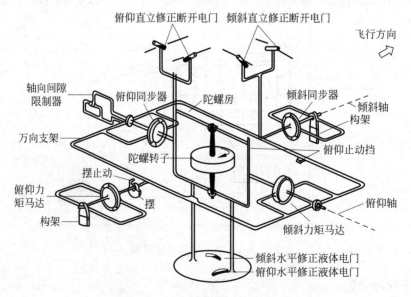

图 3.7.7 垂直陀螺仪的结构原理

为了减少纵向加速度误差和盘旋误差,在垂直陀螺上采取相应措施。为了减少盘旋误差,在垂直陀螺中安装两个倾斜切断液体电门(一个左倾斜切断,另一个右倾斜切断),发出切断倾斜修正信号,使倾斜修正力矩为零。为了减少纵向加速度误差,在垂直陀螺中安装两个俯仰切断液体电门(一个切断正加速度,另一个切断负加速度)。

为了测量和输出飞机的姿态信号,在垂直陀螺的内框轴与外框轴之间安装了一个同步俯仰同步器,在外框轴与壳体之间安装了一个同步倾斜同步器,分别输出俯仰和倾斜角电信号。

垂直陀螺仪还有相应的电子监控电路,主要用来监控电源的电压、陀螺转子转速、力矩马达的控制和激磁,快慢修正,直立和切断,俯仰、倾斜同步器等的工作情况。在有故障的情况下发出警告信号,使姿态指引仪上警告旗出现,同时切断自动驾驶仪连锁电路。

2) 姿态系统和姿态指引仪

(1) 姿态系统

姿态系统是以垂直陀螺作为传感器,为姿态指示器提供飞机的俯仰和倾斜信号,同时,还为机上其他设备提供飞机姿态信号的系统。图 3.7.8 所示为波音 737-200 机型的姿态系统框图。

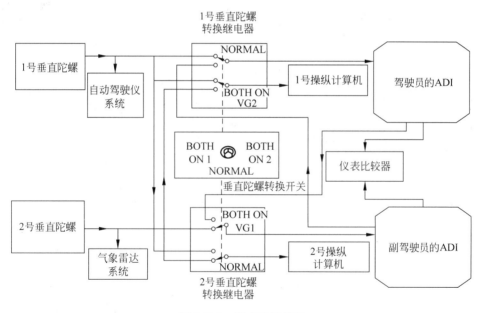

图 3.7.8 姿态系统框图

这套姿态系统中有两部垂直陀螺作为姿态系统的传感器,两套垂直陀螺独立地工作,把飞机的俯仰、倾斜信号输出到姿态指引仪(ADI),可分别为正副驾驶员提供姿态显示。1号系统为 1 号飞行指引仪和自动驾驶仪提供姿态信号;2 号系统为 2 号飞行指引仪和气象雷达提供姿态信号。在非正常情况下,两套飞行指引仪和两个姿态指引仪可以通过转换电门选择共用一个垂直陀螺,而自动驾驶仪和气象雷达则不能转换。

因两套垂直陀螺独立地工作,正副驾驶员的姿态信息出自不同的传感器,如何解决两者指示不一致的问题?有的姿态基准系统配有 3 号垂直陀螺作为备用垂直陀螺,使系统具有一个姿态比较功能,直接利用来自指示信号源的信号,比较两个指示器指示出的姿态信息。如果两个俯仰或横滚指示角度之差大于5°,则通过仪表警告系统触发警告。在上述情况下,接通3号垂直陀螺进行确认,找出正确的垂直陀螺;或者参考备用地平仪的指示也可确认。

(2)姿态指引仪

姿态系统使用的指示器是和飞行指引仪系统的指引指示器组装在一起的,形成一个综合指示仪表,称为姿态指引仪。

典型的姿态指引仪(ADI)如图3.7.9(a)所示。姿态指引仪可为驾驶员提供姿态显示,包括飞机的实际飞行姿态和姿态指引信息,还有许多其他的指示。姿态指引仪有俯仰、倾斜刻度,中间是飞机标识和飞行指引指令杆,还有跑道标识和仪表着陆系统的航向道(LOC)、下滑道(G/S)指示。最下面有一个侧滑指示器,左侧是自动油门快、慢(FAST/SLOW)指示,右上角是决断高度(DH)指示灯。不同型号的仪表显示的内容也各有不同,其中,飞行指引指令杆来自自动飞行控制系统。

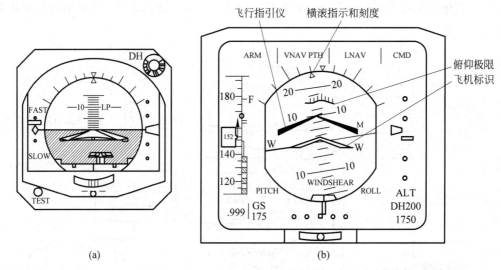

图3.7.9 姿态指引仪
(a) 姿态指引仪(ADI);(b) 电子式姿态指引仪(EADI)

现代飞机基本都已采用电子仪表系统,姿态指引仪改为电子式姿态指引仪。电子式姿态指引仪(EADI)如图3.7.9(b)所示。电子式姿态指引仪是一种CRT显示器,仪表上的各种刻度、指针和标识都使用电子符号表示。最新型的飞机已使用液晶显示器(LCD)。

3.7.2 航向仪表

1. 航向及航线

1) 航向

简单地说,飞机的航向是指飞机的机头方向。航向角的大小用飞机纵轴的水平投影线(定位线)与地平面上某一基准线之间的夹角来度量,如图3.7.10所示;同时规定从基准线的正方向按顺时针至定位线的角度为正航向角。

根据基准线不同,航向分为磁航向、真航向、罗航向、大圆航向和陀螺航向。

测量航向的仪表种类很多,如指南针、磁罗盘、陀螺罗盘等。

(1) 真航向

真子午线(即地理经线)与飞机纵轴在水平面上的投影线的夹角为真航向角。

(2) 磁航向

磁子午线(即地球磁经线)与飞机纵轴在水平面上的投影线的夹角为磁航向角。

因为磁子午线与真子午线方向不一致而形成的偏差角称为磁差。磁航向与真航向的关系为

$$\phi_T = \phi_C + \Delta\phi_C$$

式中,ϕ_T——真航向角;

ϕ_C——磁航向角;

$\Delta\phi_C$——磁差角。

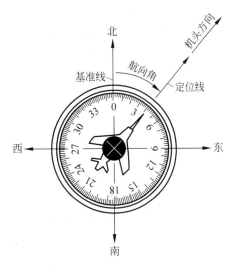

图 3.7.10 飞机航向表示法示意图

规定磁子午线北端在真子午线北端东侧磁差为正,在西侧为负。地球磁差随时间、地点不同而异,通常各地的磁差值在一年之内变化不超过 $10'$。由于所有导航设备和跑道方向以及航图上的信息都是以磁航向为基准的,所以,磁北基准必须每隔几年更新一次。

当磁差为负值时,磁航向与真航向的关系如图 3.7.11 所示。

(3) 罗航向

飞机上存在钢铁磁场和电磁场,它们形成飞机磁场。将磁罗盘装上飞机后,其传感器不仅感受到地球磁场,也感受到飞机磁场。所以,用磁罗盘传感器测得的航向基准线实际上是地球磁场与飞机磁场两者形成的合成磁场水平分量方向,如图 3.7.12 所示。磁罗盘测得的这一合成磁场水平分量方向,称为罗子午线,或罗经线。该线与飞机纵轴在水平面上的夹角为罗航向角,如图 3.7.13 所示。

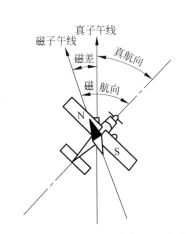

图 3.7.11 磁航向与真航向的关系

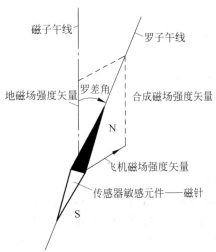

图 3.7.12 飞机磁场对罗航向的影响

罗子午线与磁子午线之间形成的夹角称为罗差,并规定,罗子午线北端在磁子午线北端东侧时的罗差为正,在西侧时为负。这样,罗航向与磁航向的换算关系是

$$\phi_C = \phi_L + \Delta\phi_L$$

式中,ϕ_L——罗航向角;

$\Delta\phi_L$——罗差角。

(4) 陀螺航向

利用三自由度陀螺在惯性空间具有的定轴性,可制成陀螺罗盘,将其陀螺自转轴置于水平位置,作为航向基准线。它所指示的航向称为陀螺航向。把它的刻度盘 0°线置于磁子午线上,所指航向称为陀螺磁航向;若把 0°线置于真子午线上,则指示航向称为陀螺真航向。

(5) 大圆航向

由于地球是一个球体,它的任何截面与球面的交线都是一个圆圈。其中以通过地心的截面与地球表面相交的圆圈为最大,称为大圆圈;飞机沿大圆圈线飞行的航向称为大圆航向,如图 3.7.14 所示。

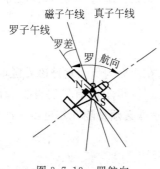

图 3.7.13 罗航向

图 3.7.14 大圆航向

2) 航线

飞机在空中飞行时所用的飞行路线称为航线。飞机从一个地方飞往另一个地方,通常选择下列两种航线。

(1) 大圆航线

我们知道,一个球体上的大圆圈与其他圆圈相比,大圆圈半径最大,而曲率最小,所以,地球表面上任意两点之间的距离,以大圆圈线为最短,即航程最近。飞机沿大圆圈线飞行的航线称为大圆航线。

(2) 等角航线

在地球表面上,与各子午线相交的角度都相等的曲线称为等角航线。飞机在无风条件下飞行,如保持真航向始终不变,则该飞机的飞行路线是一条等角航线。

2. 磁罗盘

磁罗盘用来测量飞机的罗航向,飞行员根据罗航向和罗差可以计算出飞机的磁航向。磁罗盘由罗牌、罗盘油、表壳、航向标线、罗差修正器和照明灯等组成。罗牌是磁罗盘的敏感部分,由磁条、轴尖、浮子和刻度环等组成。

磁罗盘的内部装有可以自由转动的磁条和固定在磁条上的 0°~360°刻度盘,磁罗盘刻度盘是由一个轴尖支撑的永久磁铁带动旋转,而且刻度盘的 0°(N)~180°(S) 线与磁条一

致,让磁条的北极(N极)指向180°方向,南极(S极)指向0°方向,对准磁场方向,如图3.7.15所示。利用仪表中充满的液体对磁罗盘刻度的运动产生阻尼作用。

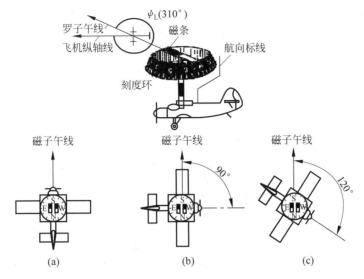

图 3.7.15　磁罗盘的指示原理
(a) 0°航向；(b) 90°航向；(c) 120°航向

直读式磁罗盘除了灯以外,没有电器部分。它用于读出磁航向。

在商用飞机上,它作为备用磁罗盘。因为航向指示是基本T型格式中的一部分,因此,在所有电源失效时,也应该在其上读出磁航向。

备用磁罗盘通常位于驾驶舱内,前风挡玻璃上部的中央位置。这样,正、副驾驶员都可以看到它,而且,这一位置远离其他电气设备产生的磁场,磁罗盘所受影响较小。

备用磁罗盘如图3.7.16所示。它有一个玻璃外罩,其窗口的中央位置有一条垂线,称为航标线。它在旋转的罗盘刻度上指示出航向。表内的永久磁铁转动使磁罗盘的刻度对准磁场方向。利用仪表中充满的液体对磁罗盘刻度的运动产生阻尼作用。

磁罗盘仅能利用水平磁力线测量航向。从图3.7.17可以看到,仅靠近赤道处的磁力线是水平的。在其他区域,磁力线向地球表面倾斜,这一倾斜角称为磁倾角。磁力线倾斜的结果表明,磁力线的水平分量越靠近两极减小越多。因此,在靠近极地区域,磁罗盘已经指示不出航向,此时必须使用方位陀螺或惯性基准系统来提供航向信息。

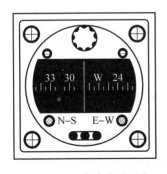

图 3.7.16　直读式磁罗盘

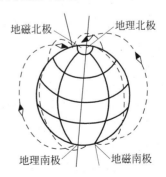

图 3.7.17　地球磁场

3. 陀螺半罗盘

三自由度陀螺仪的自转轴具有方向的稳定性和跟踪基准的进动性,利用这些特性可以做成测量航向的仪表。三自由度陀螺仪的自转轴调整到指北方向,并以它作为航向测量基准,可以指示飞机的航向。由于陀螺自转轴不能自动找北,只起半个罗盘的作用,故称为陀螺半罗盘。

陀螺半罗盘主要由三自由度陀螺、刻度盘、航向指标、水平修正器和方位修正器等部分组成,如图 3.7.18 所示。

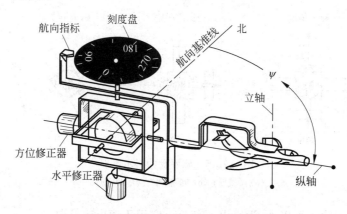

图 3.7.18　陀螺半罗盘结构原理图

三自由度陀螺仪的外框轴与飞机的立轴平行,轴上固定有 0°~360°航向的刻度盘;水平修正器装在陀螺的外框轴,产生作用于外框轴的修正力矩,使自转轴始终保持在水平状态。方位修正器装在陀螺的内框轴上,产生作用于内框轴的修正力矩,使自转轴稳定于航向基准线位置(即使自转轴相对于地球的方位不变);同时又能在人工控制下,给陀螺施加方位控制力矩,使自转轴进动到新的航向基准方位。航向指标代表飞机的纵轴,固定在表壳上,刻度盘上的 0°~180°线代表航向基准线,航向指标所对应的刻度盘读数即为飞机的航向角。

所以,要想测量某一航向角,只需使陀螺自转轴在水平修正器和方位修正器的共同作用下,利用陀螺的稳定性和进动性,稳定在此航向角对应的基准线上。由于很难精确地施加方位控制力矩(指令),所以,仅由陀螺半罗盘不能精确地测量真航向角和大圆航向角,但能较精确地测量飞机的转弯角度。

由于陀螺半罗盘不具有自动找北的特性,需人工进行航向校正,使用起来不很方便。通常将它和磁罗盘结合在一起,组成陀螺磁罗盘或罗盘系统使用。

4. 陀螺磁罗盘

磁罗盘具有自动定向的特性,但稳定性差;陀螺半罗盘有很好的稳定性,但不能自动定向。将磁罗盘和陀螺半罗盘结合在一起构成陀螺磁罗盘,可以测量稳定的磁航向。

陀螺磁罗盘的简单原理框图如图 3.7.19 所示。磁传感器敏感地磁场,以此来测量飞机的磁航向,并利用磁电位器输出航向信号去控制方位陀螺仪的航向输出,使指示器指示出飞机的磁航向。方位陀螺仪既是磁传感器的"指示器",又是指示器的传感器。

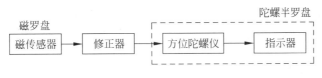

图 3.7.19 陀螺磁罗盘原理框图

3.8 电子飞行仪表系统

3.8.1 概述

随着航空器技术的发展和需要,基于大规模集成电路和微处理机的高度发展,在现代飞机驾驶舱仪表板的设计上采用了数字式电子显示技术,并将飞行、导航等大量信息进行了综合显示设计成"综合电子仪表系统"。

综合电子仪表系统主要由电子飞行仪表系统(EFIS)和电子中央飞机监控系统(ECAM)或发动机指示机组警告系统(EICAS)组成。在驾驶舱仪表板上主要由6个显示组件完成,其中包括两个主飞行显示(PFD)、两个导航显示(ND)和两个 ECAM 或 EICAS 显示器,如图 3.8.1 所示。它们的显示由多个余度的计算机来驱动。机组可以通过相应的控制面板来控制它们的显示与转换。EFIS 是综合电子仪表系统的子系统,它是一种综合的彩色电子显示系统,完全取代了独立式的机电式地平仪、航道罗盘、电动高度表、马赫-空速表和其他机电式仪表等,可提供最重要的飞行信息。EFIS 系统所显示的信息十分广泛,其主要显示内容见图 3.8.2。

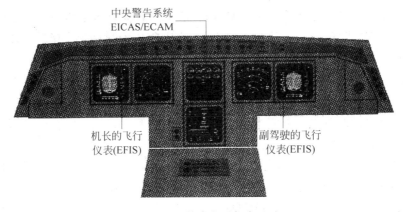

图 3.8.1 综合电子仪表显示

(1) 主要飞行参数:如飞机的姿态、高度信息、速度信息、A/P 和 A/T 的衔接状态及工作方式,甚至重要的警告信息等。

(2) 主要的导航信息:各种导航参数和飞行计划等。

(3) 系统的故障信息。

驾驶员通过 EFIS 的显示信息,能实时地对相应飞机系统的工作状态进行全过程监控。机务人员利用 EFIS,可进行故障分析和隔离。

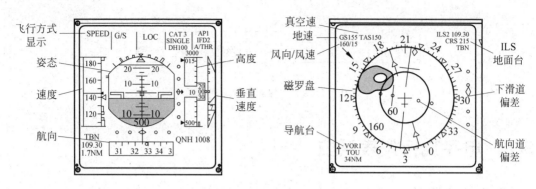

图 3.8.2 EFIS 显示的信息

3.8.2 EFIS 的基本组成

与以往驾驶舱仪表板上密集安装的各种机电式仪表相比，EFIS 具有下列明显特点和优点：

（1）所提供的信息量大，综合性强；

（2）显示信息鲜明易读，清晰度高，在各种环境亮度条件下都易于分辨；

（3）各种参数的显示精度高，消除了阅读误差；

（4）采用计算机技术、数据总线和余度设计，完全摒弃了机电式器件，极大地提高了系统的可靠性；

（5）具有故障信息显示、存储功能和较为完善的性能监测功能。

该系统的基本部分有：显示组件（DU）、显示计算机和相应的控制面板。不同型号的飞机，由于所选装电子飞行仪表系统的厂家不同，部件的名称也不尽相同。在空中客车飞机中，每个显示管理计算机（DMC）包含两种显示处理功能模块，它们负责驱动 EFIS 和 ECAM 的显示。而波音飞机也有相应的计算机来完成，如波音 737/757 称为符号发生器，新一代波音 737 称为显示电子组件（DEU），波音 747 称为 EFIS/EICAS 接口组件（EIU），B777 的此功能组件安装在飞机信息管理系统（AIMS）柜里，称为核心处理组件/图像产生器（CPM/GG），但它们的基本功能都相同。在现代的大型飞机上，所有 EFIS 和 EICAS 或 ECAM 功能都由一个计算机来完成。

图 3.8.3 所示为 EFIS 系统，它由 4 个显示器、3 个显示管理计算机（符号发生器）（有些飞机只选装两套），两个选择控制板和转换控制面板及光传感器组成。

其中，显示器包括主飞行显示（PFD）和导航显示（ND），每个驾驶员前仪表板都装有 PFD 和 ND 两个显示器。在较早期的飞机，显示器分别称为电子姿态指示仪（EADI）和电子水平状态指示仪（EHSI）。

左、右显示管理计算机分别提供正、副驾驶员 PFD 和 ND 显示信息，中显示管理计算机处于热备份状态。各个计算机之间由数据总线交联，进行数据比较监控，当某一台计算机失效时，通过控制板人工选择备用计算机，以确保系统的正常工作。如果某个显示器出故障时，显示的信息可自动或由人工转换到另一个显示器工作，确保那些重要的飞行数据不因某一部件出现故障而丢失。

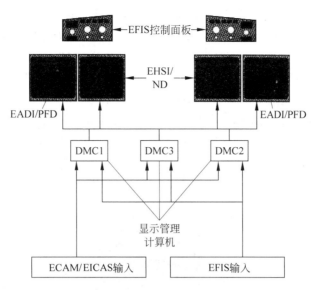

图 3.8.3　EFIS 系统组成

1. 显示管理计算机

显示管理计算机的主要作用是收集各种模拟、离散和数字输入信号,经处理后输到显示器产生符号显示,并进行系统监控、电源控制以及系统所有工作的协调控制。

三台相同的计算机为各显示器提供显示。正常时,左显示计算机提供机长的信息显示,右显示计算机提供副驾驶的信息显示,中显示计算机作为备份。当左或右显示计算机故障或同时故障时,通过选择控制继电器的工作,来控制中显示计算机的输出。当显示计算机故障时,在波音飞机上,相应的显示器显示空白;空客飞机即显示白色交叉线。

2. 显示组件(见图 3.8.4)

显示计算机将接收数据转换成显示格式,在显示器上显示飞行参数。显示器输出监控信号到显示计算机,实现显示器的保护。

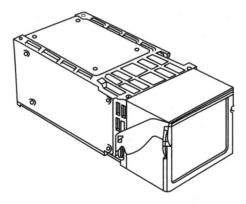

图 3.8.4　显示组件外观

机载 EFIS 显示器的显示用途大致如图 3.8.5 所示。有两个显示器显示主要飞行参数,称为主飞行显示(PFD);而两个显示器显示航路信息,称为导航显示(ND)。一般情况下,出于可靠性多余度的考虑,这些显示器之间都可以通过显示控制板相互转换显示内容(以防有个别显示器故障,重要参数无法被显示),而且物理上说,这些显示器也是一模一样,可以完全互换的。它们甚至与 EICAS 或 ECAM 的显示器都可以互换(在早期的飞机上,显示飞机姿态的显示器称为电子姿态指示仪(EADI),显示航路信息的显示器称为电子水平状态指示仪(EHSI))。每个显示器的底部边缘都装有一个光传感器,用于亮度控制。显示器可采用阴极射线管(CRT)或液晶显示(LCD)。

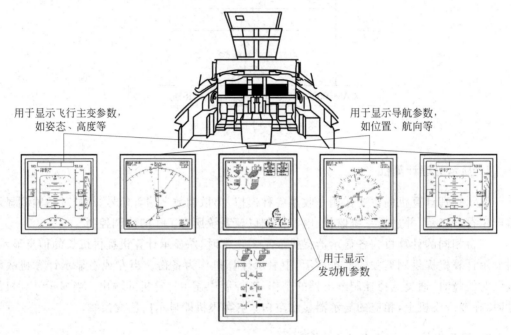

图 3.8.5　机载 EFIS 显示器的显示

CRT 显示器内部设有温度监控电路,如果温度超温,显示将被关断,当自动冷却后,显示又恢复正常;同样,LCD 显示器内部也有电源供应和背景灯的温度探测器,当探测的温度分别达到 110℃ 和 95℃ 时,会自动切断显示器的显示。当这种情况出现时,需要拆下相应的显示器,并清洁冷却滤网,即可恢复正常工作。

3. EFIS 控制面板

机长和副驾驶处分别装有 EFIS 控制面板,可以独立操作。它们提供系统工作方式和显示方式的控制以及显示器亮度的调节。机型不同,所安装的 EFIS 控制面板的型号略有不同,但基本功能是相同的。每个 EFIS 控制板在板面结构上可分为主飞行控制和导航控制两个部分,如图 3.8.6 所示。

1) 主飞行控制部分

其主要功能是用来改变高度计算的气压基准值。有两种不同气压基准方式选择:英寸水银柱或百帕斯卡。外旋钮可设定英寸水银柱或百帕斯卡,中间旋钮用来调整气压值,内按

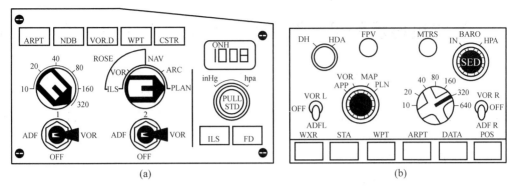

图 3.8.6 空客飞机和波音飞机的 EFIS 控制板

钮可选择标准大气压。

最小基准选择电门：外圈选择无线电或气压方式，内圈调整无线电/气压决断高度，中间 RST 电门用来复位高度警告。决断高度由驾驶员根据要求预先设定。

2) 导航控制部分

由于在不同的飞行阶段中，需要显示的不同信息，以供飞行需要，因此在面板上设置了各种不同的显示方式和显示格式，可选择显示各种不同的显示范围及各种航路数据显示。

有七种不同的工作方式可供选择，它们是全显示或扩展显示的全向信标(VOR)、仪表着陆系统(ILS)、地图(MAP)显示方式和一个计划(PLAN)显示方式。

范围选择用于检查气象雷达图像或航路点的距离范围，以 n mile 为单位，该选择功能只用于扩展显示方式和计划方式，以倍数为增量，可选择 10、20、40、80、160 和 320n mile 等的地图和气象雷达范围。

航图显示功能：在航图显示方式下，当选择任何一个航图电门时，都将在航图显示方式下增加背景数据的显示，如 ADF/VOR 台、导航台、机场、航路点数据等。

ADF/VOR 控制电门用于它们在导航显示器上的显示控制。

4．亮度控制

亮度控制分为人工控制和自动控制两种方式，每个显示器都有独立的控制方式。

(1) 人工控制由面板上的亮度控制旋钮来完成。导航显示的人工控制旋钮与主飞行显示的有所不同，它有内、外两个旋钮，外旋钮控制显示器的亮度，内旋钮单独控制气象雷达的亮度。

(2) 自动控制主要由显示器上的光传感器(BLS)和装在遮光板上的光遥感器(RIM)组成。每个显示器前面的下底部上有个光传感器，它可探测驾驶舱内的亮度变化以自动调节显示器的显示亮度。

(3) 光遥感器作为自动亮度控制的一个输入源，在遮光板顶部的两边各装有一个相同的光遥感器。它是一个航线可更换件。每个光遥感器装有光敏二极管，感受驾驶舱外光线强度的变化，输出与之成比例的模拟信号，并直接送到与之相连接的显示器，而光传感器所用的+24V 和-5V 直流电源由显示器或 EFIS 控制面板提供。

3.9 发动机指示和机组警告系统与电子中央飞机监控系统

在实际飞行过程中,飞行员必须随时知道飞机各系统的工作状态和不正常情况,以便了解问题的严重程度,及时采取适当的措施,确保飞行安全。当飞机回到地面后,维护人员能根据机组反映的故障情况以及系统的故障现象,进行检查、测试、排故,以保证航班的正常运行和飞机的安全。

为此,现代飞机上装备有"发动机指示和机组警告系统"(EICAS)(波音飞机),空客飞机称为"电子中央飞机监控系统"(ECAM)。不同型号的飞机,其系统的基本组成、构型、显示格式以及控制方法等略有不同,但功能是一样的。主要明显的区别是在系统的构型、显示器的种类、显示控制方法及显示格式有所不同,计算机可采用两套或三套,而显示器可用 CRT 或 LCD。

3.9.1 EICAS

1. EICAS 系统的基本组成

EICAS 的基本组成包括中央警告计算机、显示组件、相关的控制面板和警告提醒部件(包括警告灯和音响警告部件)。现以双通道系统为例说明其组成。

一个典型的 EICAS 系统主要组成为:两台 EICAS 计算机、两个显示器、两块控制面板(显示选择板和维护面板)、EICAS 继电器、取消/重读电门以及正、副驾驶员主告诫灯及音响警告部件,备用发动机指示器等,它们协同完成 EICAS 各项功能。此系统正常工作时,由左 EICAS 计算机输出信号去驱动两个显示器,右 EICAS 计算机为热备份状态,一旦左 EICAS 计算机失效,系统自动转换为右 EICAS 计算机驱动显示。

EICAS 系统的组成如图 3.9.1 所示。

1) EICAS 计算机

EICAS 计算机控制中央警告系统的所有功能,它们同时收集、处理并格式化发动机和飞机系统数据,然后产生警告信息和系统概况显示,并控制警告灯和音响警告。计算机也存储信息,为维护人员提供维护信息和维护参考数据,并可对系统本身进行自检。

对于装有两套计算机的系统,当控制电门置于自动位置时,正常时自动选择左计算机,右计算机为热备份,如果左计算机有故障,自动地转到右计算机控制。也可通过显示选择面板人工选择左或右计算机工作。

对于装有三套计算机的系统,左、右计算机分别负责上 EICAS 显示器(机长 EFIS)和下 EICAS 显示器(副驾驶的 EFIS)的显示工作,中计算机作为热备份。当任一计算机故障时,会自动转到备份计算机。

2) 显示器

显示器是 EICAS 计算机进行图形显示的装置,它将数字视频信息转换成可见的彩色图形和字符。它由上、下两个显示器组成,上显示器显示发动机主要参数和机组警戒信息,而下显示器显示发动机的次要参数,或显示系统概况、状态信息和维护数据等。

第3章 仪表系统

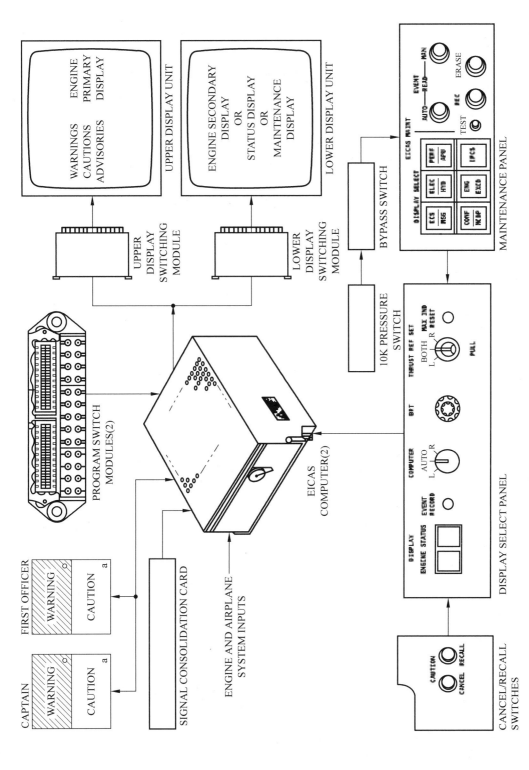

图 3.9.1 EICAS 系统的组成

如果上显示器失效,则自动转换到下显示器以紧凑格式显示。由继电器来控制上下显示格式的转换。如果两个显示器同时失效,则可人工控制通过多功能显示方式显示在任一导航显示器上,有的飞机可借助备用发动机指示器和电子警告组件显示重要发动机参数和报警信息。

每个显示器的底部边缘都装有一个光传感器,用于亮度自动控制。

3)显示选择面板

显示选择面板是 EICAS 系统的主要控制板,在飞行中或地面上都能为计算机提供所有控制功能,不同的 EICAS 构型,面板的功能有所不同。

图 3.9.2 所示为一综合计算机的控制和显示的选择面板。其主要功能有:计算机控制电门可选择自动或人工转换,当置于左或右时,相应的计算机驱动显示;当置于自动位时,正常由左计算机来驱动显示,如果左计算机有故障,系统会自动地转到右计算机。

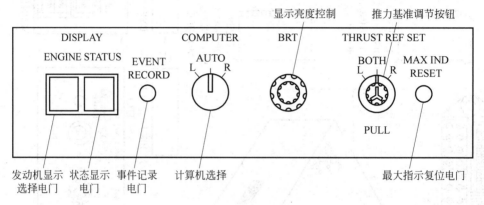

图 3.9.2 显示选择面板

显示的控制有以下几种。①显示选择电门:按压可在下显示器上显示发动机的次要参数或状态页。②事件记录电门:人工同时将各子系统参数记录在非易失存储器里。③显示亮度控制:内、外旋钮分别控制上、下显示器的亮度。④推力基准调节按钮:外侧为发动机基准选择旋钮,可选择左、右或两发动机的推力基准指示;内旋钮用来改变基准值,"按进"位为推力管理计算机自动选择,"拔出"位为人工选择。⑤最大指示复位电门:当超限不再存在时,用于清除显示发动机超限数据控制。

为了能对更多的系统进行监控,有些 EICAS 系统将显示和计算机控制功能分为两个独立的面板,在显示选择面板上增加了各系统的显示控制,甚至在 CDU 菜单上设置了备份的显示选择面板功能,飞行时机组能及时监控飞机系统的异常情况。

4)取消(CANC)和重读(RCL)电门

取消和重读电门是瞬通型按钮电门,位于中央仪表板或综合显示选择面板上。按压"取消"电门就能使现时正在显示的注意(B级)和通告(C级)信息消失,而显示下一页的 B 级和 C 级信息。按压"重读"电门,则是将前一页的 B 级和 C 级信息调出来显示。这两个电门对 A 级(警告)信息不起作用。

5)维护面板(见图 3.9.3 和图 3.9.4)

维护面板只有当飞机停留在地面时,才起控制作用。维护面板主要用于向地面维护人

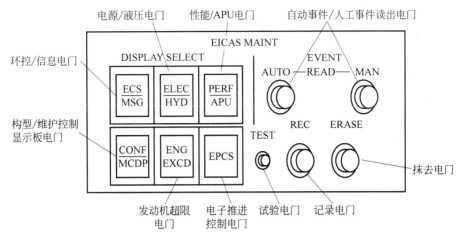

图 3.9.3 维护面板(一)

员提供飞行后维护和排除故障所需要的数据及信息。它只能在地面工作,由一个空/地继电器控制。

维护面板上有一个测试电门和 9 个控制电门,其中可选择 5 种维护页面。这些页面所提供的维护数据和信息可帮助地面维护人员排除故障和检查主要系统的状况。维护面板还可以人工记录数据,阅读已存储的记录,以及抹去在非易失内存(NVM)中存储的自动或人工事件。维护面板上各电门的控制功能如下。

(1) 系统显示选择电门

主要有环境控制系统/信息、电源/液压、性能/辅助动力装置等电门,按压可显示相应的维护页面。

按压环境控制系统/信息电门可显示维护信息,维护信息也称为 M 级信息。信息区显示实时维护信息和已存储的状态与维护信息。每个页面最多可显示 11 条信息,如果多于 11 条信息,可再按压此电门来翻页。

(2) 构型/维护控制显示板显示选择电门

构型/维护控制显示板页面显示发动机构型信息、相关部件的件号和状态以及 MCDP 数据等。

(3) 发动机超限显示选择电门

将存储的发动机超限参数的最大值和累计总时间显示出来。

(4) 事件读出电门

分为自动或人工事件读出。首先要选定任一维护页,再按压事件读出电门,将显示为该格式记录的维护数据。按压自动(AUTO)电门则显示 EICAS 自动事件记录的数据;按压人工(MAN)电门则显示原来用事件记录电门(在显示选择板上)或用记录电门(在维护面板上)人工记录的数据。

(5) 记录电门

记录电门用于在 NVM 中记录维护数据。只能在地面上记录,并且当所选定的任一维护页实时显示,按压 BEC 电门才能实时记录。数据的记录要经过显示板的事件记录电门,它们共享一个存储器。最后的记录将冲掉先前的存储数据,只有最后的数据才可以显示出来。

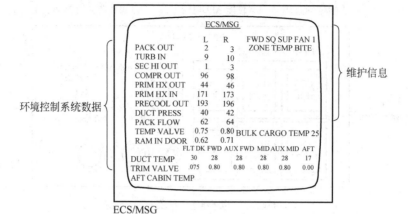

ECS/MSG

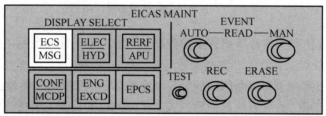

维护面板

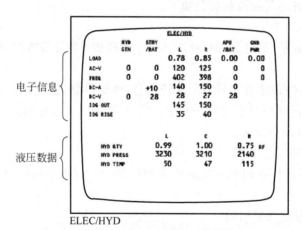

ELEC/HYD

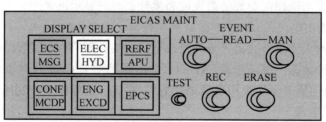

维护面板

图 3.9.4 维护面板(二)

（6）抹去电门

抹去电门用于抹去原来存储在 NVM 中的数据。抹去电门的使用方法是：①按压维护面板上的任一系统显示选择电门；②按压"自动事件读出"或"人工事件读出"电门；③按压抹去电门 3s 以上，这样信息就可以抹去。抹去发动机超限值时，只需按"ENGEXCD"和按"ERASE"电门即可，不需要按"AUTO"或"MAN"电门。用同样的方法，也可抹去锁定的 EICAS 状态信息。

（7）试验电门（TEST）

当飞机停留在地面上并踩下停留刹车时，按压试验电门可以启动 BITE 自检程序，在两个显示器上出现自检格式，并显示测试结果。但每次只能测试 EICAS 的一个计算机通道，需要转换计算机控制电门来测试另一台计算机。当自检结束后，再按压测试电门即可回到全格式显示。

6）显示转换面板

显示转换面板用来转换 EICAS 的显示格式，当显示器有故障时，可用备份的显示。有两个相同的机长和副驾驶转换面板，每个面板上的下显示器选择电门有正常、导航和主 EICAS 位，可选择主 EICAS 信息或导航信息在下显示器上显示。当内侧导航显示器选择电门置于 EICAS 位时，也可显示 EICAS 信息，如图 3.9.5 所示。

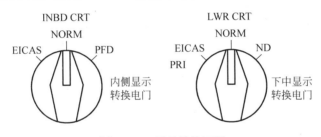

图 3.9.5　显示转换面板

7）提醒注意获得器

它由主警告灯、警戒灯和相关的音响警告组成，警告灯为红色，警戒灯为琥珀色，此两种灯为一组，分别装在遮光板两侧。当有一警告产生，主警告灯连续闪亮，并伴有连续的音响警告；当有一警戒级别的警告产生时，警戒灯稳亮并产生一声单谐音的音响警告，同时，机组可按压灯来复位相应的警告。

2. EICAS 的显示

根据系统的功能和使用要求，不管飞机是在空中还是在地面，都应该有各种显示方式，以满足机组飞行和维护工作的需要。该系统设计成多种显示方式，主要有工作方式、状态方式、系统概要方式和维护方式。

1）飞行前和飞行中的正常显示

EICAS 设计为飞行前检查，飞行中各飞行阶段及飞行后维护都能自动监控和数据显示。其自动和人工事件记录，减轻了驾驶人员的负担，增加了地面维护的方便性。

（1）接通电源时的显示

飞机停留在地面，当接通电源时，全部发动机参数自动出现，上显示器显示主要发动机参数,下显示器显示次要发动机参数,如图3.9.6所示。这种显示方式称为全格式显示。

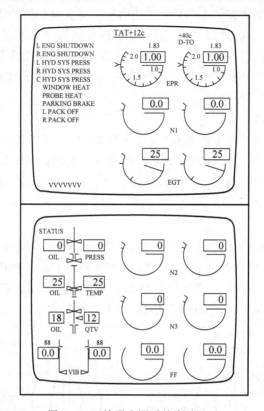

图3.9.6 接通电源后的自动显示

(2) 飞机起飞前的显示

起飞前为了检查飞机系统状况,按压显示选择板上的"状态"电门,上显示器仍显示主要发动机参数,下显示器变为状态页,提供状态信息,以确定飞机放飞的准备条件,即显示与最少设备清单相关的内容。

为了监控发动机的启动,按压显示选择板上的"发动机"电门,则返回到上显示器显示主要发动机参数,下显示器显示次要发动机参数,用于监控发动机启动过程,如图3.9.7所示。

(3) 飞行中的正常显示

在飞行中,EICAS上显示器显示主要发动机参数和警告信息,以便驾驶人员连续监控。而下显示器的次要发动机参数不需要连续监控,为了更有效地监控发动机参数。在正常飞行时,下显示器设计为空白,如图3.9.8所示。

2) 发动机主显示格式

在正常的工作中,当通电时主显示格式在上显示器上显示。驾驶员通过监视显示信息的颜色改变来及时了解系统的降级工作情况。不同的机型显示信息的内容略有不同。

主要参数:发动机压力比(EPR)、低压转子的转速(N_1)和发动机排气温度(EGT)。它们在显示器上都有实际值、目标值和指令值指示,并由数字读出和模拟指针指示,在刻度盘上有极限值指示,这些主要参数会全程被监控。在主要参数的上部指示大气总温、假设温度和推力限制方式。

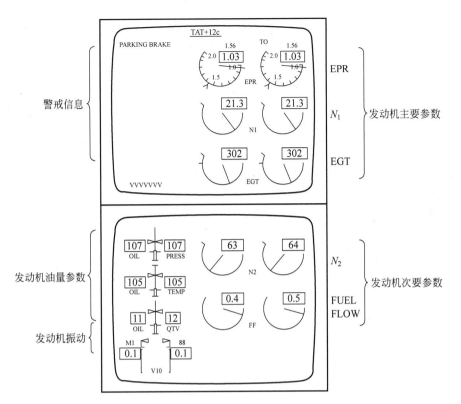

图 3.9.7 飞机起飞前的显示

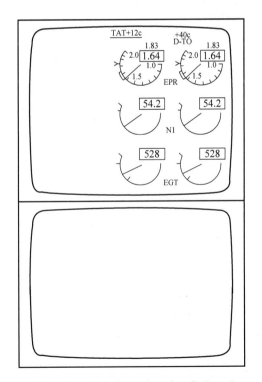

图 3.9.8 EICAS 在空中正常工作的显示

警告信息区：警告信息按照级别的高低自动依次显示，不同的构型系统有不同的信息种类，显示的区域也不同。主要有红色的 A 级警告信息、琥珀色的 B 级警戒信息和琥珀色 C 级咨询信息。有些 EICAS 信息区还包含有备忘信息和其他信息。

状态提示符：当出现新的状态信息而不显示状态页时，将在上显示器显示状态提示符。可以有不同的方式指示，如七个"V"或"STATUS"。当选择了状态页后，提示符消失。

空中启动包线：显示在警告信息的下面，如果有任何发动机空中停车，当要重新启动时，给出空速限制范围。

环境控制系统参数：在主要参数的下面，显示管道压力、座舱高度及其变化率、座舱压差、着陆高度等参数。

起落架和襟翼位置指示：在显示器的右下角，分别显示起落架和襟翼位置，以不同颜色表示起落架的放下上锁、收上并上锁、收/放中和故障情况，襟翼的正常工作位置、移动状态和故障状态。

燃油数据：显示总燃油量、燃油温度和抛油后最大的剩油量。

3) 发动机次要参数显示

发动机次要参数通常在下显示器上显示（见图 3.9.9），通电时自动显示，或按压显示选择面板上的"发动机"电门显示，如果再按压，其显示为空白。

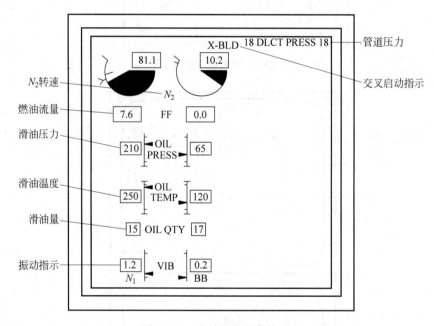

图 3.9.9 发动机次要参数显示

显示的参数有：高压转子的转速（N_2）、燃油流量、滑油压力、滑油温度、滑油量以及振动系数等。N_2 和 N_1 有相同的显示格式，在 N_2 下面显示燃油流量，单位是 t/h 或 lb/h（注：1lb≈0.454kg），但它没有超差指示。滑油压力和温度有相同的显示格式，以数字读出和垂直刻度的模拟指示，在刻度上有限制指示，油温 t 的单位为摄氏度（℃），同样也有超差指示。滑油量只以数字形式读出。发动机振动参数以数字读出和垂直刻度的模拟指示。

4) 紧凑格式显示

紧凑格式分为紧凑全格式和紧凑部分格式。

(1) 紧凑全格式

图 3.9.10 所示为某种型号显示器的紧凑全格式显示。紧凑全格式显示是指发动机主要参数和次要参数显示在同一显示器上。其有两种情况:有一个 EICAS 显示器故障,或飞机在地面下 EICAS 显示维护页。在显示器出故障前,只要全部次要参数显示在下显示器上,那么不论哪个显示器失效,则正常的显示器将显示紧凑全格式。如果在下显示器选择维护格式显示,则上显示器显示全紧凑格式。

(2) 紧凑部分格式

出现条件为:当某个显示器失效后,且某一次要发动机参数(N_2、滑油参数、振动系数)出现超限,则超限参数以紧凑部分格式自动显示出来,如图 3.9.11 所示。

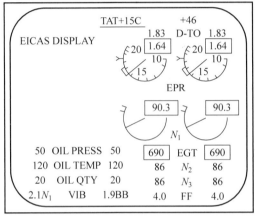

图 3.9.10 紧凑全格式显示

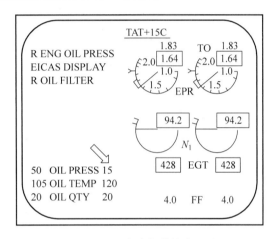

图 3.9.11 紧凑部分格式显示

5) 发动机超限显示

(1) 黄带抑制

发动机工作正常,但在飞机起飞和复飞时,需要短时大推力才能完成这个飞行阶段,此时的发动机参数 N_1、EGT、N_2 等都将超过正常值。但按 FAA 条例,起飞限时为 5min,即参数在此区域 5min 内,不进行黄、红带监控及超限存储记录;或者选定别的推力方式 20s 内,黄、红带监控及超限存储记录也被抑制,这两种情况都称为"黄带抑制"。即是说,发动机某些参数的短时超限是允许的,这属于发动机的正常工作。

(2) 发动机工作不正常——参数超限

发动机的主要参数 EPR、N_1、EGT 是全时显示的,但次要发动机参数正常时不显示。只有当次要发动机参数超限时,才在下显示器上显示相应的超限参数。

当发动机工作不正常时,所有超限参数的模拟指标、模拟刻度盘、数字方框和数字等均变为黄色(或红色);同时在数字方框下出现白色最大超限读数,并进行参数超限累计计时和动态最大超限读数刷新。当采取处理措施使超限参数恢复正常后,参数超限计时停止,但数字方框下的白色最大超限读数仍然保留。只有按压显示选择板上的"取消"电门,或面板上专门设置的"最大指示复位"按钮后,白色最大超限读数才能消除,但不能抹掉在非易失存储器中的存储记录。

6) 机组警告信息

机组警告信息主要是为机组人员在飞行过程中设计的,按照其需要采取措施的紧迫程度可分为警告(A级)、告诫(B级)和注意(C级)三个等级,并显示在上显示器上。每页最多可显示11条信息,如果多于11条,在信息的下面会有页码显示,可用取消/重读电门来翻页。根据功能的不同,有些EICAS系统还可显示其他信息,如通信信息和备忘信息等。

以白色显示来提醒机组有些系统已在正常工作,没有音响警告和警告灯被点亮。

A级警告信息:为红色的警告信息,级别最高,显示在其他信息的前面,当信息出现时会有红色主警告灯亮,并有连续强烈的音响,要求机组人员立即采取措施。最后出现的A级信息显示在前面,所有此级别信息都不能用取消电门来删除。可用主警告灯复位电门来复位音响警告和警告灯,但信息会一直存在直至故障现象消失,如图3.9.12所示。

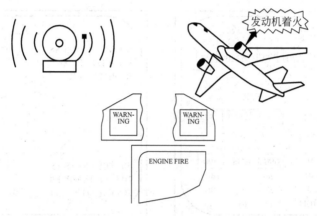

图 3.9.12　A级警告信息

B级告诫信息:为琥珀色警戒信息,跟在A级警告信息后面,该信息出现时伴有琥珀色主告诫灯亮,并有柔和断续声响,要求机组人员尽快采取措施。新出现的信息显示在同级别信息的前面,可用取消/重显电门来删除此级别的信息,如果故障仍存在,再次按压此电门信息又显示出来。主告诫灯复位电门可复位音响和警戒灯,但不能删除此信息。B级告诫信息息如图3.9.13所示。

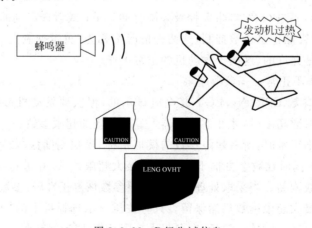

图 3.9.13　B级告诫信息

C级注意信息:为琥珀色注意信息,排在B级告诫信息之后,为了和B级告诫信息相区别,向右退一格显示。当此类故障出现时,仅有信息显示,没有灯光和声响警告,机组人员可以在适当的时候采取措施。新出现的信息显示在同级别信息的前面,可用取消/重显电门来删除此级别的信息,如果故障仍存在,再次按压此电门信息又显示出来。C级注意信息如图 3.9.14 所示。

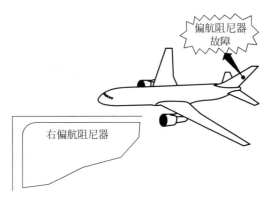

图 3.9.14　C级注意信息

另外,EICAS 有抑制信息出现的功能,在发动机启动或关闭期间,甚至某些重要的飞行阶段,如起飞或着陆时,为了不分散驾驶员的注意力,影响飞行安全,对 EICAS 信息、警告灯和音响警告进行抑制,警告信息不被显示出来。当抑制条件不再存在,信息会自动显示。

7) 状态页显示

状态页主要显示飞机的放行状态和系统数据,需要根据最低设备放行清单(MEL)来确定此状态下的飞机能否放行,显示在下显示器上。如果两个显示器都处于完好状态,状态方式在地面或空中都可以使用。

按压显示选择面板上的"状态"按钮,来显示状态页。主要信息有:液压系统参数、APU参数、氧气、飞行控制舵面状态等以及状态信息。在飞行中通常不需要使用状态方式,状态方式显示如图 3.9.15 所示。

如果下显示器不在状态页,当某一系统状态发生变化时,会在上显示器上显示状态提示符,只有驾驶员认为需要查看时,按压"状态"电门才显示状态页。如果这种异常状态过一段时间后不再存在,状态提示符也自动消失。

状态信息又称 S 级信息,当有信息出现时,需要按 MEL 来确定飞机的放行状态。信息显示为白色,最新信息显示在顶部,每页最多可显示 11 条信息,如果多于 11 条信息,可再次按压"状态"按钮来翻页。

状态信息对维护飞机很重要,所有的信息被送到 CMS 处理。状态信息主要分为锁定的和非锁定的两种。锁定的状态信息被存储在 EICAS 计算机的 NVM(非易失性存储器)中,它可以是活跃的或非活跃的。当故障被排除后,该信息仍会显示,需要通过特殊的程序来删除此信息,也可通过 CDU。当故障被排除后,信息会自动消失。状态页信息如图 3.9.16 所示。

8) 概要页显示

概要页显示格式是以图示来显示各飞机系统,是一种动态的实时数据显示,并以各种不同颜色来显示系统构型和状态。系统的这些构型和驾驶舱顶板的布局相似,以使机组容易识别系统的异常情况。

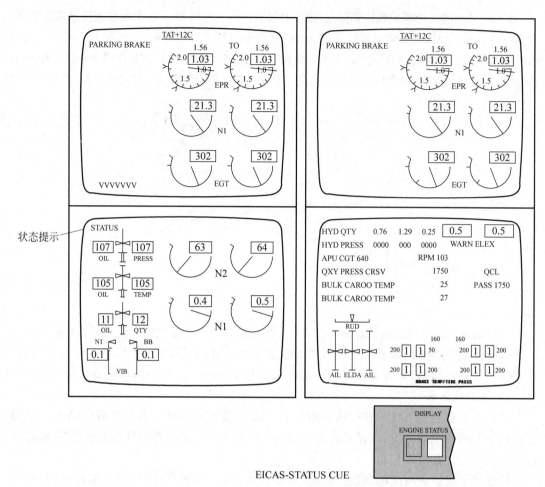

图 3.9.15　状态提示

系统和系统概要页主要显示在下显示器上，由人工控制。不同的显示选择面板构型，可有不同的系统选择按键。共有 6 个系统按键：电源系统、燃油系统、环境控制系统、液压系统、门和起落架系统，有些面板还有飞行操纵系统选择键。不管是在空中还是在地面上，按压显示选择面板上的系统按键，则可显示实时的相应系统数据。如果第二次按压同样的键，则显示消失。

不同的显示颜色有不同的含义：红色表示警告级别、限制或超限；琥珀色表示警戒级别、限制、超限或故障；品红色表示指令或目标值；蓝色表示预位状态；绿色表示接通状态或流量；灰色表示实际飞机状态；白色表示断开或无效数据。

9）维护页显示

当飞机回到地面后，维护人员需要查看系统所记录的维护数据和信息，才能及时、有效地排除故障，该系统设置了维护页功能。维护页主要是在下显示器上显示系统的数据，它们也可以被打印出来或通过数据链发送到地面站。不同的构型，维护页的格式和数量各有不同，可选装任一种途径进入维护页：维护面板或 CDU 维护页菜单，它们有相同的基本选择功能。

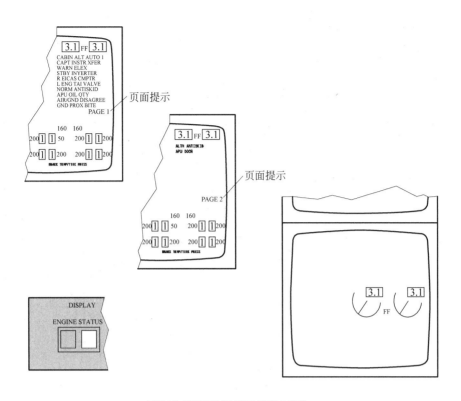

EICAS-STATUS PAGE-MESSAGES

图 3.9.16 状态页信息

每个系统的维护页显示方式最多有三种：实时显示、人工快照和自动快照显示。实时显示方式是指显示系统当时的动态数据；人工快照（人工事件）和自动快照（自动事件）方式则显示各自存储在 NVM 中的数据。当按压显示选择面板上的事件记录按钮或维护面板上的事件按钮或 CDU 菜单相应功能键（如果选装 CDU 维护菜单功能的），可记录人工快照在 NVM 中。在每个飞行段，每个系统最多可以记录 5 幅人工快照。

自动快照有专用的 NVM，当某些系统的参数出现超限时，会自动地产生快照，并存储在 NVM 中，每个系统最多可以记录 5 幅自动快照。

图 3.9.17 所示为维护方式显示，各系统的维护页清单是按 ATA 章节来排列的。

在维护页的主菜单中，按压相应的行选键，可删除或记录所有系统的维护页。而在每个系统的维护页上，可选择系统的实时显示、人工记录、人工快照显示、自动快照显示，也可删除或报告系统维护页。

3. 系统的异常显示

1）显示选择板故障

当显示选择板失效后，则上显示器显示主要发动机参数，下显示器由原来空白转为自动显示次要发动机参数，并且维护面板和取消/再显示按钮也不起作用。

2）参数数据丢失或无效

某参数数据信道不起作用时，模拟指针消失，数字变为空白。

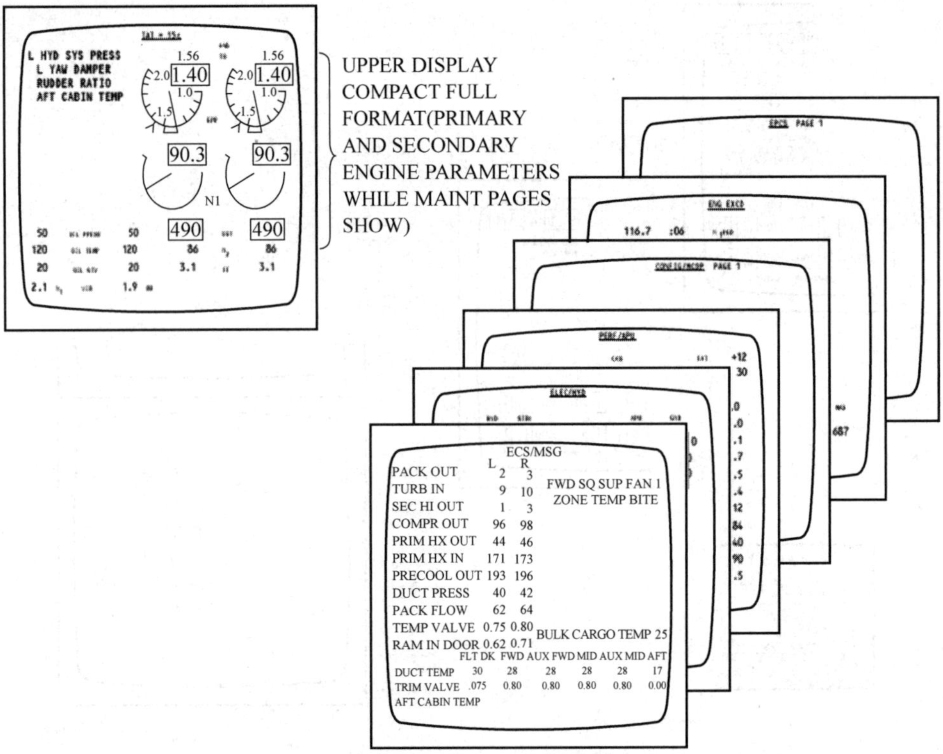

图 3.9.17 维护方式显示

3）显示转换

当显示器故障或有特殊的需求时可将 EICAS 信息移到备份的显示器上显示。显示转换分为自动转换和人工转换。

（1）自动转换方式

当上显示器发生故障时，如果下显示器的转换电门在正常位，发动机主要参数会自动转到下显示器上显示。

（2）人工转换方式

如果下显示器转换电门置于"EICAS"位，则发动机主要参数会移到下显示器上显示。

如果上显示器故障，把内侧显示器选择电门置于"EICAS"位，则次要发动机参数会显示在内侧导航显示器上，而下显示器显示发动机主要参数。

如果两 EICAS 显示器都故障，暂时没有 EICAS 参数被显示，当任一显示转换面板上的内侧显示器转换电门置于"EICAS"位，则发动机主要参数会显示在第一个转换的内侧显示器上；如果机长和副驾驶的内侧转换电门都置于"EICAS"位，则在机长的导航显示器上显示发动机主要参数，而在副驾驶的导航显示器上显示发动机次要参数。

3.9.2 电子中央飞机监控系统

1. 概述

在空客飞机上都装有 ECAM 系统，称为电子中央飞机监控系统，其基本功能与其他飞机的 EICAS 系统相似,主要是监控发动机参数及飞机系统的警告指示。主要区别是显示能力和显示格式略有不同,显示的信息也分三个级别,使飞行机组容易意识到各种警告的严重程度。

2．ECAM 的控制

ECAM 的控制包括 ECAM 控制板和 ECAM 转换板。

1) ECAM 控制板

ECAM 控制板如图 3.9.18 所示。

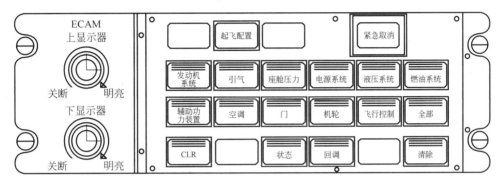

图 3.9.18　ECAM 控制板

(1) 系统页面按钮　有 13 个系统页面按钮,用于人工选择 SD 的显示页面。按下某一按钮,SD 上即显示对应的系统页面。13 个系统页面分别为 ENG(发动机次要参数)、BLEED(引气)、PRESS(座舱增压)、EL/AC(交流电源)、EL/DC(直流电源)、HYD(液压)、C/B(跳开关状态)、APU(辅助动力装置)、COND(空调)、DOOR(门与氧气)、WHEEL(起落架、机轮、刹车)、F/CTL(飞行操纵)和 FUEL(燃油)。

(2) 起飞形态(TO CONFIG)按钮　用于检查起飞前飞机形态。如果形态正确,E/WD 上显示"TO. CONHG NORMAL"。

(3) 应急取消(EMERCANCEL)按钮　用于取消警告和警戒的音响信息。

(4) 清除(CLR)按钮　用来清除显示在 E/ND 下部的警告和警戒信息。当 SD 上出现非正常系统页面显示时,按压该按钮,可使该页面消失,回复到先前显示的页面。

(5) 状态(STS)按钮　用于调出 SD 上的状态页。若没有状态信息,"NORMAL"字符在 SD 上显示 5s。

(6) 再现(RCL)按钮　用来再现被 CLR 按钮或飞行阶段自动抑制的警告或警戒信息。若没有警告或警戒信息,"NORMAL"字符在 E/WD 上显示 5s。

(7) 全部(ALL)按钮　按下并保持,能使 13 个系统页面以 1s 的间隔依次在 SD 上显示。此时,若需要显示某一页面,只需在显示该页面时,松开按钮即可。

2) ECAM 转换板

ECAM 转换板如图 3.9.19 所示。

(1) ECAM DMC 选择器　用于选择 ECAM DMC。在 AUTO 位,只有 ECAM DMC3 工作,ECAM DMC3 失效时,ECAM DMC1 自动接替。在 1、2、3 位,所选的 ECAM DMC 工作,但没有自动接替能力。

(2) ECAM/ND 选择器　用于使 ECAM 的信息在左座或右座的 ND 上显示。

3. ECAM 的显示

ECAM 的显示包括 E/WD 和 SD 的显示。

1) 发动机及警告显示器 E/WD

发动机及警告显示器划分为两个区，上部区显示发动机的主要参数、燃油量、缝翼和襟翼位置；下部区用于显示警告、警戒信息和备忘录信息，如图 3.9.20 所示。

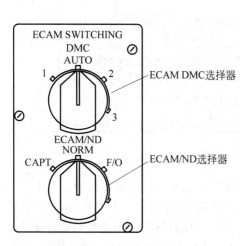

图 3.9.19　ECAM 转换板

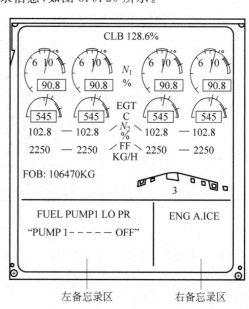

图 3.9.20　A340 的 E/WD 显示

(1) 左备忘录区。起飞或着陆备忘录、正常备忘录、独立的或主要的失效信息以及要采取的措施显示在左备忘录区。例如，当 1♯ 燃油泵压力低时，在左备忘录区显示 "FUEL PUMP 1 LO PR"，同时显示应采取的措施 "PUMP 1-----OFF"。一旦探测到失效信息，警告、警戒信息将取代备忘录信息。

(2) 右备忘录区。正常备忘录和次要的失效信息显示在右备忘录区。例如，一台发动机的防冰按钮接通时，右备忘录区显示信息 "ENG A.ICE"。起飞着陆时，为避免分散驾驶员的注意力，大部分警告被抑制。例如，起飞时，第二发设置为起飞功率，在 1500ft（1ft＝0.3048m）高度以下，均显示信息 "TO INHIB"（起飞抑制）。

2) 系统显示器 SD

系统显示器也划分为两个区，上部区显示系统页面或状态页面；下部区为永久性数据显示。SD 上可显示 13 个系统页面、1 个状态页面和巡航页面，如图 3.9.21(a)、(b)、(c)所示。

系统或状态页面在相应的系统发生故障或失效后，会在 SD 上自动显示。按下 ECAM 控制板上的相关系统页面按钮或状态按钮也可人工显示。巡航页面显示飞行中要监控的主要系统参数，只能在飞行中自动显示。状态页面是飞机状态的总览。

SD 上无论显示什么页面，其下部总是显示永久性数据，如总温（TAT）、静温（SAT）、全重（GW）、重心（GWCG）等。

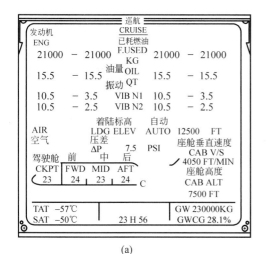
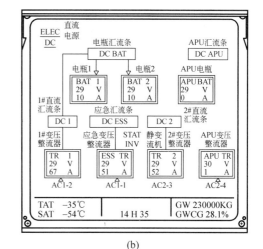

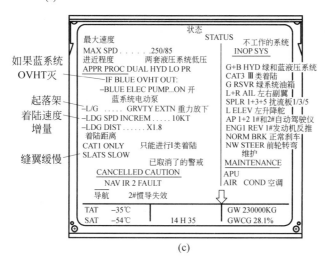

图 3.9.21　SD 的显示
(a) 巡航页面；(b) 直流电源页面；(c) 状态页面

3.10　惯性基准系统

惯性基准系统(IRS)是现代飞机必备的、自主式的机载电子系统,可提供飞机的姿态、航向和飞机当前的位置等信息。它由惯性基准组件和多功能控制显示组件组成,如图 3.10.1 所示。

惯性基准组件包括陀螺、加速度计和计算机。通常,惯性基准系统使用的陀螺是激光陀螺,加速度计采用电磁摆式加速度计。

激光陀螺利用旋转光束测量角速率。一条光束由阳极 1 和阴极之间的高压产生,它通过三个棱镜将光束折射,使之顺时针旋转；另一条光束由阳极 2 和阴极之间的高压产生,同样通过棱镜形成逆时针旋转的光束。当组件静止时,两束光走过相同的路径,因此在监视窗口形成静止的干涉条纹。当组件顺时针旋转时,则顺时针光束的行程大于逆时针光束的行

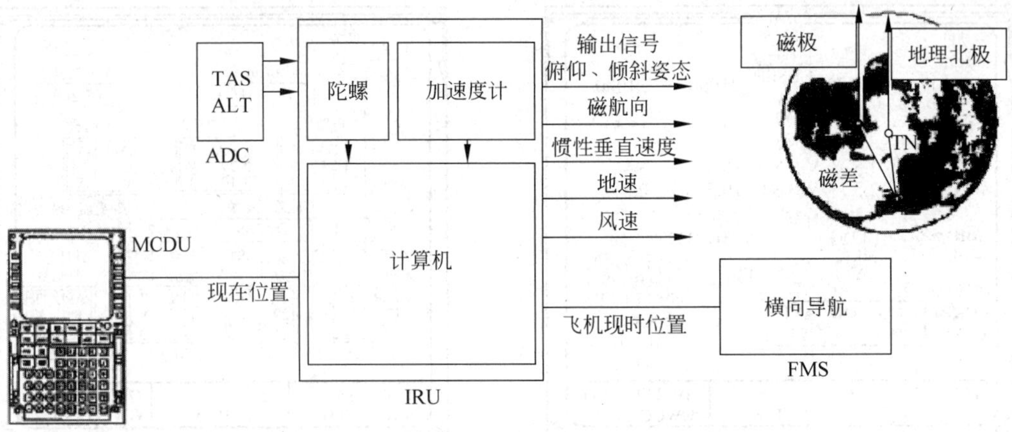

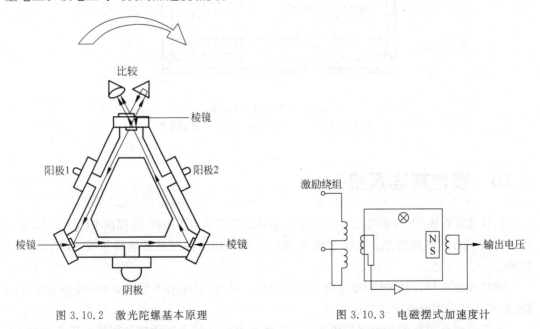

图 3.10.1　IRS 系统基本功能和组成

程；反之，则顺时针光束的行程小于逆时针光束的行程。于是，在监视窗口则形成左移或右移的干涉条纹。可见，干涉条纹的移动与组件的旋转有关，因此，利用激光陀螺敏感飞机的姿态变化，如图 3.10.2 所示。

　　加速度计测量沿着飞机各轴的运动加速度。实际上，电磁摆式加速度计由一个带有中心轴的质量块、两个静激励绕组和一个移动的输出绕组组成，如图 3.10.3 所示。在飞机加速运动时，带有输出绕组的质量块移动，改变了动、静绕组之间的耦合，从而使输出绕组上产生电压。该电压与飞机的加速度相关。

图 3.10.2　激光陀螺基本原理　　　　图 3.10.3　电磁摆式加速度计

　　在 IRS 中，上述所有元件在飞机上固定安装，与飞机结构成为一体，该系统称为捷联式系统。三个激光速率陀螺测量绕飞机各轴的旋转角速度；计算机利用该测量值计算出飞机的俯仰和倾斜姿态；三个加速度计测量沿飞机各轴的加速度，计算机对合成加速度进行一次积分得到地速,再对速度进行积分,就得到了飞机飞行的距离。

另外,在 IRU 的计算机存储中,存有地球上所有位置的磁差,因此,它可以计算出磁航向。

在整个飞行期间,利用加速度信号对飞机的现时位置进行更新,所以,飞机的现时位置数据还用于飞行管理系统的横向导航。IRU 计算机的计算不能中断,因此,它需要备用直流电源,当它工作时,直流供电通告牌亮。

应该说明的是:惯性基准系统的计算必须有一个初始点,因此,飞机在地面接通电源时,必须通过控制显示组件输入当地的经度、纬度作为初始点,从而使 IRU 进入校准阶段。只有该阶段结束,惯性基准系统才能进行正常的计算。

本 章 小 结

航空仪表是为飞行人员提供有关飞行器及其分系统信息的设备。仪表提供的信息既是飞行员操纵飞行器的依据,同时又反映出飞行器被操纵的结果。仪表的种类较多,分别用来测量(计算)飞机在飞行动态中的各种飞行参数,以及飞机发动机和其他系统的工作参数。航空仪表按功用可分为飞行仪表、导航仪表、发动机仪表和系统状态仪表;按工作原理可分为测量仪表、计算仪表和调节仪表。

复 习 与 思 考

1. 航空仪表有何用途?
2. 飞机仪表系统有哪些基本组成环节?
3. 简述航空仪表的发展过程。
4. 简述常用的气压高度的基本定义。
5. 气压高度表有哪几种基本类型?简述其基本特点。
6. 简述几种空速的基本定义和区别。
7. 简单说明全/静压系统排水接头的功用和使用方法。
8. 简单说明数字式大气数据计算机有哪些输入和输出信号。
9. 简述航空陀螺的基本组成和结构。
10. 三自由度陀螺主要有哪些基本特性?
11. 什么是惯性坐标系?
12. 什么是地球坐标系?
13. 简述三轴陀螺稳定平台的功用。
14. 说明 EICAS 系统的组成。
15. 说明直流供电(ON DC)通告牌的含义。
16. EFIS 可显示哪些信息?
17. 简述 EFIS 的特点和优点。
18. EHSI 上出现"MAP"旗表明什么?
19. 在什么情况下 EADI 上的决断高度显示空白?怎样使决断高度(DH)警告复位?
20. 利用 IDU 可对 FDR 进行哪些操作?

阅读材料

飞行记录仪——飞机黑匣子

飞行器中用于记录多种飞行信息的仪器俗称黑匣子,由磁头、磁带、电子装置和走带机构等组成,用于自动记录飞行器的飞行高度、速度、航向以及俯仰姿态等。它装在耐撞击、耐火、耐腐蚀的金属盒内,在飞行器失事后仍能完好地保存下来。其所记录的信息可供分析事故原因用。

黑匣子是飞机专用的电子记录设备之一,其具体名称为航空飞行记录器。里面装有飞行数据记录器和舱声录音器,飞机各机械部位和电子仪器仪表都装有传感器与之相连,这好比人体各部位的神经与大脑相通一样。它能把飞机停止工作或失事坠毁前半小时的有关技术参数和驾驶舱内的声音记录下来,需要时把所记录的参数重新放出来,供飞行实验、事故分析之用。黑匣子具有极强的抗火、耐压、耐冲击振动、耐海水(或煤油)浸泡以及抗磁干扰等能力,即便飞机已完全损坏,黑匣子里的记录数据也能完好保存。世界上所有的空难原因都是通过黑匣子找出来的,因此它就成了事故的见证,也成了"前车之鉴",避免同样事故发生,更好地采取安全措施。

目前,大多数的客机、军用飞机上安装的黑匣子有两种。

一种称为飞机数据记录器(FDR)的黑匣子,专门记录飞行中的各种数据,如飞行的时间、速度、高度、飞机舵面的偏度,发动机的转速、温度等,共有30多种数据,并可累计记录25h。起飞前,只要打开黑匣子的开关,飞行时上述的种种数据都将收入黑匣子内。一旦出现空难,整个事故过程中的飞行参数就能从黑匣子中找到,人们由此便可知道飞机失事的原因。

另一种称为飞行员语言记录器的黑匣子(CVR),就像录音机一样,它通过安放在驾驶舱及座舱内的扬声器,录下飞行员与飞行员之间以及座舱内乘客、劫机者与空中小姐的讲话声。它记录的时间为30min,超过30min又会重新开始录音。因此这个黑匣子内录存的是空难30min前机内的重要信息。

随着科技的迅速发展,黑匣子也在不断更新换代。20世纪60年代问世的黑匣子(FDR)只能记录5个参数,误差较大。70年代开始使用数字记录磁带,能记下100多种参数,保存最后25h的飞行数据。90年代后出现了集成电路存储器,像电脑中的内存条一样,它可记录2h的CVR声音和25h的FDR飞行数据,大大提高了空难分析的准确度。每架飞机上,黑匣子通常有两个,它们的学名分别称为"飞行数据记录仪"和"机舱话音记录器"。前者主要记录飞机的各种飞行数据,包括飞行姿态、飞行轨迹(航迹)、飞行速度、加速度、经纬度、航向以及作用在飞机上的各种外力,如阻力、升力、推力等,共约200种数据,可保留20多小时的飞行参数。超过这个时间,数据记录仪就自动吐故纳新,旧数据被新数据覆盖。机舱话音记录器主要记录机组人员和地面人员的通话、机组人员之间的对话以及驾驶舱内出现的各种音响(包括飞机发动机的运转声音)等。它的工作原理类似普通磁带录音机,磁带周而复始运行不止地洗旧录新,总是录留下最后半小时的各种声音。

根据欧洲的标准,黑匣子必须能够经受2.25t的撞击力,在1100℃高温下10h仍不会受损。黑匣子通常是用铁金属和一些高性能的耐热材料做成,具有极强的抗火、耐压、耐冲击振动、耐海水(或煤油)浸泡以及抗磁干扰等能力,即便飞机已完全损坏黑匣子里的记录数据也能完好保存。

黑匣子并非是黑色的,而是常呈橙红色,主要是为了醒目,便于寻找。外观为长方体,外壳坚硬,约等于四五块砖头垒在一起的大小。黑匣子上有定位信标,相当于无线电发射机,在飞机失事后可以自动发射出特定频率,以便搜寻者溯波寻找。

资料来源:http://wenku.baidu.com/view/1d9aa815866fb84ae45c8df4.html

思考题

1. 飞机上通常有哪两种黑匣子?
2. 黑匣子中记录有哪些信息?

练 习 题

1. EICAS取消/再显按钮的功能有,按压取消按钮可以去掉显示器上的任何_____、_____信息;但对_____不起作用。

另外,该按钮还具有_____功能。按压再显按钮,可将那些_____重新显示出来。

2. 飞行数据记录器用于记录重要的_____。其参数在_____和_____中具有重要意义。

参考答案:1. B级,C级,A级信息;翻页,故障仍然存在但被取消掉的B级、C级信息;2. 飞行参数,事故分析,飞行性能评估

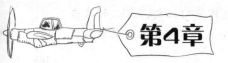

第4章 自动飞行控制系统

本章关键词

自动飞行控制系统(automatic flight control system, AFCS)
飞行控制计算机(flight control computer, FCC)
自动驾驶仪(automatic pilot, A/P)
飞行指引(flight director, F/D)
自动油门系统(autothrottle system, ATS)
自动配平(automatic trim, A/T)
偏航阻尼(yaw damper, Y/D)
飞行管理系统(flight management system, FMS)

目前几乎所有现代飞机都装有自动飞行控制系统(AFCS)。一个典型的自动飞行控制系统包括:自动驾驶仪(A/P)、飞行指引系统(F/D)、自动油门系统(ATS)、自动配平系统(A/T)、偏航阻尼系统(Y/D)。另外,现代飞机都装有飞行管理系统(FMS),该系统的输出信号加到自动飞行控制系统,可完成飞机的制导和推力管理。

自动飞行控制系统包含极其广泛的研究内容,特别是对于大型民用客机。按照 ATA-100 对飞机系统分类的编排,自动飞行控制系统属于 ATA-22 章自动飞行系统(automatic flight system, AFS)的内容。它包含了为自动控制飞机飞行提供手段的所有内容,如图 4.0.1 所示。

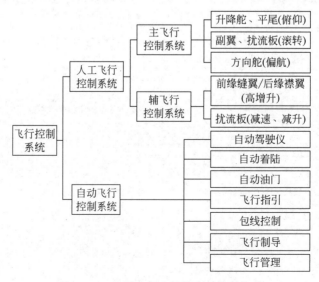

图 4.0.1 民用飞机飞行控制系统的组成

人工飞行控制系统是由驾驶员手动操纵的主、辅飞行操纵系统组成,属于 ATA-27 章对应的内容,可能是常规的机械操纵系统,也可能是现代飞机常用的电传控制系统(fly by wire system,FBWS)。对于采用电传控制系统的飞机,自动飞行控制系统输出指令通过电传控制系统控制飞机运动。对于未采用电传控制系统的飞机,自动飞行控制系统的组成还应包括相关控制面的伺服作动器或控制增稳系统。

4.1 飞行控制系统及飞行控制计算机

4.1.1 飞行控制系统的基本组成

飞行控制系统(简称飞控系统)的作用是保证飞机的稳定性和操纵性,提高飞机飞行性能和完成任务的能力,增强飞行的安全性和减轻驾驶员的工作负担。飞行控制系统由传感器、飞行控制计算机(flight control computer,FCC)和执行机构组成(见图 4.1.1)。

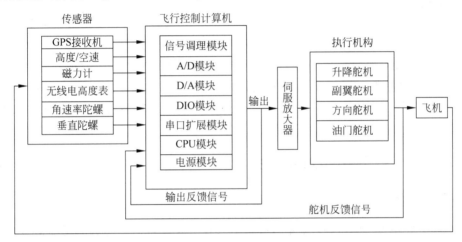

图 4.1.1 飞行控制系统结构图

传感器为飞控系统提供飞机运动参数(航向角、姿态角、角速度、位置、速度、加速度等)、大气数据以及相关机载分系统(如起落架、机轮、液压源、电源、燃油系统等)状态的信息,用于控制、导引和模态转换。例如,垂直陀螺用于感受飞机俯仰、倾斜姿态,输出模拟电压信号。角速率陀螺感受飞机的三轴姿态加速度信号,输出模拟电压信号。无线电高度表利用电磁波的反射测量高度,给出相对高度信号。

FCC 是飞控系统的"大脑",负责采集各机载传感器的信息,接收机载无线电测控系统传输的由地面测控站上行信道送来的控制命令及数据,进行数据处理,从而实现各种飞行模态的控制和任务的管理、控制信号输出、状态信息发送等功能。FCC 要求具有实时性、可靠性和嵌入式等特点。实时性要求输入的导航数据以最快的速度处理并以最短的延时输出控制信号;可靠性要求抗干扰能力强,有较宽的工作温度范围和抗电磁干扰等;嵌入式要求体积和质量尽量小。飞控系统的执行机构即伺服作动子系统,它按照计算机指令驱动舵面实现对飞机的控制。采用舵机对舵面进行控制,并有位置反馈、测速反馈信号输出。

4.1.2 飞行控制系统的基本工作原理

除个别的开环操纵系统(如机械操纵系统)外,所有的飞控系统都采用了闭环反馈控制的工作原理。图 4.1.2 所示为通用的飞控系统基本工作原理框图。在人工操作飞机飞行时,驾驶员通过驾驶杆、脚蹬、油门杆的位移(或力)给出控制信号,经过 FCC 控制率计算后给出控制指令。作动器根据此指令驱动相对应的舵面(或油门、喷口)产生位移,使飞机运动变量转换为电信号,一路反馈给 FCC,另一路输入显示装置,形成目视信息,供驾驶员读取。送给 FCC 的反馈信号与驾驶员给出的控制信号相比较,当飞机的运动变量与驾驶员的控制目标值相等时,两种信号的代数和为零,飞控系统不再输出驱动指令,飞机按照驾驶员要求的状态飞行。

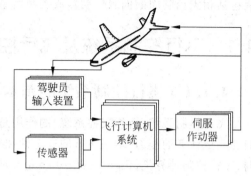

图 4.1.2 飞行控制系统原理图

在自动飞行控制的情况下,驾驶员通过控制面板上的模式选择按钮(或开关、旋钮、键盘等)给出控制模式要求,飞控系统就会自动控制飞机按照给定的模式飞行,基本控制过程的原理与人工控制飞行时相同。这时,驾驶员只需监视显示信息,不需要对驾驶杆等装置进行操作。

4.1.3 FCC 的功用及基本组成

1. FCC 的功能

FCC 的主要功能可归纳为:采集驾驶员输入指令及飞机运动参数的反馈信号,并对其进行必要处理;飞行控制系统工作模式的管理与控制;计算不同工作模式中的控制律,并生成必要的控制指令;对各种控制指令的输出与管理;对飞控系统中各传感器及伺服作动器进行余度管理;对飞行控制计算机本身的硬件及软件进行余度管理与检测;完成飞行前地面及飞行中在机内对系统各子系统及部件的自动检测;完成与机内其他任务计算机及电子部件信息交换的管理(包括驾驶舱显示,报警信息管理)。

2. FCC 的基本组成

FCC 是由数字处理部分、输入/输出部分、模拟处理部分及电源部分组成(见图 4.1.3),其中,数字处理部分主要完成全机管理、控制算法及余度管理算法的计算,是计算机系统的核心;输入/输出部分包括模拟输入/输出模块、余度系统交叉通道数据链模块及多路传输的接口模块;模拟处理部分是为伺服作动器提供一定的模拟指令信号,并对来自数字处理部分或输入/输出部分的信号存在两个相似故障时,提供必要的信号输出,以保证系统安全工作,实现模拟备份作用。

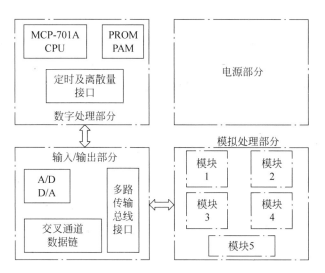

图 4.1.3 飞行控制系统结构图

4.1.4 FCC 的软、硬件组成及功能

1. 硬件组成

按"功能"划分,一般而言 FCC 的硬件由如下模块组成:电源模块、CPU 模块、串口扩展模块、A/D 模块、D/A 模块、DIO 模块和信号调理模块,在图 4.1.1 中有示意。这 7 个功能模块实现的具体功能描述如下。

1) 电源模块

系统电源模块从发动机引用+27V DC 航空电压作为输入电压,目的是输出干净、无杂质的工作电压给 FCC 和各功能扩展模块,满足供电要求。电源模块要求有较强的抗干扰能力。

2) CPU 模块

CPU 模块是 FCC 的核心,运行飞行控制程序。它由程序存储器、数据存储器、CPU 和总线接口组成。在 CPU 控制下,执行程序存储器中的计算机指令,完成系统初始化,建立各通信口和控制端口与运算控制单元的联系及对各个模块的控制。

3) 串口扩展模块

一般情况下,CPU 模块可提供两个标准的 RS-232 串口,使用串口模块可进行多路串口的拓展,并可提供 RS-232、RS-422、RS-485 等不同通信协议类型的串口,满足与无线电高度表、磁力计、高度空速表等传感器以及数传电台连接通信的要求。

4) A/D 模块

A/D 模块主要用于飞控机对外部模拟量的数据采集,并将采样的模拟量转换成数字量。典型的模拟输入通道包括前置通道放大器、低通滤波器、多通道切换开关、程控增益放大器、采样/保持器、A/D 转换器和逻辑控制电压等部分。FCC 通过 A/D 模块可采样垂直陀螺(俯仰角、滚转角)、角速率陀螺(俯仰角速率、滚转角速率、偏航角速率)和发动机信息(发动机电压、发动机电流、发动机左缸温度、发动机右缸温度、发动机转速以及蓄电池电压)等。

5）D/A 模块

D/A 模块主要用于模拟量输出（舵机信号输出），将计算机输出的数字信息或数据转换成相应的模拟信号，主要用于控制和模拟输出设备。计算机输出的数字、数据或控制信息通过总线和控制电路编成相应的模拟信号，最后由电压驱动级或电流驱动级输出模拟电压，每隔一定的时间输出。FCC 通过 D/A 模块输出模拟信号到执行机构。

6）DIO 模块

DIO 模块主要用于离散量输入输出的控制。FCC 通过 DIO 模块输入得到外部的离散量，而飞控计算机也可通过 DIO 模块输出向外部发离散量信号。

7）信号调理模块

经信号调理模块可完成 FCC 模拟信号输入/输出的滤波、电平匹配，以及离散信号输入/输出的隔离处理。根据不同系统的设计要求及模块选型。

2. 软件组成

FCC 的软件设计与开发是实现其功能的关键部分。FCC 软件的主要特点是信息吞吐量大、功能多、逻辑时序关系复杂和实时性要求高。飞控软件一般包括 3 个功能模块：实时操作系统、底层模块、任务划分及调度模块，如图 4.1.4 所示。其中，实时操作系统和底层模块可以归为硬件相关的模块，不同的无人机可以较好地兼容；任务划分及调度模块层次最高，可以看做基本输入/输出模块和应用模块，不同无人机的差异主要在于任务模块。

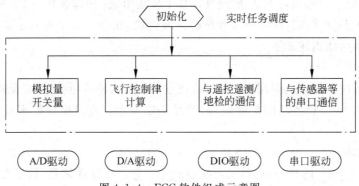

图 4.1.4　FCC 软件组成示意图

1）实时操作系统

它是进行飞行控制软件设计的平台，对整个系统的实时性影响最大。实时操作系统的内部结构关系到任务划分及调度模块的设计。

2）底层模块

底层模块有与硬件相关的输入/输出模块，也有属于系统任务调度的管理模块。硬件相关的模块包括定时/计数器模块、模拟输入/输出模块、离散输入/输出模块以及串行输入/输出模块等。

3）任务划分及调度模块

它主要是为了完成物理数据的输入/输出功能，如采集模拟信号数据、获得遥控指令等，这些基本任务的划分是进行任务调度的基础。任务调度完成无人机的飞行控制、导航管理等功能，以获得的数据源为基础，按照无人机飞行控制系统的总体要求进行设计，可满足复杂的逻辑控制和时序控制。

4.2 自动飞行控制系统的组成

高品质的飞行控制系统是现代高性能飞机实现安全飞行和完成复杂飞行任务的重要保证，是现代飞机设计技术中不可缺少的重要环节。自动驾驶方式的特点是，驾驶员在控制回路之外，只是监视着仪器仪表的信息，并不操纵驾驶杆。控制机构（例如，气动舵面和发动机油门等）的动作完全由随动系统按照自动装置的信号来驱动完成。

典型的 AFCS 一般由主飞行指引（F/D）来显示飞行参数，由方式控制板（MCP）来控制飞行状态，此外还包括自动驾驶仪（A/P）、自动油门系统（ATS）、自动配平系统（A/T）、偏航阻尼系统（Y/D）及飞行管理系统（FMS），如图 4.2.1 所示。

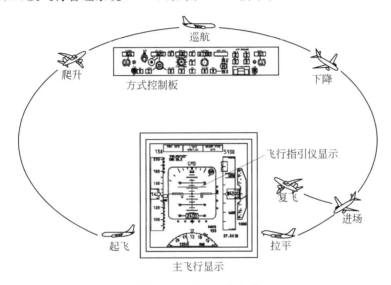

图 4.2.1　AFCS 的组成

AFCS 各组成部分的功能可概括为：自动驾驶仪主要通过自动地控制飞机飞行，减轻驾驶员的工作负担，还可以在恶劣的气象条件下完成飞机的自动着陆；飞行指引仪主要在 PFD 或 ADI 上显示驾驶指令杆，以指导驾驶员人工驾驶飞机或监控飞机的姿态；偏航阻尼系统在飞机的整个飞行过程中，改善飞机的动态稳定性；自动配平系统在所有飞行阶段，通过自动调整水平安定面，以保持飞机的俯仰稳定性；自动油门系统自动控制发动机的输出功率，以减轻驾驶员的工作负担。其中，自动配平系统和偏航阻尼系统结合在一起，称为增稳系统，它改善了飞机的稳定性，提高了飞行安全和旅客乘机的舒适性；现代飞机还备有飞行管理系统，它的输出信号控制自动飞行控制系统的工作，并对其进行监视。同时，它为飞机提供了实施最佳飞行时所需的有关导航及飞行剖面计算的功能。

典型的自动飞行控制系统包括以下设备，如图 4.2.2 所示。
(1) 计算机——用于指令的计算。
(2) 控制板——接收驾驶员的输入指令，它是通向计算机的主接口。
(3) 输出设备——计算出的信号加到飞机的飞行控制系统和显示器等子系统。

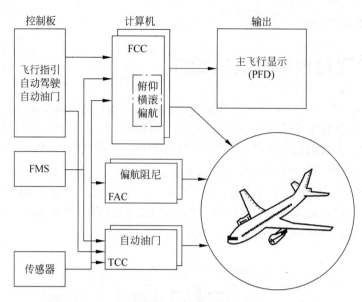

图 4.2.2　自动飞行控制系统的结构

20世纪60年代,模拟式自动飞行子系统都是分立组件;70年代,电子技术得到了飞速的发展,这为组件的集成化提供了可能性;到了80年代,数字技术已经进入了航空电子领域,它使自动飞行组件减少了50％以上;90年代以后,自动飞行组件的集成化程度就更高了。由于电子飞行控制系统(EFCS)的出现,使利用电传操纵(FBW)直接控制舵面成为可能。这就是说,AFCS只需将数字信号传给EFCS就可以完成对飞行的控制。

现在,AFCS计算机又称飞行管理制导和包络计算机(FMGEC)。所有A/P和F/D的功能由FMS控制。所有的自动油门功能也集成于一台计算机,发动机由全权数字式电子控制系统(FADEC)控制。偏航阻尼和配平功能也集成在一起,并且利用飞行包线保护功能监视AFCS的整个工作过程,如图4.2.3所示。

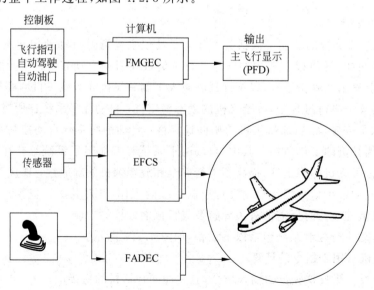

图 4.2.3　数字式自动飞行电子控制系统的结构

4.3 自动驾驶仪

4.3.1 自动驾驶仪的功用及其基本组成

自动驾驶仪(Autopilot)是由 Auto(自动)和 pilot(驾驶员)两个英文单词组成,原意是用自动器取代驾驶员,实际上一直到现在,作为自动飞行控制系统基本组成部分的自动驾驶仪并无法完全取代驾驶员的职能,只有最完善的自动飞行控制系统才能真正取代驾驶员,实现全自动飞行。自动驾驶仪的基本功能可列举如下:

(1) 自动保持飞机沿三个轴的稳定(姿态角的稳定);
(2) 接收驾驶员的输入指令,替驾驶员操纵飞机以达到希望的俯仰角、航向角或升降速度等;
(3) 接收驾驶员的设定,控制飞机按预定高度、预定航向飞行;
(4) 与飞行管理系统耦合,执行飞行计划,实现按预定飞行轨迹的飞行;
(5) 与仪表着陆系统(ILS)耦合,实现飞机的自动着陆(CAT Ⅰ、Ⅱ、Ⅲ等)。

自动驾驶仪的基本组成部分包括:

(1) 传感器—主要敏感飞机的姿态变化(采用垂直陀螺或 IRU),并将其转换为电信号输入 A/P;
(2) 比较放大器—将基准信号与实测信号进行比较产生误差信号,并将其放大输出到伺服系统;
(3) 伺服系统—接收误差信号,产生使控制舵面运动所需要的力;
(4) 反馈回路—将舵面运动产生的结果通过传感器反馈到比较器再与基准信号进行比较,从而使舵面平滑而准确地运动,不断纠正误差信号;
(5) 控制面板—位于驾驶舱,上面包括各种工作开关和旋钮,驾驶员通过它为 A/P 提供各种人工指令。

4.3.2 自动驾驶仪的基本原理

任何自动驾驶仪,尽管其传感器、伺服系统有所不同,但其基本工作过程都是误差敏感、误差纠正和舵面随动的过程,即闭环自动控制过程,如图 4.3.1 所示。

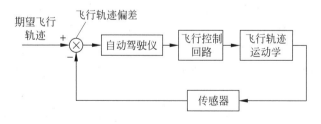

图 4.3.1 自动驾驶仪回路

1. 自动驾驶仪的内回路

如图 4.3.2 所示,在内回路中,最重要的部件就是比较器。它将姿态指令和飞机实际姿态进行比较。实际姿态来自飞机的姿态传感器,它可能是垂直陀螺,也可能是惯性基准组件(IRU)。姿态指令来自驾驶员选择的工作模式或外回路。比较器的比较结果被称为姿态误差信号,它用于驱动飞机的飞行控制舵面,以改变飞机的姿态。可见,内回路控制飞机的姿态。

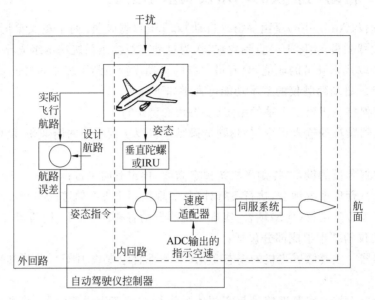

图 4.3.2　自动驾驶仪内外回路结构

飞行控制舵面的运动由伺服马达来完成。伺服马达通常是液动马达,有些飞机上也使用电动马达或气动马达。此外,在空速比较高时,要想使飞机姿态作一定的变化,需要的舵面偏转量较小。因此,在内回路中,需要有速度适配电路。

2. 自动驾驶仪的外回路

如图 4.3.2 所示,自动驾驶仪的外回路执行飞行轨迹控制功能并给飞行控制回路产生姿态控制指令。这些姿态控制指令能够通过闭环控制系统操纵飞机的舵面,使飞机绕俯仰轴和滚转轴作角运动直至等于期望的俯仰角和滚转角。由飞机轨迹运动学规律可知,飞机俯仰角、滚转角的变化将引起飞机飞行轨迹的变化。

例如,利用自动驾驶仪的倾斜通道控制飞机的航向。选择航向(基准值)来自自动驾驶仪控制板,实际航向(实测值)来自罗盘系统,比较器计算出选择航向与实际航向之间的误差,这一误差称为航向误差。该误差作为内回路的指令信号输入,它与实测值比较,从而改变飞机姿态,进而改变飞机飞行的实际航路,使飞机达到选择航向。可见,外回路控制飞机的飞行航路。

信号从外回路进入内回路必须用姿态限幅器加以限制,以防止飞机危险倾斜和俯仰。基于安全原因和对乘客舒适性的考虑,倾斜姿态限制大约为 30°。在许多飞机上,驾驶员可以通过控制板上的旋钮将这一限制值调在 5°~25° 之间。同样,俯仰姿态被限制为上仰 25°,下俯 10°,如图 4.3.3 所示。

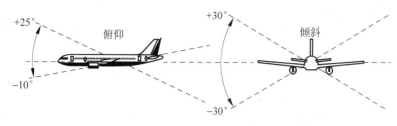

图 4.3.3　飞机的俯仰与倾斜限制

4.3.3　自动驾驶仪的常见工作方式

自动驾驶仪的工作方式由方式选择板(MCP)控制。在现代飞机上,自动驾驶仪的控制板一般位于驾驶舱的遮光板上。方式选择板上的按钮和旋钮用于不同的工作模式和接通与断开自动驾驶仪。

一般来说,飞机的自动驾驶仪有俯仰、航向和横滚三个控制通道,每个通道由相应的控制面板控制,但在横向和航向之间常常有交联信号,所以通常将自动驾驶仪分为纵向通道和横侧向通道,而各通道的控制面板也集成在一起,构成方式控制面板。一种典型的方式控制板如图 4.3.4 所示。

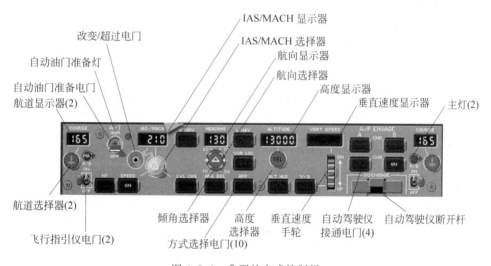

图 4.3.4　典型的方式控制板

自动驾驶仪的纵向通道可以稳定和控制飞机的俯仰角、高度、速度、升降速度等;横侧向通道可以稳定和控制飞机的航向角、倾斜角、偏航距离等。控制飞机的这些不同变量,就对应了自动驾驶仪不同的工作方式。根据所控制的状态量,可以完成姿态(俯仰角和滚转角)保持、高度保持、航向保持、自动改平以及复飞等功能。通过操纵方式控制面板上相应的控制旋钮或开关,可以实现自动驾驶仪的衔接、脱开和工作方式之间的转换。

自动驾驶仪通常以两种常见形式衔接,即驾驶盘操作(control wheel steer-ing,CWS)方式和指令(command,CMD)方式。当自动驾驶仪以 CWS 方式衔接时,自动驾驶仪的作用原理是:驾驶盘将驾驶员的操作量作为输入指令,被转换成电信号后,送到自动驾驶仪的核心计算机——FCC,FCC 再输出信号给控制液压作动器,带动舵面运动,这时自动驾驶仪仅起到助力器的作用，相当于电传操纵飞机上的人工操作。当自动驾驶仪以 CMD 方式衔接时，其纵向通道和横侧向通道分别以不同的方式来工作。FCC 会根据其纵向方式和横侧向方式来自动计算输出指令，然后通过液压作动器控制飞机的相应操纵舵面，实现飞机的自动控制。

由于不同飞机上安装的自动驾驶仪系统各不相同，所以可能的纵向通道的工作方式有：高度保持方式(ALTITU HOLD)、升降速度(或称垂直速度，V/S)方式、高度层改变(LEVEL CHANGE)方式、高度截获或高度获得方式(ALTITU ACQUIRE)、垂直导航方式(VNAV)、下滑道方式(G/S)、复飞方式(GO AROUND)等。横侧向通道可能的工作方式有：航向保持方式(HEADING HOLD)、航迹方式(TRACK)、水平导航方式(LNAV)、VOR 方式、航向道方式(LOC)、复飞方式(RWY TRACK)等。在一般情况下，自动驾驶仪横向和纵向的不同工作方式，就对应了不同的控制规律。当进行方式切换时，就伴随着控制规律的改变。

4.4 飞行指引

飞行指引使用与自动驾驶仪相同的输入信号来计算其输出信号。但这一输出信号用于显示，它指导驾驶员如何人工控制飞机的舵面，并且，当自动驾驶仪衔接后，驾驶员可以通过指令杆监控飞机的姿态。

飞行指引仪的符号有：十字指引杆、八字指引杆、V 字指引杆和条形矢量指引杆，而波音 737-800 的飞行指引仪如图 4.4.1 所示。在陀螺地平仪上，可以看到飞行指引棒。它既在姿态指示器(ADI)上显示，也在现代飞机的主要飞行显示器(PFD)上显示。飞行指引的显示通常用两个指引棒，一个称为倾斜指令，一个称为俯仰指令。这两个指引棒以飞机符号

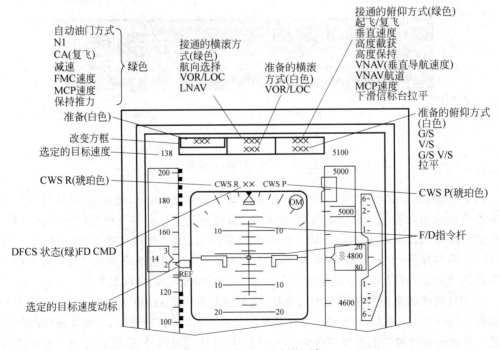

图 4.4.1 典型的飞行指引仪

作为参考基准。当倾斜棒移动到左边时,驾驶员必须左转驾驶盘;相反,当倾斜棒移动到右边时,驾驶员必须右转驾驶盘。当俯仰棒向上移动时,驾驶员必须拉驾驶杆;当俯仰棒向下移动时,驾驶员必须推驾驶杆。

4.5 偏航阻尼系统

4.5.1 偏航阻尼系统的功用

偏航阻尼系统是增稳系统的一部分。在飞机飞行的全过程中,偏航阻尼系统用于提高飞机绕立轴的稳定性。当航向平衡被破坏后,偏航阻尼器控制方向舵偏转,从而抑制飞机绕立轴和纵轴的摆动,即抑制飞机的"荷兰滚"运动,保持飞机的航向平衡和航向稳定性。

偏航阻尼系统通过自动地偏转方向舵,为飞机提供偏航阻尼,从而将飞机在飞行时由荷兰滚引起的航向偏差减到最小,将阵风引起的飞机侧滑以及湍流引起的机体变形所产生的飞机振荡减到最小。另外,它还提供飞机的转弯协调信号。

4.5.2 荷兰滚原理

亚音速民航客机的机翼后掠角大约为 $35°$,这种空气动力学的设计是为了实现低阻力、高速度的飞行;但该设计会导致飞机的航向稳定性差,容易产生荷兰滚。荷兰滚产生原理如图 4.5.1 所示,设飞机某时刻在位置 1 因左侧风干扰,飞机尾部向右运动,飞机向左偏航。在位置 2 时,由于后掠翼使垂直于右翼的气流分量大于左翼,从而使右机翼升力增加,飞机向左倾斜。在位置 3 时,飞机向左偏航并倾斜,引起右机翼阻力增加,飞机开始向右偏航并向左侧滑。在位置 4 时,由于垂直于左翼的气流分量大于右翼,从而使左机翼升力增加,飞机开始向右倾斜。在位置 5 时,飞机向右偏航并倾斜,引起左机翼阻力增加,飞机向左偏航并向右侧滑,然后飞机又回到位置 1 的初始状态。

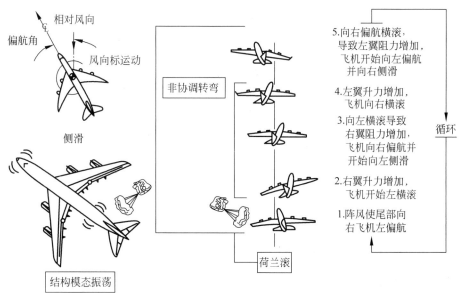

图 4.5.1 侧滑及荷兰滚运动

综上所述,飞机倾斜引起右侧滑,形成左滚转和右偏航,进而形成左倾斜,引起左侧滑,又形成右倾斜和左偏航,进而形成右倾斜,引起左侧滑,如此循环。这种飘摆运动的飞行轨迹呈立体状 S 形,如图 4.5.2 所示,酷似荷兰人的滑冰动作,故被称为"荷兰滚"。它不仅严重影响飞机乘坐的舒适性,而且会对飞机的结构造成损伤,因此必须加以抑制。飞机利用偏航阻尼系统来降低荷兰滚造成的影响。另外,对于后掠翼高速飞行的飞机,如果机身较长,在飞行过程中会产生机身的弯曲和摆动。为了抑制这种机身结构模态振荡趋势,提高驾驶的操纵性和乘坐的舒适性,有些偏航阻尼系统还具有振荡抑制功能,例如波音 767/300 型有模态抑制功能。

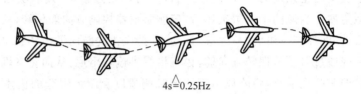

图 4.5.2 荷兰滚的振荡频率图

4.5.3 偏航阻尼系统组成

偏航阻尼系统通常由下列部件组成,见图 4.5.3。

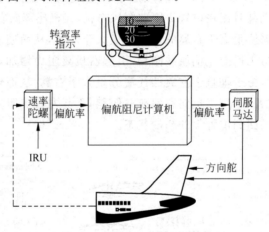

图 4.5.3 偏航阻尼系统的组成

(1) 偏航阻尼计算机——用于计算正确的方向舵偏转量。
(2) 偏航阻尼器控制板——用来衔接或断开偏航阻尼系统。
(3) 偏航阻尼指示——给出位置指示、状态显示和警戒信息。
(4) 偏航阻尼伺服马达——用于驱动方向舵。
(5) 速率陀螺——用于探测航向的变化率。现代飞机使用的偏航速率信号来自惯性基准组件(IRU),这一信号用于计算荷兰滚的补偿值。

1. 偏航阻尼计算机

该计算机用来计算方向舵的偏转方向。在偏航阻尼器内部有速度补偿电路、带通滤波器和协调转弯电路。速度补偿电路接收来自大气数据计算机系统的空速信号,以便调节方向舵的偏转来适应飞机速度,利用飞机的空速来修正方向舵偏转的大小。带通滤波器接收飞机的偏航信号,这一电路可以使计算机区分荷兰滚振荡和正常转弯。偏航阻尼速率信号达到振荡频率才能通过滤波器允许荷兰滚的信号通过,不允许正常的转弯信号通过,改善荷兰滚阻尼。协调转弯电路接收来自垂直陀螺或惯导系统的倾斜姿态信号以协调飞机的转弯。偏航阻尼计算机的结构框图如图4.5.4所示。

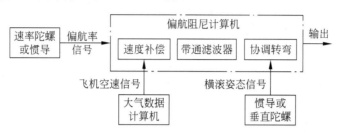

图4.5.4　偏航阻尼计算机的结构框图

2. 偏航阻尼器控制板

该控制板用来衔接或断开偏航阻尼系统。在不同的机型上,有各种各样的衔接电门和相应的指示灯。现在很多飞机上偏航阻尼的衔接电门有两个功能:衔接和指示。如图4.5.5所示。当电门被压下或扳到ON位后,灯亮。正常情况下,电门保持在ON位并且灯亮,系统正常工作。如果选择OFF位或者探测到故障,INOP指示灯或相应的指示灯亮,系统不工作。

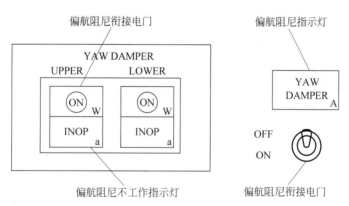

图4.5.5　偏航阻尼控制板及衔接电门

指示灯亮的原因有:偏航阻尼衔接电门在OFF位;探测到作动器故障;探测到作动器LVDT(线性可变差动传感器)故障;没有一部惯导系统在导航NAV位;探测到偏航阻尼组件故障。

3. 偏航阻尼指示

偏航阻尼指示包括位置指示和状态显示以及警戒灯和警戒信息。早期的飞机有专门的方向舵位置指示器和转弯速率指示仪以及单独的通告灯。现在大型飞机的位置指示显示在

EICAS 或 ECAM 上,并有各种各样的状态指示和警戒信息。

4. 偏航阻尼伺服机构

驾驶员通过脚蹬来偏转方向舵,用于飞行全过程控制的偏航阻尼器不能干扰驾驶员的输入信号。因此,偏航阻尼信号总是叠加到驾驶员的输入信号上,方向舵的偏转信号总是偏航阻尼输入信号和驾驶员输入信号之和。偏航阻尼输入信号引起的最大方向舵偏转被限制在10°。图 4.5.6 所示为方向舵伺服机构的简单示意图。图 4.5.7 所示为 B737-700/800 的典型偏航阻尼系统结构。

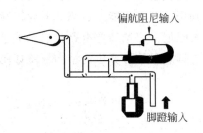

图 4.5.6 方向舵伺服机构的简单示意图

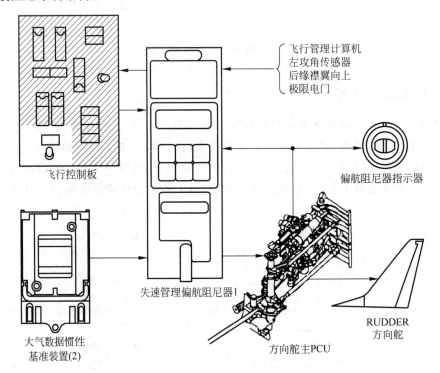

图 4.5.7 B737-700/800 的典型偏航阻尼系统结构

4.6 俯仰配平系统

4.6.1 安定面配平的功用

俯仰配平系统的功能是自动地保持飞机在俯仰轴上的配平状态。小型飞机上的水平安定面是不能移动的,但在大型客机上,水平安定面是可动的,其目的是为了减小升降舵上的载荷,或者说,俯仰配平系统配平飞机的纵向力矩,为升降舵卸荷。

安定面前缘向上(或向下)运动,会造成机头向下(或向上)运动,即安定面的运动将改变飞机的俯仰姿态;而飞机的俯仰运动本来是通过升降舵的上翻、下翻实现的,但水平安定面与升降舵共同构成水平尾翼的翼形,升降舵位置的变化使得水平尾翼不能保持流线型,因而飞机阻力增大,如果安定面不能移动,升降舵上将承受相当大的载荷。现在水平安定面可以调整,这样,既可以始终保持水平尾翼是流线型,又可以卸去升降舵上的巨大载荷,如图 4.6.1 所示。

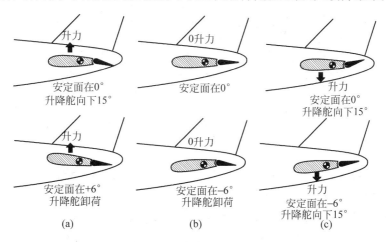

图 4.6.1 安定面配平原理

在图 4.6.1 所示的两种情况下,假定飞机姿态和空速为常数,水平安定面上产生的升力是相同的。一种情况是采用升降舵产生升力,水平尾翼不是流线型;另一种情况是用水平尾翼产生升力,尾翼是流线型,此时水平安定面发生移动。图 4.6.1(a)所示为水平安定面上产生相同的向上升力。一种情况是安定面在 0°、升降舵向下 15°;另一种情况是安定面在 +6°,升降舵与安定面保持流线型。此时,升力重心在尾翼上。图 4.6.1(b)所示为另一对等值条件。上图为安定面在 0°、升降舵与安定面保持流线型;下图为安定面向下 6°、升降舵向下 15°。此时,水平尾翼上没有升力。当然,此时无须进行安定面配平,这里仅为了说明一种等值条件。图 4.6.1(c)所示为水平安定面上产生相同的向下升力。一种情况是安定面在 0°、升降舵向上 15°;另一种情况是安定面在 -6°,升降舵与安定面保持流线型。

上述这些数值和相关位置仅用于说明安定面配平的原理,实际数值和位置取决于飞机当时的空速和飞行姿态。通过这些例子我们能看到安定面前缘向上或向下运动引起飞机的机头向下或向上运动,从而达到配平的目的。在人工飞行期间,只要接通驾驶盘上的开关,驾驶员就可以对安定面进行配平。在自动驾驶仪工作时,俯仰配平是自动进行的。

4.6.2 俯仰配平系统的组成和工作原理

俯仰配平系统一般由下列子系统组成,如图 4.6.2 所示。
(1) 人工配平——从配平开关输入人工配平指令。
(2) 自动俯仰配平——当驾驶仪工作时,自动俯仰配平工作。
(3) 马赫配平——用于防止马赫数增加时,引起飞机的向下俯冲。
(4) 迎角配平——用于防止飞机高速飞行期间产生大迎角。
(5) 速度配平——在起飞和盘旋期间,为飞机提供速度稳定性。

1. 人工配平

当驾驶员拉驾驶杆时,升降舵向上偏转,飞机上仰。为了保持这一新的姿态,驾驶员要

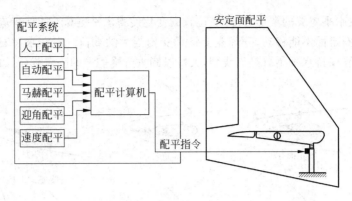

图 4.6.2 俯仰配平系统的组成

保持升降舵的偏转量。但是,这样将有很大的空气压力作用在升降舵上,这是我们所不希望的。因此,驾驶员按下主电配平开关使安定面移动。当安定面的前缘向下移动时,驾驶员可以松开作用在驾驶杆上的拉力。此时,升降舵与安定面保持流线型,从而使新的飞行姿态被保持。来自驾驶杆的人工俯仰配平信号既可以直接加到安定面配平马达,也可以首先加到配平计算机。在那里,一些信号可以得到修正。只要驾驶员保持住配平开关"向上"或"向下"的位置,安定面就持续地移动,如图 4.6.3 所示。

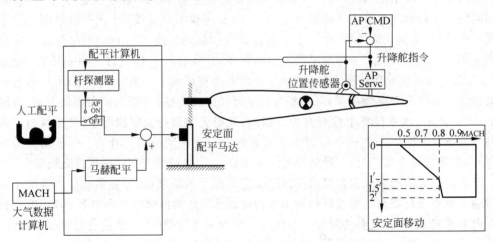

图 4.6.3 人工配平、自动俯仰配平、马赫配平

2. 自动俯仰配平

当自动驾驶仪工作时,自动驾驶仪的俯仰配平功能总是起作用的。自动驾驶仪的杆探测器探测升降舵的偏转量,或者从升降舵位置传感器直接进行测量。当升降舵的偏转超出一定量时,配平计算机发出指令,使安定面配平马达工作。当自动驾驶仪将升降舵位置减小到零时,配平系统再将马达停转,如图 4.6.3 所示。当驾驶员按下驾驶杆上的配平开关时,自动驾驶仪脱开。于是,配平系统又回到人工配平状态。

3. 马赫配平

当马赫数增加时,飞机的升力中心将向后移动。这将使飞机产生低头力矩,从而引起飞机向下俯冲。在飞行中,应该避免这种状态的发生。马赫配平系统完成的就是这一任务。当马赫数增加时,配平系统使安定面的前缘向下,产生使飞机抬头的力矩以平衡飞机的低头力矩,如图 4.6.3 所示。马赫数由大气数据计算机提供,配平计算机利用飞机的气动特性,计算出所需要的配平指令。

4. 迎角配平

迎角配平系统主要用于减小飞机高速飞行时产生的诱导阻力。迎角配平通过对最大迎角的限制来防止翼尖产生高压力差,它利用迎角传感器敏感的角度同飞机特定曲线进行比较。当迎角超过最大允许值时,安定面的前缘向上移动,从而使飞机产生低头力矩,直到使迎角低于特定曲线值为止,如图 4.6.4 所示。

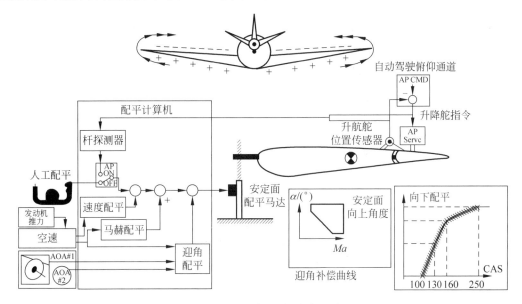

图 4.6.4　迎角配平、速度配平

5. 速度配平

在低速和大油门工作期间,速度配平系统提供飞机的速度稳定性。例如,在起飞和盘旋期间。速度配平的含义是:随着空速的增加,飞机的机头向上;随着空速的减小,飞机的机头向下。为了完成这一任务,速度配平系统需要用来自 ADC 的实际空速值探测速度的变化。

另外,它还需要发动机的油门信号控制配平门限值,如图 4.6.4 所示。

4.7　自动油门系统

4.7.1　自动油门系统的功用

现代飞机的自动油门系统用于从起飞到着陆的整个飞行阶段,因此也可以称为全程自动油门系统。这种自动油门系统通过两种操作方式中的一种来自动控制发动机的推力,如

图 4.7.1 所示。

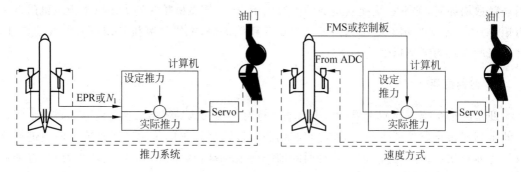

图 4.7.1　自动油门系统控制发动机的两种工作方式

一种方式称为推力方式，它既控制发动机压力比即 EPR，又控制 N_1 转速，这一点由发动机的类型决定；另一种方式称为速度方式，它控制飞机的计算空速，目标值来自飞行管理系统(FMS)或驾驶员自己选择。

目前使用的自动油门系统有两种类型：一种系统是典型的自动油门系统，它使用伺服马达来调整油门的位置，并且以机械的方式连接到发动机；另一种系统用于现代电传操纵的飞机上，它将数字信号直接传送给发动机的 FADEC 计算机。图 4.7.2 所示为 B737-700/800 的典型自动油门系统。

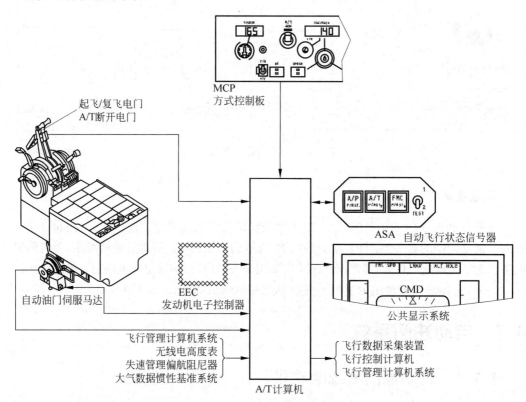

图 4.7.2　B737-700/800 的典型自动油门系统

4.7.2 自动油门系统在整个飞行过程中的工作情况

下面主要讨论自动油门系统在整个飞行过程中的工作情况,如图4.7.3所示。在飞机起飞期间,自动油门系统总是工作在推力方式。其所需要的推力由推力计算机计算出来。当发动机达到起飞推力时,自动油门将关断任何到达油门的指令,在起飞的最后阶段,油门保持功能将阻止油门的移动。在爬升阶段,自动油门系统既可以工作在速度方式,也可以工作在推力方式。具体使用哪种方式主要取决于自动驾驶仪和飞行指引的俯仰方式。只要自动驾驶仪或飞行指引控制速度,就要使用推力方式。因为不允许有两个系统同时控制速度。所以,当自动驾驶仪和飞行指引不控制速度时,自动油门才能工作于速度方式。在巡航阶段,飞机已经到达预定的飞行高度。这一阶段一直持续到下降阶段为止。在飞机巡航期间,飞行速度总是由自动油门系统控制。在下降阶段,自动油门系统的工作情况与爬升阶段相同。当自动驾驶仪飞行指引的俯仰通道工作于速度方式,自动油门系统控制推力。在这一阶段,发动机的最小推力也被称为慢车,它用于取代最大推力。如果俯仰通道使用其他信号,那么自动油门系统控制速度。在进近阶段,自动油门系统利用襟翼和起落架的位置控制进近速度。在着陆阶段,飞机大约离地面50ft高。当飞机拉平时,自动油门慢慢地减小到慢车位置。飞机着陆后,自动油门系统自动脱开。当进近和着陆不可能时,飞机将进入复飞阶段。由于在起飞期间需要发动机达到最大推力,所以自动油门系统工作在推力方式。

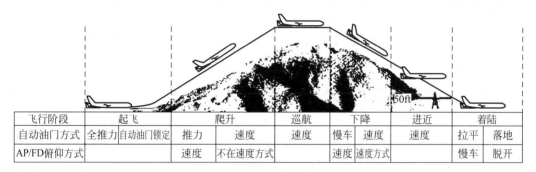

飞行阶段	起飞		爬升	巡航	下降		进近	着陆	
自动油门方式	全推力	自动油门锁定	推力	速度	速度	慢车	速度	速度	拉平	落地
AP/FD俯仰方式			速度	不在速度方式		速度	速度方式		慢车	脱开

图4.7.3 自动油门系统在整个飞行过程中的工作情况

4.8 飞行管理系统

飞行管理系统(FMS)是一个协助驾驶员完成从起飞到着陆各项任务的系统。可管理、监控和自动操纵飞机,实现全航程的自动飞行。它是当代民航先进飞机上所采用的一种集导航、制导、控制及座舱显示于一体的新型机载设备,如图4.8.1所示。

飞行管理系统的主要优点如下:

(1)具有可观的经济效益。实现自动导航和飞行轨迹引导使飞机性能最优,从而降低飞行成本。

(2)满足空中交通管理需求。适应空中交通量的增长及随之而来的更严格的空中交通管制需求,尤其是可以适应4D导航的需求。

(3)具有精确导航资源。例如,组合全球定位/惯性导航系统、进场着陆辅助系统等。

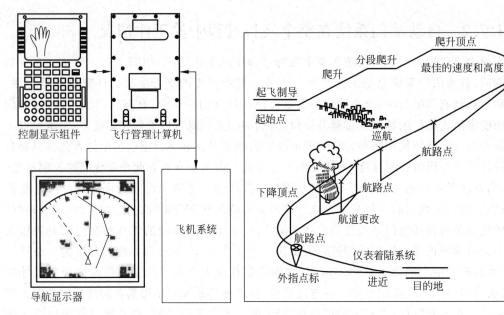

图 4.8.1 FMS 的组成和功能

（4）计算能力提高。随着计算机系统和能存储大量数据的低成本固态存储设备的不断发展，已有非常强大可靠的计算系统可供使用。

（5）具有数据总线系统。通过数据总线系统可以有效地把各种向飞行管理系统提供数据的子系统连接起来。

4.8.1 飞行管理系统的功能与组成

飞行管理系统可以执行以下任务：提供飞行导航和飞机飞行轨迹的横向及纵向控制；监测飞机飞行包线并计算每一飞行阶段的最优速度，同时在整个飞行包线内确保最小速度和最大速度都有一定的安全裕度；自动控制发动机推力以控制飞机速度；辅助飞行员进行飞行计划，如有必要可修正飞行中所做的飞行计划以应对情况变化。

飞行管理系统一般由 4 个子系统构成，如图 4.8.2 所示。

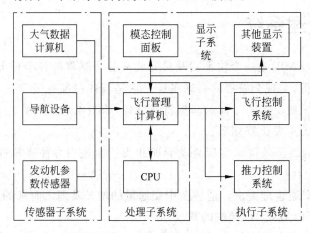

图 4.8.2 典型 FMS 组成框图

(1) 处理子系统—FMCS 主要包括飞行管理计算机和控制显示单元,是飞行管理系统的核心。

(2) 执行子系统—飞行控制计算机系统(FCCS)和推力控制系统(TCCS),飞行管理系统的执行机构。

(3) 显示子系统—电子飞行仪表系统(EFIS)。

(4) 传感器子系统—惯性参考系统(IRS),数字大气数据计算机(DADC),无线电导航设备。

因此飞行管理系统的作用可归结为:获取信息(传感器子系统)、管理决策(处理系统)、执行(执行子系统)和监视(显示子系统)。

顶层的 FMS 功能如图 4.8.3 所示,可将 FMS 计算机所完成的工作做如下总结。

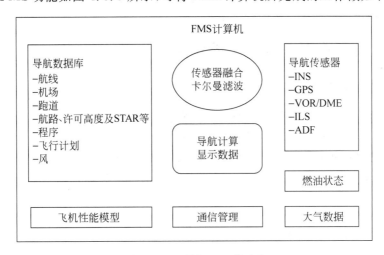

图 4.8.3　顶层 FMS 的功能

(1) 导航计算和数据显示。进行所有必要的导航计算以获得与所处的飞行阶段和所采用的传感器相符的导航或引导信息;该信息被显示在 EFIS 导航显示器或 FMS CDU 上。对于驾驶员在回路时的飞行指示器,飞行指令和操纵命令被传送给自动驾驶仪;对于自动飞行控制模式也是如此。

(2) 导航传感器。INS、GPS、VOR、ILS、ADF 以及其他导航设备提供双度信息,以用于导航计算。

(3) 大气数据。DADC 或 ADIRS 向 FMS 提供经过修正的高品质的大气数据参数和高度信息,以用于导航计算。

(4) 燃油状态。油量测量系统和安装在发动机上的燃油流量计提供了有关飞机油量和发动机燃油流量的有关信息。可以根据对油的计算以及全部油耗来获得飞机和发动机在飞行中的性能。

(5) 传感器融合和卡尔曼滤波。将传感器的信息与其他信息源的信息进行融合和验证以确定这些数据的真实性和精确度。通过采用一个复杂的卡尔曼滤波器,计算机就能够确定导航传感器以及导航计算的精度和完整性,并实时确定系统的实际导航性能(ANP)。

(6) 通信管理。系统将信息传送给负责通信和导航设备通道选择的通信控制系统。

(7) 导航数据库。导航数据库包含与飞机预计可能会用于的航路有关的大量数据。该数据库将包括飞机将要飞行的标准航线所用常规飞行计划信息,以及常规备降信息。将定

期对该数据库进行更新和维护。数据库将包括以下内容:
① 航线。
② 机场。包括进近和离场信息,机场和跑道的灯光、障碍物,机场的限制、机场的布局等。
③ 跑道。包括进近数据、进近设备、进近类别以及决断高度等。
④ 航路、许可高度、SIF、STAR 以及其他规定的导航数据。
⑤ 程序。包括短期空域限制通告或特殊要求。
⑥ 有标准备降信息的飞行计划。
⑦ 风数据。预测的风的数据以及在飞行中获得的风的实际数据。
(8) 飞行性能模式。采用一个完整的性能模型可以使系统计算出四维飞行包线,同时对飞机油量的使用进行优化以将油耗降至最小。

4.8.2 飞行管理系统的子系统组成

1. 飞行管理计算机系统

飞行管理计算机系统是飞行管理系统的关键组成部分,它除包含本身工作的操纵程序和数据库外,还含有用于自动飞行控制和自动油门系统的指令逻辑以及其他软件。飞机上的多种传感器设备向计算机提供大气数据、导航数据和性能数据等。飞行计算机接收到这些数据后,首先进行检查;其次用来进行连续的导航信息更新和性能信息更新;最后用于控制自动飞行计划管理。

2. 飞行管理系统的执行机构

飞行管理系统的执行机构包括自动飞行控制系统、推力控制系统和惯性基准装置三部分。自动飞行控制系统是飞行管理系统四大组成系统之一。自动飞行控制系统的核心部件飞行控制计算机接收来自管理计算机发出的诸如目标高度、目标计算空速、目标马赫数、目标升降速度和倾斜指令等输入数据并进行运算,产生飞机爬升、下降、倾斜和转弯等操纵指令,控制飞机按要求的航向和高度飞行。

飞行管理系统计算机向推力控制系统计算机输送飞机爬高、巡航和复飞的发动机推力或转速限制值信号,以及飞机全重、要求高度和假设空气温度等信号。推力控制系统计算机根据这些数据产生油门位置指令,使油门杆置于正确位置,以产生要求的飞行动力。

惯性基准装置作为飞行管理系统计算机的传感设备,在初始校准时接收控制显示组件输入的飞机的经纬度值;在"姿态"方式时,接收飞机航向值作为初始数据。

3. 电子飞行仪表系统

电子飞行仪表系统主要用来显示飞行管理计算机输出的有关飞行计划的飞行航路、飞行航向、航路点、导航台、机场、跑道、风速和风向等飞行信息。

4. 传感器子系统

与飞行管理计算机相关的传感器子系统有惯性基准系统、大气数据计算机、全向信标接收机(VOR)、测距器(DME)和仪表着陆系统(ILS)等无线电导航设备。

惯性基准系统用来向飞行管理系统计算机提供飞机高度、空速、马赫数和温度等信息。全向信标接收机通过模/数转换器或直接向飞行管理系统计算机提供飞机方位和航道偏离信号。飞行管理系统计算机将方位和距离信号以及惯性基准系统送来的导航数据进行综合,得出飞机精确的导航数据。仪表着陆系统可向飞行管理系统提供偏离航道和下滑道的信号。图 4.8.4 给出了 FMS 与机组人员的接口,与机组人员之间的重要人机界面是通过下列显示器实现的:

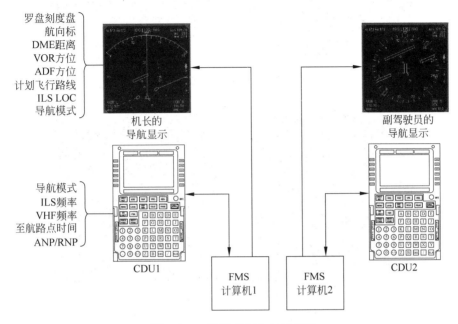

图 4.8.4　FMS 控制与显示接口

(1) 机长和副驾驶员的导航显示器(ND),该显示器是 EFIS 的一部分,它可以用多种不同方式显示;

(2) 控制与显示单元 1 和 2,作为 FMS 的一部分,这两个 CDU 既可以显示信息,又可以作为机组人员手动输入数据的手段。

导航显示器显示飞行所需的导航和控制信息,这些显示器可以多种不同的模式工作,具体采用何种模式取决于目前所处的飞行阶段,这些模式包括以下几种。

(1) 放大的进近模式。显示器显示所选择的跑道航向以及相对于跑道中心线的横向偏差。放大的进近模式显示罗盘刻度盘的 80°范围(±40°),底部是飞机符号和指向标偏移指针。显示器中的航向指向 12 点钟位置处。下滑偏差在显示器的右侧显示,如图 4.8.5 左图所示。

(2) 中央进近模式。中央进近模式显示罗盘刻度盘的 360°范围,飞机符号位于中央。显示器同样面向航向,ILS 偏差符号和扩展的进近模式相同,如图 4.8.5 右图所示。

(3) 扩展的 VOR 模式。显示器显示 VOR 航迹以及相对航迹的横向偏差。扩展的VOR 模式显示罗盘刻度盘的 80°范围。飞机符号和横向偏差指针位于底部。显示器中的航向指向 12 点钟位置处,如图 4.8.6 左图所示。

(4) 中央 VOR 模式。中央 VOR 模式显示罗盘刻度盘的 360°范围,飞机符号和横向偏差指针位于中央,航向指向 12 点钟位置处,如图 4.8.6 右图所示。

图 4.8.5　进近显示——放大的进近模式和中央进近模式

图 4.8.6　VOR 显示——扩展的 VOR 模式和中央 VOR 模式

(5) 扩展的地图模式。显示器在选择的距离范围(长达 640n mile)内显示部分飞行计划。地图的扩展部分显示罗盘刻度盘的 80°范围,飞机符号位于底部。显示器的 12 点钟位置处为航迹。两个航路点间意向航迹的飞行计划在显示器上显示出来,同时还显示了有关的无线电信标,如图 4.8.7 左图所示。

(6) 中央地图模式。该模式显示罗盘刻度盘的 360°范围,飞机符号位于中央。和扩展的地图模式一样,显示器面向航迹,另外也显示了飞行计划的航迹和相关信标部分,如图 4.8.7 右图所示。

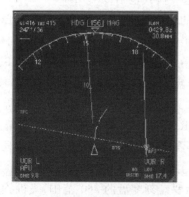

图 4.8.7　地图显示——扩展的地图模式和中央地图模式

（7）计划模式。该显示模式如图 4.8.8 所示，主要用于查看存储在 FMS 计算机中的飞行计划；修改存储在 FMS 计算机中的飞行计划；产生一个新的飞行计划。该模式显示罗盘刻度盘的 80°范围，在该模式中，位于 12 点钟位置处是正北方向。

图 4.8.8　计划模式

4.8.3　FMS 控制与显示单元

飞行管理计算机控制与显示单元（FMS CDU）是驾驶员与导航系统之间关键的人机接口，它能使驾驶员输入相关数据并显示关键导航信息。图 4.8.9 所示为典型的 FMS CDU。

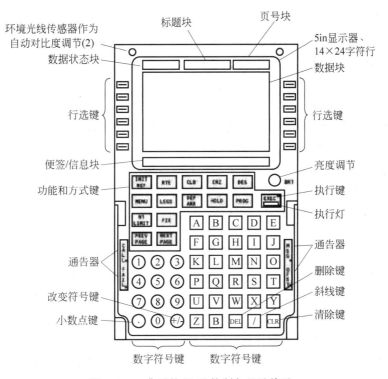

图 4.8.9　典型的 FMS 控制与显示单元

与EFIS导航显示器显示的图像信息不同,CDU有一个小屏幕,上面显示字母和数字信息。触摸式键盘上既有字母、数字键以便手动输入导航数据,也有各种功能键以选择特定的导航模式。显示器侧面的键是软键,通过这些键可以使驾驶员进入一个由菜单驱动的子显示器系统以获得更详细的信息。许多飞机上的CDU用于描绘维修状态,并通过采用软键和菜单驱动特征来执行测试程序。最后还有各种指示灯和照明控制系统。

图4.8.10所示为一个在CDU上显示的数据类型的实例,主要显示了以下内容。

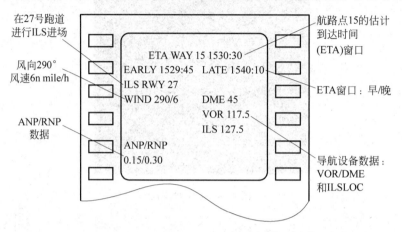

图4.8.10 典型的FMS CDU显示数据

(1) 一个ETA航路点窗口,它可以显示到航路点(在本例中为航路点15)的估计到达时间(ETA)。

(2) 早/晚定时信息,它代表飞机以给定的性能参数到达航路点的最早和最晚时间。

(3) 关于跑道的信息——在第27号跑道进行的仪表着陆进近。

(4) 进近时风的信息——风向290°,风速6n mile/h。

(5) 有关正在使用的导航设备的信息:VOR/DME和ILS LOC。

(6) ANP/RNP窗口,该窗口将飞机当前所处的飞行阶段以及实际导航性能(ANP)与所需导航性能(RNP)进行比较。在本例中ANP是0.15n mile,而RNP为0.3n mile,系统正在规定范围内运行。

飞行管理系统的目的在于优化管理飞机上的各种系统。目前,以先进飞行管理系统为代表的包括综合系统等在内的一类综合系统已经在多种先进飞机上得到了广泛的应用,推动航空技术迈入综合化、数字化和智能化的时代。

本 章 小 结

飞行控制系统的作用是保证飞机的稳定性和操纵性,提高飞机飞行性能和完成任务的能力,增强飞行的安全性和减轻驾驶员的工作负担。飞控系统分为人工飞行控制系统和自动飞行控制系统两大类。由驾驶杆和脚蹬的操纵实现控制任务的系统,称为人工飞行控制系统。不依赖于驾驶员操纵驾驶杆和脚蹬指令而自动完成控制任务的飞控系统,称为自动飞行控制系统。自动飞行控制系统包括自动驾驶仪(A/P)、飞行指引系统(F/D)、自动油门系统(ATS)、自动配平系统(A/T)、偏航阻尼系统(Y/D)以及飞行管理系统(FMS)。

复习与思考

1. 简述自动飞行控制系统的主要组成部分的基本功能。
2. 简述 MCP 主要控制开关的功能。
3. 从功能原理上讲,自动驾驶仪应包括哪些基本部分?
4. 简述自动驾驶仪的主要功能。
5. 简述自动驾驶仪的基本工作原理。
6. 什么是"荷兰滚"? 什么情况下会发生"荷兰滚"?
7. AFCS 方式控制板上的控制元件可以控制哪些系统?
8. 简述飞行控制计算机的主要功能。
9. 简述自动驾驶仪的衔接 CMD 状态的信号流程。
10. 简述飞行指引仪的功用。
11. 偏航阻尼系统有什么样的功用?
12. FMS 可实现的主要功能是什么?
13. FMS 的主要组成子系统分别是什么? 它们各自的功能是什么?
14. FMS 的导航显示器的几种工作模式分别是什么?
15. FMS CDU 组件中的重要按键功能是什么?

阅 读 材 料

飞行管理系统——一种新的飞行控制系统

飞行管理系统(FMS)不仅仅包括操纵信息以控制飞机从一个航路点飞向另一个航路点,它还可以控制飞机上的各种接收机对导航信标和通信频段进行调谐。另外,FMS 还有许多其他功能,诸如:水平导航(LNAV)能力、垂直导航(VNAV)、四维导航、基于全部性能的导航及新航行系统。

LNAV 与飞机的二维导航能力有关。LNAV 是需要实现的首要导航功能,包括航路导航和区域导航(RNAV)两个主要方面。航路导航是由一组事先定好的航路来确定的,该航路主要基于 VOR 地面站及 NDB 地面站。大多数飞机具有 RNAV 能力。机载导航与 FMS 一起使用,能使飞机沿着一条飞行路线飞行,而这条飞行路线包含未被航线定义的一系列航路点。这种状态下的导航不受 VOR 信标台的制约,但可能要使用 VOR、DM、GPS 或 INS 的综合导航方式。

在实现了 LNAV 和 RNAV 能力之后,又开发出垂直导航(VNAV)程序以提供三维制导。但在繁忙的空中交通管制状态下,时间因素也同等重要。一个典型的现代化的 FMS 能够计算飞机至某一航路点的估计到达时间(ETA),并确保飞机通过该点的时间在期望值的 ±6s 范围内。而且,可应空中交通管制部门的请求来进行这一计算,以得到飞机到达下一个航路点的时间。通过采用飞机性能包线的信息,FMS 能够计算并得到飞机到达某一个航路点的最早时间和最晚时间。确定这一时间窗口的能力十分有用，因为它可以帮助空中交通管制人员在空中交通流量高的时段维持交通流量的平稳。

由此衍生出的四维导航在飞行管理系统中得以广泛应用。四维飞行管理包括飞机在空中交通管制限制范围内的爬升、巡航及下降阶段沿最省燃油的三维轨迹飞行的飞行最优化。同时对飞机到达终点的时间进行控制使其适合空中交通流量情况且不会延误飞机，上述目标可以通过飞行管理系统上的自动闭环控制系统得以实现，使飞机在任一时刻的三维位置都对应着飞行管理计算机生成的最优参考飞行轨迹。

当由于交通或天气原因空中交通管制可能要求飞机偏离航线，飞行管理系统的四维导航和控制自动地重新规划下降过程，并计算能够到达地面空中交通管制系统指定位置的新的航线、改进起始点或重新指定到达时间。

资料来源：百度文库

思考题

1. 水平导航和垂直导航可实现的具体的功用是什么？
2. 四维导航的优势体现在哪里？

练 习 题

1. 在数字式飞行控制中，自动驾驶仪的内回路是指（　　）。
   A. 舵回路　　　B. 同步回路　　　C. 姿态控制回路　　　D. 轨迹控制回路。
2. 在数字式飞行控制中，FCC 对输入信号的处理分成哪些回路？（　　）
   A. 舵回路和同步回路　　　　　　B. 内回路、外回路和导航回路
   C. 稳定回路和舵回路　　　　　　D. 控制回路和稳定回路
3. 在 AFCS 中，其执行机构是（　　）。
   A. FCC　　　B. MCP　　　C. A/P 作动筒　　　D. FMC
4. 在 AFCS 中，稳定回路的主要作用是（　　）。
   A. 稳定飞机的姿态角运动　　　　B. 稳定飞机的线运动
   C. 稳定舵回路　　　　　　　　　D. 稳定飞机的速度
5. 根据操纵信号来源不同，操纵系统可分为_____，其操纵信号由驾驶员发出；_____，其操纵信号由系统本身产生。
6. 现代飞机的飞行控制系统由_____三个回路组成。

参考答案：1. C；2. B；3. C；4. A；5. 人工飞行操纵系统，自动飞行控制系统；6. 内回路、外回路和导航回路

参 考 文 献

[1]　干敏梁. 民航机载电子设备与系统[M]. 南京：南京航空航天大学出版社，2001.
[2]　何晓薇，许亚军. 航空电子设备[M]. 成都：西南交通大学出版社. 2004.
[3]　钦庆生. 飞行管理计算机系统[M]. 北京：国防工业出版社，1991.
[4]　郑连心，任仁良. 涡轮发动机飞机结构与系统(下)[M]. 北京：兵器工业出版社，2006.
[5]　魏光兴. 通信导航监视设施航[M]. 成都：西南交通大学出版社，2004.
[6]　王世锦，王湛. 机载雷达与通信导航设备[M]. 北京：科学出版社，2010.
[7]　朱新宇，王有隆，胡焱. 民航飞机电器仪表及通信系统[M]. 成都：西南交通大学出版社，2004.
[8]　Boeing. 737-600/700/800/900 Aircraft Maintenance and Training Manual[Z]. Seattle：Boeing，2004.
[9]　Boeing. 757 Aircraft Maintenance and Training Manual[Z]. Seattle：Boeing，2004.
[10]　伊恩·莫伊尔，阿伦·西布里奇. 民用航空电子系统[M]. 范秋丽，译. 北京：航空工业出版社，2009.
[11]　新航行系统编辑委员会. 新航行系统概论[M]. 北京：中国民航出版社，1998.
[12]　Jeppesen. A&P Technician General Textbook：Airframe Textbook[M]. Colorado，United States：Jeppesen Sanderson，2004.
[13]　Tooley M，Wyatt D. Aircraft Electrical and Electronic Systems：Principles，Maintenance and Operation[M]. United Kingdom：Butterworth-Heinemann Ltd，2008.
[14]　Helfrick A. Principles Of Avionics[M]. Fifth Ed. Leesburg，VA，United States：Avionics Communications Inc. 2009.
[15]　任仁良，张铁纯. 涡轮发动机飞机结构与系统[M]. 北京：兵器工业出版社，2006.
[16]　周洁敏. 飞机电气系统[M]. 北京：科学出版社，2010.
[17]　柯林森. 飞行综合驾驶系统导论[M]. 吴文海，程传金译. 北京：航空工业出版社，2009.
[18]　Required Navigational Performance Brief[R]，Secretary of Transportation-Norman Y. 2004，(20).
[19]　http://www.airmancn.com.
[20]　http://www.caacnews.com.cn.
[21]　http://www.cacs.net.cn.
[22]　http://www.ccsa.org.cn.
[23]　http://www.faa.gov.
[24]　http://www.airbus.com.
[25]　http://www.boeing.com.